高性能 CFRP 材料
及其在预应力结构中的应用

陆春华　蔡东升　陈　蓓　刘荣桂　著

科学出版社

北京

内 容 简 介

　　本书以我国首座 CFRP 索斜拉桥为工程背景，论述了碳纤维增强复合材料的主要性质及其在工程结构中的应用。全书主要内容如下：碳纤维增强复合材料的发展及应用现状、碳纤维增强复合材料的基本物理力学特性；CFRP 筋用黏结式、夹持式及复合式锚具的研制及性能分析；碳纤维复合材料的热性能、电性能及磁性能等主要功能特性；CFRP 斜拉索非线性静动力特性分析、CFRP 索斜拉试验桥静力学试验研究与分析、CFRP 索长大跨斜拉桥静动力学分析；碳纤维混凝土材料及其结构的智能特性等。这些研究成果为进一步拓展 CFRP 材料在土木工程中的应用提供了很好的技术支持，也为相关规范与规程的修订与完善作出了宝贵贡献。

　　本书可供从事碳纤维复合材料研究、开发与应用的科研人员、工程设计人员和管理人员参考，也可供高校结构工程、桥梁工程和交通工程等学科的本科生、研究生学习。

图书在版编目(CIP)数据

高性能 CFRP 材料及其在预应力结构中的应用/陆春华等著. —北京：科学出版社，2016

　　ISBN 978-7-03-049183-1

　　Ⅰ.①高⋯　Ⅱ.①陆⋯　Ⅲ.①碳纤维增强复合材料–应用–预应力结构–研究　Ⅳ.①TU378

中国版本图书馆 CIP 数据核字(2016) 第 146867 号

责任编辑：惠　雪　孙　静/责任校对：彭珍珍
责任印制：徐晓晨/封面设计：许　瑞

科 学 出 版 社出版

北京东黄城根北街 16 号
邮政编码：100717
http://www.sciencep.com

北京建宏印刷有限公司 印刷

科学出版社发行　　各地新华书店经销
*

2016 年 11 月第 一 版　　开本：720×1000 1/16
2018 年 5 月第三次印刷　　印张：16 1/2
字数：333 000

定价：89.00 元
(如有印装质量问题，我社负责调换)

序

纤维增强复合材料 (FRP) 具有轻质、高强、耐久、高阻尼等特性，已成为土木工程中重要的结构材料；其中碳纤维增强复合材料 (CFRP) 是其代表性材料之一。早期 CFRP 材料在土木工程领域的研究和应用主要集中于抗震加固，如钢筋混凝土梁、板的抗弯及抗剪加固，CFRP 约束混凝土及混凝土结构的抗震加固，以及钢结构、砖石结构及木结构的 CFRP 加固等。随着研究的深入，用 CFRP 材料替代传统的土木工程材料受到了越来越多的关注，其中用预应力 CFRP 索替代钢索就是其中的热点之一。在预应力大跨及超大跨混凝土结构中，应用 CFRP 材料的优势非常突出。一方面，CFRP 材料具有强度高、耐腐蚀性能好等优势；另一方面，CFRP 材料又具有自感知等智能功能，为构建智能 CFRP 索超大跨 (桥梁) 结构体系带来了希望。由于 CFRP 材料在土木工程领域的应用历史较短，有必要对 CFRP 材料的特性及其应用现状进行系统的总结。

该书结合作者及其团队已有的相关研究成果，详细介绍了 CFRP 材料及其组成结构的力学特性、功能特性、智能特性、锚固性能，承载、抗震性能及其工程应用前景。全书主要内容包括：CFRP 索的拉伸性能及静动力特性分析；CFRP 筋用黏结式、夹持式及复合式锚具的开发及性能分析；预应力 CFRP 斜拉桥结构的承载性能及振动模态分析以及碳纤维预应力混凝土智能桥梁的设计等。这些研究成果为进一步拓展 CFRP 材料在土木工程中的应用提供了很好的技术支持，也为相关规范与规程的修订与完善作出了宝贵贡献。

该书内容丰富，观点独特，写作严谨规范。我有幸阅读后获益良多。该书的出版将填补国内对 CFRP 材料及其结构研究和应用成果介绍的不足，可为从事碳纤维复合材料研究、开发与应用的科研人员、工程设计人员和管理人员提供参考，更可供高校结构工程、桥梁工程和交通工程等学科的本科生、研究生学习参考。

吕志涛 院士

2016 年 1 月 12 日

前　言

碳纤维增强复合材料 (Carbon Fiber Reinforced Polymer，CFRP) 凭借其比强度高、抗疲劳、耐腐蚀等优良性能脱颖而出，已成为土木工程中的一个研究热点。CFRP 材料问世于 20 世纪 40 年代，其最初应用局限于航天、军事和船舶工程，后来范围逐步扩大到土木工程领域。我国于 1975 年召开了全国第一次碳纤维复合材料会议，将 CFRP 材料纳入国家科技攻关项目。经过了近 40 年的发展，我国 CFRP 材料土木工程应用基础研究取得了一定成果，开始在土木与建筑结构工程中得到应用，并已逐渐形成了一个新的学科增长点。

以我国首座 CFRP 索斜拉桥为工程背景，作者及其课题组自 2000 年开始，在国家自然科学基金 (No: 50178018；50678074；51078170；51478209) 的持续资助下，对碳纤维复合材料的力学特性、锚固特性、智能特性及预应力 CFRP 索结构的静动力特性进行了大量试验研究与理论分析，取得了一系列的成果，为进一步推广 CFRP 材料在土木工程中的应用具有重要的理论价值和工程意义。本书是对著者近些年研究工作和研究成果的总结。全书共 10 章，分别为：

第 1 章，介绍了国内外的 CFRP 材料在现代预应力结构、智能结构以及桥梁加固中的应用现状，对其后续应用研究进行展望。

第 2 章，介绍了碳纤维复合材料的类别、树脂基碳纤维复合材料的基本特性，并对碳纤维筋材、板材、绞线的力学性能进行了说明。

第 3 章，介绍了 CFRP 筋用黏结式锚具的结构形式、受力原理。对作者设计的黏结式锚具进行了试验研究及有限元分析。根据结果对筋材表面形状、锚固长度、内壁倾角、筋材直径、筋材与筒壁净距、内壁处理方法等试验参数对锚固效果的影响进行了分析。

第 4 章，介绍了 CFRP 筋夹持式锚具的结构形式、受力特性。进行了多组单根、多根 CFRP 筋锚具的张拉试验及有限元分析，提出了多筋夹持式锚具设计建议。

第 5 章，提出了 CFRP 筋用串联复合式和并联复合式两种复合式锚具基本结构形式，通过有限元分析和张拉试验研究，给出了 CFRP 绞线串联式锚具设计建议。

第 6 章，介绍了碳纤维复合材料的热性能、电性能及磁性能等主要功能特性，并对相关特性的含义进行了说明。

第 7 章，分析了各种斜拉索计算理论，探讨了基于悬链线单元的 CFRP 斜拉索静动力学分析的方法，分析了不同长度、不同应力水平的斜拉索静动力特性，并与传统钢拉索静动力特性进行对比。

第 8 章，进行了 CFRP 索斜拉桥的静载试验及模态试验，利用有限元分析了其静动力学性能，并与地震响应结果进行对比。

第 9 章，结合试验结果及 CFRP 索长大跨斜拉桥结构的地震响应分析结果，在被动减震控制理论分析的基础上，探讨了 CFRP 索长大跨斜拉桥结构弹性及非线性减震装置布置形式对其抗震性能的影响，并对弹性及非线性减震装置的设计参数进行研究。

第 10 章，介绍碳纤维混凝土机敏特性，对碳纤维智能材料在预应力混凝土 (PC) 结构中的自感知机理进行分析，探讨了碳纤维混凝土智能桥梁的控制与设计思路。

在本书的编写过程中，著者课题组的老师和研究生对本书做出贡献：刘荣桂 (第 1 章)；陆春华、延永东 (第 2 章)；陆春华、陈妤 (第 3 章)；刘荣桂、陈蓓、李十泉 (第 4、5、6 章)；蔡东升、刘荣桂 (第 7、8、9 章)；陆春华 (第 10 章)。陆春华对全书进行最后通稿，东南大学吕志涛院士对本书进行主审。研究生许飞、李明君、刘德鑫、高丽娜、梁戈、刘聃、黄俊杰、平舒等人为本书内容的完成做出很大的贡献，在此一并表示感谢。

感谢国家自然科学基金委员会等单位对本书研究工作的资助；感谢东南大学、江苏省建筑科学研究院、扬州大学等兄弟单位的技术帮助；在此要特别感谢东南大学吕志涛院士对本书出版的指导与支持。

碳纤维增强复合材料在土木工程中的应用涉及问题很多且较为复杂，尚有许多问题亟待完善。希望本书能起到抛砖引玉的作用，推动 CFRP 材料在土木工程中的应用研究。

由于作者水平有限，书中难免存在不足之处，恳请读者批评指正。

陆春华

2016 年 3 月

目　　录

第1章 绪 论

钢筋混凝土结构在实际服役环境下，由于构件老化、钢筋锈蚀，结构的使用寿命受到影响。因此，通过开发新型材料来提高结构性能已经成为土木工程领域的一个趋势。其中，碳纤维增强复合材料 (Carbon Fiber Reinforced Polymer，CFRP) 凭借其比强度高、抗疲劳、耐腐蚀等优良性能脱颖而出，成为土木工程的研究热点[1-5]。CFRP 材料问世于 20 世纪 40 年代，其最初应用局限于航天、军事和船舶工程领域，后来范围逐步扩大到土木工程领域。我国于 1975 年召开了全国第一次碳纤维复合材料会议，将 CFRP 材料纳入国家科技攻关项目。经过近 40 年的发展，我国 CFRP 材料在土木工程中的应用基础研究取得了一定成果，但距大规模工程应用还存在一定差距。本书介绍了国内外 CFRP 材料在现代预应力结构中的应用现状及其智能特性的研究现状，对其应用于现代预应力结构中的一些关键问题进行了探讨。

1.1 CFRP 材料在预应力大跨桥梁等结构中的应用研究

1.1.1 CFRP 索 (筋) 锚具系统的应用研究

CFRP 索 (筋) 锚固体系的研发是 CFRP 材料应用于实际工程的关键问题之一。目前，CFRP 筋锚固形式主要有黏结型锚具、夹持型锚具、复合型锚具。

黏结型锚具主要由套筒、黏结介质、端堵等组成，主要依靠黏结介质与 CFRP 筋的化学胶着力、摩擦力和粗糙接触界面产生的机械咬合力对 CFRP 筋进行锚固。

瑞士联邦材料测试与开发研究所开发的 CFRP 索内锥黏结型锚具采用了变刚度黏结介质[6]，并在 Stork 桥上得到成功应用。Benmokrane 等[7] 对以水泥砂浆为黏结介质的黏结型锚具的锚固性能进行了研究。Khin 等[8] 和 Zhang 等[9] 测得了加载过程中，锚具区 CFRP 筋与黏结介质间的黏结应力的分布变化，得出了直筒黏结型锚具中化学胶着力、摩擦力、机械咬合力等锚固力的作用过程和传递机理。

梅葵花[10] 对直筒黏结型、直筒 + 内锥黏结型锚具的锚固性能和受力进行了对比试验。方志等[11] 对 CFRP 筋表面形状、黏结锚固长度、黏结介质、套筒内壁倾角等影响参数进行不同组合，得到了各设计参数对锚固性能的影响。刘荣桂等[12] 对直筒 + 内锥黏结型锚具中 CFRP 筋的轴力进行了实测，结果表明，转角处存在环向应力峰值，直筒段与内锥段的组合有利于增强锚固效果。

夹持型锚具由传统钢绞线锚具发展而来,主要由锚环、夹片、软金属管、CFRP 筋等部分组成,在夹片的内锥作用下,由摩擦力和机械咬合力对 CFRP 筋进行锚固。

Braimah 等[13] 设计了以不锈钢和超高性能混凝土作为夹片的夹持型锚具。Al-Mayah 等[14] 和 Elrefai 等[15] 研究了 CFRP 筋-金属层 (铝、铜) 接触对不同CFRP 筋表面处理和接触压力下的界面接触性能,并对其在不同应力水平疲劳荷载下的性能进行试验,得到了推荐的疲劳极限。

蒋田勇等[16] 通过试验分析了夹片倾角、锚固长度、预紧力等因素对锚固性能的影响。梁栋等[17] 对机械夹持型锚具分别做了静载锚固试验、200 万次疲劳试验和 50 次周期荷载试验,锚具静载锚固效率系数可以达到 97.1%,周期荷载和疲劳荷载试验后组装件性能良好。

复合型锚具是在黏结型和夹持型锚具的基础上,结合两者的锚固特点,协同工作而成。目前,国外有关 CFRP 筋复合型锚具试验研究的文献还较少。

蒋田勇等[18] 对串式-复合型锚具进行了静载试验,主要分析了黏结段和夹持段的合理组合长度、夹片预紧力、预张拉等因素对锚固性能的影响。刘荣桂等[19] 对并式-复合型锚具的夹片长度、金属筒长度、夹片夹持位置及黏结材料对锚固性能的影响进行了试验研究。詹界东等[20] 对并式-复合型锚具进行了静载锚固试验和周期、疲劳荷载试验,结果表明试验中锚具的静载和动载锚固性能良好。

适用的锚固体系是 CFRP 材料广泛应用于桥梁工程的关键问题,目前存在的主要问题如下:

(1) 满足大吨位、结构简单、施工方便的 CFRP 索锚固体系的研制还不够成熟,实现工厂、成品化生产较难。

(2) 锚固系统的锚固机制和内部荷载传递机制都还不清晰,缺乏深入的理论研究。

(3) 锚固系统的疲劳性能、长期锚固性能及耐火性能等方面的研究还很不充分。

(4) 目前国内适用于 CFRP 筋锚固系统的静载、动载试验技术规程、规范还不健全。

1.1.2　CFRP 材料作为受力筋在构件中的应用研究

日本于 1988 年首先在石川县的先张预应力混凝土公路桥新宫桥上应用 CFRP 绞线作为预应力筋。德国于 1991 年采用 CFRP 绞线作为工厂区的一座后张预应力混凝土高速公路跨线桥的部分受力筋。2001 年建成的位于荷兰鹿特丹港的Dintelhaven 桥首次在大跨度预应力混凝土箱梁桥中采用 CFRP 材料作为体外预应力筋[21]。

国内，1996 年许贤敏[22] 以加拿大阿尔伯达省尔盖利市的用 CFRP 筋束配筋的预应力公路桥为例，将其与梁桥和斜拉桥进行对比，分析了其造价和受力性能等特征。2000 年，苏州采用 CFRP 筋建成了跨长 15m 的三跨莺湖桥。方志等[23]、欧进萍等[24] 对体外配置 CFRP 预应力筋混凝土箱梁受力性能进行了试验研究。王新定等[25,26] 对 CFRP 筋体外预应力混凝土梁正截面和斜截面的承载力进行了试验研究。余天起[27] 对预应力 CFRP 筋混凝土梁的延性性能进行了试验研究。

CFRP 材料作为受力筋应用于桥梁工程还存在如下有待进一步解决的问题：

(1) CFRP 筋的韧性较差，抗剪强度较低。

(2) CFRP 筋弹性模量与钢材相比偏低。CFRP 筋材中纤维的体积含量一般为 65%左右，另外 35%左右是弹性模量较低的树脂，导致 CFRP 筋的弹性模量明显低于钢筋、钢绞线。

(3) CFRP 筋耐久性受到酸碱盐、温度、湿度等多种因素的影响，特别是应用于 60℃以上的高温环境，耐火保护要求比钢材更为严格。

1.1.3 CFRP 材料作为桥梁索结构的应用研究

1. 大跨系杆拱桥

现代大跨系杆拱桥造型优美、跨越能力良好，是现代大跨桥梁结构中一种极具竞争力的桥型。目前关于 CFRP 在系杆拱桥中的应用的研究相对较少。曹国辉等[28]、周先雁等[29] 对 CFRP 吊索钢管混凝土系杆拱桥的短期和长期受力性能进行了试验研究。李瀚等[30] 以某公路桥为算例，从多种角度对 CFRP 索应用于系杆拱桥的经济性和可行性进行了研究。方志等[31] 以东苕溪特大桥为模型，分析了 CFRP 系杆拱桥的非线性静力性能和极限承载力。

2. 斜拉桥

斜拉桥具有外形美观、结构刚度大、跨越能力较强、相比于自锚式悬索桥和拱桥施工简单等优点。CFRP 材料用于大跨径斜拉桥的拉索，不仅可以充分利用其高强性能，还可减轻斜拉桥上部结构自重，提高斜拉桥跨越能力和承载效率。瑞士于 1996 年在 Stork 斜拉桥上成功应用了 CFRP 斜拉索，其拉索汇集于塔顶，在 A 形塔顶部的箱锚室内锚固[6]。丹麦于 1999 年建成总长 80m 的 Herning 人行斜拉桥，使用了 16 根 CFRP 斜拉索。2005 年，中国首座 CFRP 索人行斜拉桥在江苏大学建成，如图 1-1 所示。该桥总长度 51.5m，最大跨径 30m，为独塔双索面钢筋混凝土斜拉桥。索塔两侧各布置 4 对拉索，斜拉索全部采用 Leadline 型 CFRP 筋材，有 6-D8、11-D8、16-D8 三种索型，拉索锚固系统采用了套筒黏结型锚具，并在固定端锚下设置了永久性应力传感器，用于长期监控。

图 1-1   江苏大学 CFRP 试验桥

由于索自重垂度的影响，呈现出较强的非线性，索在不同构形和荷载条件下的静动力特性和地震响应分析较为复杂，并且结构对风的敏感程度很高，极易在风和雨的激励下发生大幅度风雨激振。吕志涛等[32]、梅葵花等[33] 介绍了国内首座 CFRP 索斜拉桥的设计要点，分析了该桥的动力学特性。刘荣桂等[34,35] 在理论分析的基础上，结合 CFRP 索切线刚度、竖向分力、垂度静力等特性参数对 CFRP 索的静动力特性进行了分析。Çavdar 等[36] 对 CFRP 大跨度桥梁的拉索在模拟地震作用下进行了有限元分析。Inoue[37] 对拉索结构振动特性与控制桥塔的地震响应进行了相应研究。刘荣桂等[38,39] 在江苏大学 CFRP 索斜拉桥上开展了 CFRP 索斜拉桥的动态测试与地震响应分析。顾明等[40] 通过风洞试验模拟降雨状态下拉索风雨激振的现象，探讨了风速、拉索倾角、风向角等基本参数对拉索风雨激振的影响。刘荣桂等[41] 对国内首座 CFRP 索斜拉桥的 CFRP 拉索进行了长期的现场观测和试验，结果表明 CFRP 拉索在风雨条件下发生大幅度振动均有"限速"和"限幅"现象。

3. 悬索桥

悬索桥具有受力性能好、抗震性能好、桥型美观、跨越能力强等优点，是特大跨度桥梁的首选桥型。随着跨径的增大，高强钢丝主缆中的恒载应力比例增加，选用 CFRP 材料可以在一定程度上缓解超大跨径悬索桥主缆自重问题。1999 年日本在跨径为 1030m 的 Kurushima 悬索桥中，首次采用 CFRP 束作为猫道的主要缆索。在尚未完全了解 CFRP 在实际环境中的长期性能的情况下，还无法将 CFRP 用于悬索桥的主缆，因而目前 CFRP 在悬索桥建设中的应用十分有限。

悬索桥由于主缆靠自身变位来平衡外荷载，使其具有明显的几何非线性特征，在跨度增大后，结构趋于轻柔，对风的作用更加敏感，抗风稳定性往往成为控制设计的最关键的问题。梅葵花等[42]、郑宏宇等[43] 对超大跨径 CFRP 缆索悬索桥静力性能进行了研究分析；梁玉照等[44] 对 CFRP 主缆自锚式悬索桥的静动力性能及其地震响应进行了研究。吴晓等[45] 对 CFRP 缆索悬索桥竖向非线性自由振动进行了研究。Larsen[46] 对超大跨径 CFRP 主缆悬索桥的空气动力稳定性进行了分析；方明山[47] 对主跨为 2000~4000m 的 CFRP 缆索悬索桥进行了静风稳定性能研究；张新军等[48] 对主跨为 1400m 的 CFRP 缆索悬索桥颤振性能进行了研究。

构建 CFRP 索预应力大跨桥梁结构体系尚有不少应用基础性课题需要研究解决。

(1) 制造工艺简单、锚固性能可靠的新型大吨位 CFRP 索锚具及锚固体系的研发。

(2) 由于自重的减轻，主缆的重力刚度减小引起的结构系统非线性静、动力学行为 (动荷载作用，如风雨激振、地震等) 分析与控制。

(3) CFRP 索预应力超大跨结构设计理论及相关施工关键技术研究等。

1.2 CFRP 材料在桥梁结构补强加固中的应用研究

CFRP 材料加固技术是利用树脂类黏结剂 (建筑结构胶) 将 CFRP 材料粘贴到结构或构件的表面，通过 CFRP 材料与构件的协同工作，来提高结构或构件的承载力和延性的一种加固技术[49]。

早在 20 世纪 80 年代，美国、日本、欧洲就开始用粘贴 CFRP 筋、布等形式对桥梁进行加固；瑞士于 1991 年加固伊巴赫桥时首次采用了粘贴 CFRP 板技术；日本于 1994 年采用 CFRP 材料对东名高速公路高架桥的硅箱梁内外进行了粘贴补强；1995 年阪神大地震后，日本许多桥墩均用 CFRP 布进行缠绕补强，使桥墩的强度和受力状态得到了明显改善[50]。1999 年后，由于欧洲统一规范规定桥梁承载力提高到 40t 级，所以英国已建的桥梁大多都采用了 CFRP 进行加固[51]。

我国是在 20 世纪 90 年代中后期正式开始对 CFRP 材料加固桥梁结构进行研究的。近年来，CFRP 加固补强技术应用于桥梁工程的项目数量在逐年增多。例如，北京四环路健翔立交桥的改建工程；徐州某铁路大桥的补强修复工程；国道 G321 的龙母大桥承载力的提高工程；南京机场路高架桥空心板补强修复工程等。岳清瑞[52] 对 CFRP 加固修补混凝土结构的技术及其应用进行了研究。黄颖[53]、徐礼华等[54] 对 CFRP 加固桥梁的机理和施工技术进行了探索与研究。

从目前情况来看，我国在 CFRP 材料加固修补方面还有以下几个问题。

(1) 构件加固后的破坏形式多数是黏结破坏，其破坏机理比较复杂，结构界面力学性能及长期受力性能的研究还很不充分。

(2) CFRP 材料加固结构时，其施工环节很重要，如转角、凹槽的处理等。

(3) 预应力 CFRP 技术的研究应用。CFRP 的抗拉强度非常高,其弹性模量相对较低,对 CFRP 在粘贴之前进行预张拉可以在一定程度上使其高强性得到充分发挥。

(4) CFRP 加固构件的耐久性研究。为充分了解这项技术的可靠性,需要对 CFRP 加固构件的耐久性进行研究。

1.3   基于 CFRP 材料自感知特性的结构体系研发及应用现状

CFRP 材料具有压敏特性、温敏特性、热电特性等智能特性,利用这些特性研制具有自感知测试功能的预应力混凝土结构也是当前研究的热点问题之一。

1989 年,美国的 Chung 首先研究了 CFRP 材料的压阻特性,她发现导电 CFRP 材料的电阻率的变化与其内部结构变化具有一定的对应关系,但信号较弱;毛起焰等[55] 研究表明:导电 CFRP 材料的电阻率变化与结构材料压应力变化 (三个阶段:弹性、塑性与压溃) 存在对应关系;李卓球等[56] 研究后得出结论:CFRP 材料混凝土具有温敏特性,其材料内部存在的温度梯度可产生电场梯度;欧进萍等[57]、李宏男等[58]、韩宝国[59]、宋显辉等[60] 先后对 CFRP 水泥基、CFRP 树脂基等复合材料的智能传感特性进行了积极探索,取得了一定的研究成果。

目前,有关 CFRP 材料自感智能特性的研发,国内外仍然处在起步阶段,其中许多理论与关键技术问题还未解决。为构建智能 CFRP 结构体系,从计算理论、试验分析到设计方法等多方面还有许多基础性的研究工作需要处理。

(1) CFRP 智能材料制备与相关传感器研发的检测平台建设。检测平台的主要任务如下:CFRP 材料自感知特性测试技术研究;CFRP 自感知传感器的静态特性 (如测量范围灵敏度、分辨率等)、动态特性 (如频率响应、动态响应等) 测试原理探索;CFRP 传感器的技术性能指标 (如环境参数、可靠性参数等) 测试技术研发;CFRP 传感器的标定与校准方法研究等。

(2) 以 CFRP 材料为主的新型自感知材料及相关传感器的研发。研发内容包括 CFRP 自感知材料的制备、传感器原理研究与结构设计等工作。

(3) 传感器的自感知材料与被测预应力混凝土结构相互作用机制、模式识别理论与方法研究。利用 CFRP 传感器的压敏特性、温敏特性等可以建立热电效应关系方程,诊断混凝土结构的温度分布范围与方式,识别结构的损伤位置、程度与模式等,进而研究 CFRP 索预应力混凝土结构可能出现的结构损伤模式、最佳的模式识别理论与方法及匹配算法。

(4) CFRP 索预应力混凝土结构自感知系统研发。自感知系统主要包含感知组元、传感组元、信号处理组元、管理组元。整个系统的研发需要解决许多具体问题:自感知元件的选择及其网络的布置方式,信号处理技术,模式识别方法,处理好传感器及其自感知系统与被测结构本体材料界面关系，使之不因运动、变形、响应等产生系统失真等。

1.4　CFRP 材料现代预应力结构应用研究展望

CFRP 材料是一种高性能复合材料，具有自重轻、强度高、耐腐蚀性能强、抗疲劳性能好等突出优点。目前，CFRP 加固技术为结构的加固开辟了新的途径，促进了结构加固技术的进步，其应用也越来越广泛。CFRP 材料抗剪强度较低，如能解决 CFRP 锚固难的问题，进一步对 CFRP 索的结构体系的非线性静动力特性、地震响应和风雨激振等问题进行系统深入的研究，CFRP 材料就可以与现今大跨桥梁上的钢缆索、钢绞线等材料相结合，进一步提高大跨桥梁的极限跨径和承载效率，促进大跨桥梁工程的发展。进入 21 世纪以来，人类对于重大工程的长期安全的检测与监控提出了越来越高的要求[61]，利用 CFRP 材料的自感知特性构建 CFRP 智能结构体系，对重大结构和基础设施，如桥梁、大跨空间结构、大型水坝、核电站、海洋采油平台等进行健康监测和控制具有广阔的发展前景。

参 考 文 献

[1] Rizkalla S, Labossiere P. Planning for a new generation of infrastructure: structure engineering with FRP in Canada[J]. Concrete International, 1999, 21(10): 25-28.

[2] 叶列平, 冯鹏. FRP 在工程结构中的应用与发展 [J]. 土木工程学报, 2006, 39(3): 24-36.

[3] Fukuyama H. FRP composites in Japan[J]. Concrete international, 1999, 21(10): 29-32.

[4] Hollaway L C. A review of the present and future utilisation of FRP composite in the civil infrastructure with reference to their important in-service properties[J]. Constructions and Building Materials, 2010, 24(12): 2419-2455.

[5] Keller T. Recent all-composite and hybrid fiber reinforced polymer bridge and building[J]. Progress in Structure Engineering and Material, 2001, 3(2): 132-140.

[6] 乌尔斯, 梅尔, 李双荣. 瑞士温特图尔镇斯托克桥上碳纤维 (CFRP) 斜拉索的介绍 [J]. 预应力技术, 2009, 1: 35-38.

[7] Benmokrane B, Zhang B, Chennouf A. Tensile properties and pullout behaviour of AFRP and CFRP rods for grouted anchor applications[J]. Construction and Building Materials, 2000, 14(3): 157-170.

[8] Khin M, Harada T, Tokumitsu S, et al. The anchorage mechanism for FRP tendons using highly expansive materials for anchoring[C]// Advanced Composite Materials in Bridges and Structures. CSCE, Canada, 1996: 959-964.

[9] Zhang B, Benmokrane B. Prediction of tensile capacity of bond anchorages for FRP tensions [J]. Journal of Composites for Construction, 2000, 4(2): 39-47.

[10]　梅葵花. CFRP 筋黏结型锚具的受力性能分析 [J]. 桥梁建设, 2007, 3: 80-83.

[11]　方志, 梁栋, 蒋田勇. 不同黏结介质中 CFRP 筋锚固性能的试验研究 [J]. 土木工程学报, 2006, 39(6): 47-51.

[12]　刘荣桂, 李十泉, 李明君, 等. CFRP 筋新型锚具静载试验及有限元分析 [J]. 工业建筑, 2011, 41 (z1): 624-627.

[13]　Braimah A, Green M F, Campbell T I. Fatigue behaviour of concrete beams post-tensioned with unbonded carbon fibre reinforced polymer tendons[J]. Canadian Journal of Civil Engineering, 2006, 33(9): 1140-1155.

[14]　Al-Mayah A, Soudki K, Plumtree A. Effect of rod profile and strength on the contact behavior of CFRP-metal couples[J]. Composite Structures, 2008, 82(1): 19-27.

[15]　Elrefai A, West J S, Soudki K. Performance of CFRP tendon-anchor assembly under fatigue loading [J]. Composite Structures, 2007, 80(3): 352-360.

[16]　蒋田勇, 方志. CFRP 预应力筋夹片式锚具的试验研究 [J]. 土木工程学报, 2008, 41(2): 60-69.

[17]　梁栋, 方志, 孙志刚. 碳纤维筋夹片式锚具锚固性能的试验研究 [J]. 建筑结构, 2008, 37(12): 68-71.

[18]　蒋田勇, 方志. CFRP 筋复合式锚具锚固性能的试验研究 [J]. 土木工程学报, 2010, 43(2): 79-87.

[19]　刘荣桂, 刘德鑫, 延永东. CFRP 筋复合型锚具锚固性能研究 [J]. 建筑科学与工程学报, 2013, 30(2): 9-14.

[20]　詹界东, 杜修力, 王作虎. CFRP 筋夹片-黏结型锚具的研制 [J]. 北京工业大学学报, 2011, 37(3): 418-424.

[21]　鲁平印, 向星赞. 荷兰 Dintelhaven 桥的设计建造特色 [J]. 中外公路, 2009, 28(6): 119-121.

[22]　许贤敏. 碳纤维增强塑料筋束预应力混凝土桥 [J]. 国外公路, 1996, 16(4): 37-39.

[23]　方志, 李红芳, 彭波. 体外 CFRP 预应力筋混凝土梁的受力性能 [J]. 中国公路学报, 2008, 21(3): 40-47.

[24]　欧进萍, 王勃, 何政. CFRP 加筋混凝土梁的力学性能试验与分析 [J]. 土木工程学报, 2006, 38(12): 8-12.

[25]　王新定, 戴航, 叶见曙, 等. CFRP 筋体外预应力混凝土梁正截面承载力试验研究 [C] //第十八届全国桥梁学术会议论文集 (下册), 2008.

[26]　王新定, 戴航, 丁汉山, 等. CFRP 体外预应力筋混凝土梁斜截面抗剪试验研究 [C]//第十九届全国桥梁学术会议论文集 (下册), 2010.

[27]　余天起. 预应力 CFRP 筋混凝土梁延性性能试验研究 [D]. 上海: 同济大学, 2006.

[28]　曹国辉, 方志, 周先雁. CFRP 吊索钢管混凝土系杆拱桥模型试验研究 [J]. 土木工程学报, 2007, 39(12): 73-78.

[29]　周先雁, 曹国辉. CFRP 吊索钢管混凝土拱桥长期受力性能试验研究 [J]. 中国铁道科学, 2008, 29(3): 34-39.

[30]　李瀚, 徐文平. CFRP 在系杆拱桥中的应用研究 [J]. 工业建筑, 2004, 34 (z1): 307-310.

[31] 方志, 张建东. 配置碳纤维 (CFRP) 吊杆和系杆混凝土拱桥的力学性能 [J]. 中南公路工程, 2005, 30(3): 48-52.

[32] 吕志涛, 梅葵花. 国内首座 CFRP 索斜拉桥的研究 [J]. 土木工程学报, 2007, 40(1): 54-59.

[33] 梅葵花, 吕志涛, 张继文, 等. CFRP 斜拉索锚具的静载试验研究 [J]. 桥梁建设, 2005, 4: 20-23.

[34] 刘荣桂, 李成绩, 蒋峰, 等. 碳纤维斜拉索的静力参数特性分析 [J]. 哈尔滨工业大学学报, 2008, 40(4): 615-619.

[35] 刘荣桂, 李成绩, 龚向华, 等. 碳纤维斜拉索的动力参数特性分析 [J]. 哈尔滨工业大学学报, 2008, 40(8): 1284-1288.

[36] Çavdar Ö, Bayraktar A, Adanur S, et al. Stochastic finite element analysis of long-span bridges with CFRP cables under earthquake ground motion[J]. Sadhana, 2010, 35(3): 341-354.

[37] Inoue K, Sugimoto H, Morishita K, et al. Study on additional mass to the cable-stayed bridge as a counter measure against great earthquake [C]// Proceedings-JAPAN Society of Civil Engineers. Dotoku Gakkai, 2002: 29-38.

[38] 刘荣桂, 周士金, 许飞, 等. CFRP 索斜拉试验桥动态测试与地震响应分析 [J]. 长安大学学报 (自然科学版), 2009, 6: 12.

[39] 刘荣桂, 周士金, 许飞, 等. CFRP 拉索斜拉桥模态试验与分析 [J]. 桥梁建设, 2009, 3: 29-32.

[40] 顾明, 杜晓庆. 模拟降雨条件下斜拉桥拉索风雨激振及控制的试验研究 [J]. 土木工程学报, 2004, 37(7): 101-105.

[41] 刘荣桂, 曹植, 谢桂华, 等. 斜拉桥拉索风雨激振研究进展 [J]. 中外公路, 2013, 33(5): 66-69.

[42] 梅葵花, 费增乾, 孙胜江, 等. 超大跨径 CFRP 缆索悬索桥静力性能 [J]. 长安大学学报 (自然科学版, 2013, 33(3): 42-47.

[43] 郑宏宇, 江怀雁, 吕志涛, 等. 大跨 CFRP 缆索悬索桥成桥静力特性分析 [J]. 中外公路, 2013, 33(3): 78-83.

[44] 梁玉照, 牛力强, 魏家乐, 等. CFRP 主缆自锚式悬索桥静动力性能及其地震响应研究 [J]. 中外公路, 2010, 6: 31-35.

[45] 吴晓, 杨立军, 孙晋. 碳纤维缆索悬索桥竖向非线性自由振动研究 [J]. 动力学与控制学报, 2010, 81: 67-73.

[46] Larsen A. Aerodynamic aspects of the final design of the 1624 m suspension bridge across the Great Belt [J]. Journal of Wind Engineering and Industrial Aerodynamics, 1993, 48(2): 261-285.

[47] 方明山. 超大跨度缆索承重桥梁非线性空气静力稳定理论研究 [D]. 上海: 同济大学, 1997.

[48] 张新军, 应磊荣. 应用 CFRP 索的缆索承重桥梁抗风稳定性研究 [J]. 公路, 2007, 7: 38-42.

[49] 陶学康, 孟履祥, 关建光, 等. 纤维增强塑料筋在预应力混凝土结构中的应用 [J]. 建筑结构, 2004, 34(4): 63-71.

[50] 张玉成, 徐德新. 新型 CFRP 材料在桥梁工程中的应用及前景 [J]. 重庆交通学院学报, 2005, 24(3): 28-30.

[51] 王溥. 纤维增强复合材料加固和修补土建结构技术 [J]. 上海建设科技, 2001, 3: 19.

[52] 岳清瑞. CFRP 加固修补混凝土结构新技术及应用 [J]. 高科技纤维与应用, 1998, 23(5): 1-6.

[53] 黄颖. 碳纤维加固桥梁技术 [J]. 公路交通技术, 2005, 1: 79-83.

[54] 徐礼华, 许锋, 曾浩, 等. CFRP 筋体外加固铁路预应力混凝土简支梁桥设计及试验研究 [J]. 工程力学, 2013, 30(2): 89-95.

[55] 毛起炤, 赵斌元, 沈大荣, 等. 水泥基碳纤维复合材料压敏性的研究 [J]. 复合材料学报, 1996, 13(4): 8-11.

[56] 李卓球, 孙明清. 碳纤维水泥基复合材料的 Seebeck 效应研究 [J]. 面向 21 世纪的科技进步与社会经济发展, 1999: 913.

[57] 欧进萍, 关新春, 李惠. 应力自感知水泥基复合材料及其传感器的研究进展 [J]. 复合材料学报, 2006, 23(4): 1-8.

[58] 李宏男, 赵晓燕. 压电智能传感结构在土木工程中的研究和应用 [J]. 地震工程与工程振动, 2005, 24(6): 165-172.

[59] 韩宝国. 压敏碳纤维水泥石性能, 传感器制品与结构 [D]. 哈尔滨: 哈尔滨工业大学, 2005.

[60] 宋显辉, 刘冬, 吕泳, 等. 碳纤维树脂基复合材料的传感特性研究 [J]. 工程塑料应用, 2007, 35(2): 48-51.

[61] 关新春, 欧进萍. 碳纤维机敏混凝土材料的研究与进展 [J]. 哈尔滨建筑大学学报, 2002, 35(6): 55-59.

第2章 碳纤维增强复合材料的物理力学性能

碳纤维具有优异的拉伸性能，单独使用可发挥一定功能。然而，它属于脆性材料，只有将它与基体材料牢固地结合在一起时，才能利用其优异的力学性能，使之更好地承载负荷[1]。因此在实际使用过程中，碳纤维不单独使用，而是与塑料、橡胶、金属、水泥、陶瓷等材料复合制成不同形状的碳纤维复合材料，使之满足实际应用要求[2]。

2.1 碳纤维增强复合材料的分类

目前世界上使用的碳纤维复合材料主要有碳纤维增强陶瓷基复合材料 (CFR-CMC)、碳纤维增强碳复合材料 (C/C)、碳纤维增强金属基复合材料 (CFRM)、碳纤维增强水泥基复合材料 (CFRC)、碳纤维增强树脂基复合材料 (CFRP) 等，其主要用途见表 2-1。

表 2-1 碳纤维的主要种类、用途及应用产业

	种类	用途	应用产业
	碳纤维丝束	高温隔热材料	电子、汽车、飞机、原子能
复合材料	碳纤维增强陶瓷 (CFRCMC)	高温隔热材料	电子、飞机、宇航
	碳纤维增强碳 (C/C)	结构材料	运动器材、飞机、宇航、电工、医疗
		烧蚀材料	宇航
	碳纤维增强金属 (CFRM)	摩擦材料	汽车、铁道、飞机、机械
		炭、石墨材料	钢铁、电工
	碳纤维增强水泥 (CFRC)	有关电池的基材	电力、汽车
		建筑、土木材料	船舶、住宅建设
	碳纤维增强树脂 (CFRP)	密封材料	化学、石油工业、石油、汽车
		功能材料 (滑动、导电、耐腐蚀材料等)	电子、电工、机械、宇航、飞机、化学

2.1.1 碳纤维增强陶瓷基复合材料 (CFRCMC)

碳纤维增强陶瓷基复合材料 (CFRCMC) 是在陶瓷基体中加入碳纤维形成的复合材料。主要是利用碳纤维的高强度来提高陶瓷的韧性，改变陶瓷脆性断裂形态，同时阻止裂纹在陶瓷基体中的迅速传播与扩展。碳纤维增强陶瓷基复合材料同时

具有高比强度、高比模量、耐腐蚀、耐高温、低密度等优良特性，特别是拥有良好的高温力学性能和热性能，在惰性环境中超过 2000℃仍能保持强度、模量等力学性能不降低，拥有良好的耐磨性能、低线膨胀系数、高热导率、高气化温度和良好的抗热震性能[3]。唯一不足的是，在氧化气氛下，碳纤维增强陶瓷基复合材料中的碳质材料在 400℃左右发生氧化，使其优异性能难以在高温下长时间保持，而碳纤维增强陶瓷基复合材料的许多应用环境都是具有氧化气氛的。因此，它们在氧化气氛中的表现 (包括氧化失重、力学性能的持久性等) 及氧化气氛中的氧化保护一直是科研工作者非常关注的问题[4]。其抗氧化性研究主要集中在两个方面：①通过对基体材料的处理来增强材料的抗氧化性能；②通过整体抗氧化涂层增强材料的抗氧化性能。在两种处理方式中，整体抗氧化涂层更为有效。

目前国内外比较成熟的碳纤维增强陶瓷基复合材料是碳纤维增强碳化硅材料，主要用于航空发动机、可重复使用航天飞行器等领域，是航空航天领域非常理想的热结构材料。

2.1.2　碳纤维增强碳基复合材料 (C/C)

碳纤维增强碳基复合材料 (C/C) 是由碳纤维或织物、编织物等增强碳基复合材料构成的，主要由各类碳组成，即纤维碳、树脂碳和沉积碳。由于增强相和基体相均为碳元素，所以该材料具有众多优异的力学性能和物理化学性能。例如，除了具备高强度、高刚性、尺寸稳定、抗氧化和耐磨损等特性，还具有较高的断裂韧性和假塑性。尤其在高温环境中强度很高，不熔不燃，因此在众多领域具有广泛的应用前景，如广泛应用于导弹弹头、固体火箭发动机喷管及飞机刹车盘等领域。

在 C/C 复合材料制备过程中，坯体的增密是一个极为关键的环节。目前制备 C/C 复合材料有化学气相沉积、液相浸渍、化学气相渗透 + 液相浸渍和化学液气相沉积四种常用增密方法[5]：①化学气相沉积 (CVD) 增密是利用各种技术将碳源气体引入化学气相渗透炉里，在炉内高温条件下使得渗透到坯体内部的碳源气体发生热解反应，生成热解碳沉积填充了坯体内部的孔隙，形成增密多孔纤维的基体相，以达到使材料致密化和实现某种性能为目的的增密方法，具有沉积效率低、生产成本高、材料表面存在"结壳"现象、生产周期长、产品适应性强和容易实现工业化生产等特点。②液相浸渍增密方法是把浸渍剂 (如树脂、沥青) 等碳材料的前驱体变成液态，并将碳纤维坯体浸没其中，待浸渍剂浸入纤维坯体后，在碳化炉中进行碳化处理 (即在 800~1200℃的高温条件下于惰性气氛中将有机物转化为碳)。此方法增密速度比较快，但是最终制得 C/C 复合材料存在许多细小的孔洞，需要重复浸渍多次才能得到密度较高的材料，这使得制备工艺变复杂，成本升高。③化学气相渗透 + 液相浸渍复合增密是采用液相浸渍增密使坯体密度达到一定程度后再进行 CVI 补充增密或者先采用 CVI 增密再用高压树脂浸渍进行补充增密的制备工艺。此方法综合了化学气相渗透和液相浸渍这两种方法的优点，增密速度快，制得的材料密度较高。④化学液气相增密方法是发生沉积时碳前驱体同时以液相和气相的形式存在，此方法消除了 CVI 的表面"结壳"现象，沉积速率大为提高，但是这种方法对产品的适应性较差。

2.1.3 碳纤维增强金属基复合材料 (CFRM)

碳纤维增强金属基复合材料 (CFRM) 具有高的比强度和比模量，高的韧性和耐冲击性能。目前碳纤维增强铝、镁、铜基复合材料的制备技术比较成熟，应用也较其他金属更为广泛。

碳纤维增强铝基复合材料具有耐高温、耐热疲劳、耐紫外线和耐潮湿等性能，适合于在航空航天领域中做飞机的结构材料。碳纤维增强铝合金的制造方法有热压法 (固相法)、挤压铸造法、粉末冶金法等。制造过程中最重要的问题是，当用液体渗入工艺时，只有在超过 1000℃时，铝才能润湿碳纤维，但在此温度下由于碳纤维与铝基体反应生成 Al_4C_3 化合物，破坏了碳纤维的性能，所以会导致复合材料性能下降。解决这一问题最一般的方法是用镀涂及气相沉积技术在碳纤维表面涂层，从而阻止纤维与基体间的反应，同时提高润湿性。

碳纤维增强镁基复合材料是以镁或镁合金为基体，用各种碳或石墨纤维增强的一种具有高比强度、高比模量和良好热稳定性的金属基复合材料。其性能取决于碳纤维的类型和性能，含量、分布和与基体界面结合的状态，就比模量和热稳定性而言，石墨纤维增强镁基复合材料是各种材料中最高的一种。当石墨纤维含量达到50%左右时，石墨纤维增强镁基复合材料的热膨胀系数为零，根据纤维的状态可分为连续碳纤维增强镁和不连续碳纤维增强镁基复合材料。连续长纤维可按设计要求铺排，为各向异性材料。单向纤维增强的镁基复合材料沿纤维方向的性能高于垂直于纤维方向的性能。这种镁基复合材料是航空航天领域理想的结构材料，用于人造卫星无线骨架、支撑架、反射镜和空间站构架等，结构效率最高。

碳纤维增强铜基复合材料是以铜为基体，用碳纤维增强的金属基复合材料。选择高强高模、高强中模及超高模量碳纤维，以一定的含量和分布方式与铜基体组成不同性能的碳-铜复合材料。由于碳纤维具有很高的强度和模量，负的热膨胀系数以及耐磨、耐烧蚀等性能，与具有良好导热导电性的铜基组成复合材料具有很好的导热导电性，高的比强度、比模量，很小的热膨胀系数和耐磨、耐烧蚀性，是高性能导热导电功能材料，主要用于大电流电器、电刷、电触头和集成电路的封装零件。用碳-铜复合材料制成的惯性电机电刷工作电流密度可高达 $500A/cm^2$。碳-铜复合材料的热膨胀系数为 $6\times10^{-6}℃^{-1}$，热导率为 $220W/(m\cdot K)$，高于任何低热膨胀系数材料, 在高集成度的电子器件中有很好的应用前景。

2.1.4　碳纤维增强水泥基复合材料 (CFRC)

碳纤维增强水泥基复合材料 (CFRC) 是将碳纤维加入水泥基体中制成的材料, 也称为纤维增强混凝土[6]。其制作一般由混量、成型、养护三步组成。在水泥基体中掺入高强碳纤维是提高水泥复合材料抗裂、抗渗、抗剪强度和弹性模量, 控制裂纹扩展, 增强变形能力的重要措施。此外, 碳纤维还具有震动阻尼特性, 可吸收震动波, 使水泥基或混凝土的防地震能力提高十几倍[7]。更为可贵的是碳纤维具有导电性, 将其加入水泥基体中, 赋予水泥基体智能性, 极大地扩大了混凝土的应用范围。CFRC 在承受负荷时表面不产生龟裂, 其抗拉强度、抗弯强度、断裂韧性、冲击韧性比普通混凝土高几倍到十几倍。另外, 与普通混凝土相比, CFRC 具有质轻、强度高、流动性好、扩散性强、成型后表面质量好等优点, 将其用于隔墙时, 比普通混凝土制作的隔墙薄 $1/3\sim1/2$, 重量减轻 $1/2\sim1/2$。CFRC 有多重规格, 其中短切碳纤维增强混凝土主要用在屋面、外墙、内墙、地面、天棚等方面; 长纤维混凝土主要用于承重构件, 由它制成的构件尺寸稳定, 且具有防静电性、耐磨性、耐腐蚀性等特点。

2.1.5　碳纤维增强树脂基复合材料 (CFRP)

碳纤维增强树脂基复合材料 (CFRP) 是指利用碳纤维为增强体来与树脂基体复合形成的材料, 所用树脂基体有两类, 一类是热固性树脂, 另一类是热塑性树脂。碳纤维增强热固性树脂是以热固性树脂为基体, 以碳纤维及其织物为分散质的纤维增强塑料。碳纤维及其织物与环氧、酚醛等树脂制成的复合材料具有强度高、模量高、密度小、减摩耐磨、自润滑、耐腐蚀、耐疲劳、抗蠕变、热膨胀系数小、导热率大、耐水性好等特点。碳纤维增强热塑性树脂是指碳纤维为分散质, 热塑性树脂为基体的纤维增强树脂。其特点是强度与刚性高、蠕变小、热稳定性高、线膨胀系数小、减摩耐磨、不损伤磨件、阻尼特性优良, 近年来发展较快。

碳纤维增强树脂基复合材料是目前最先进的复合材料之一, 它以轻质、高强、耐高温、抗腐蚀、热力学性能优良等特点广泛应用于结构材料及耐高温抗烧蚀材料, 是其他纤维增强复合材料所无法比拟的[8,9], 也是目前使用得最多、最广泛的碳纤维复合材料[10]。该复合材料除了具有碳纤维自身的特点, 还具有一些其他优良性质, 已被加工成筋材、片材、绞线等形式, 在现代工业领域得到了广泛应用。

2.2　碳纤维增强树脂基复合材料的基本特性

碳纤维增强树脂基复合材料 (CFRP) 的物理特性和碳纤维基体及与其复合的树脂、塑料、橡胶等基体材料的性能有关, 对其后期使用性能有重要影响。

2.2.1 碳纤维特性

碳纤维具有一般碳素材料的特性，如耐高温、耐磨擦、导电、导热及耐腐蚀等，但与一般碳素材料不同的是，其外形有显著的各向异性、柔软、可加工性好的特性。碳纤维沿纤维轴方向表现出很高的强度，其比强度是钢的 5 倍。碳纤维的密度在 $1.5\sim2.0\mathrm{g/cm^3}$，这与原丝结构有关，主要取决于炭化处理的温度。一般经过高温 (3000℃) 石墨化处理，密度可达 $2.0\mathrm{g/cm^3}$。

1. 碳纤维的化学性能

碳纤维是一种纤维状的碳素材料，而碳素材料是化学性能稳定性极好的物质之一。这是历史上最早被人类认识的碳素材料的特征之一。除了强氧化性酸等特殊物质，在常温常压下几乎为化学惰性。可以认为在普通的工作温度 (≤250℃) 下使用，碳纤维不发生化学变化。根据有关资料介绍，从碳素材料的化学性质分析，在温度不高于 250℃ 环境下，碳素材料既没有明显的氧化发生，又没有碳化物和层间化合物生成。由于碳素材料具有气孔结构，且其气孔率高达 25％ 左右，在加热过程易产生吸附气体脱气情况，这更有利于稳定碳纤维的电气性能，并在电热领域加以应用。在空气中，当温度高于 400℃ 时，碳纤维会出现明显的氧化，生成 CO 与 CO_2。在不接触空气和氧化剂时，碳纤维具有突出的耐热性能，与其他材料相比，碳纤维在温度高于 1500℃ 时，强度才开始下降。另外，碳纤维还具有良好的耐低温性能，如在液氮温度下也不脆化，它还有耐油、抗辐射、抗放射、吸收有毒气体和减速中子等特性。

2. 碳纤维的力学性能

(1) 弹性模量：弹性模量是碳纤维的一个重要的力学性能指标。弹性模量的大小主要与乱层石墨微晶沿纤维轴的取向有关，在纤维中的微晶沿纤维轴的取向程度越高，则碳纤维的弹性模量越高。碳纤维的弹性模量也随纤维直径的变化而改变，一般说来，随着纤维直径的增加，弹性模量下降。这是因为在碳纤维中存在着皮-芯结构，皮层部分石墨微晶较大，排列致密，模量值较高；而芯部区域微晶小，排列紊乱，模量平均值低。因此随纤维直径的增加、芯部比例增大，碳纤维的弹性模量逐渐降低。

(2) 抗拉强度：碳纤维属于脆性多晶材料，其抗拉强度由纤维中的缺陷所决定。Reynolds 等[11] 提出了碳纤维强度的微晶剪切模型，该模型把各类碳纤维的理论强度与存在内部裂纹时得到的强度联系起来。Johnson[12] 发现碳纤维的抗拉强度与石墨皱折带的纵向曲率半径和横向曲率半径有关。大量的实验发现聚丙烯腈基碳纤维的强度随热处理温度的提高而增加，当热处理温度达到 1500℃ 左右时，强度达到最大值，然后，随热处理温度的进一步提高，强度又有所下降，碳纤维的抗拉强度也受到原丝预氧化条件、纤维直径、掺硼和辐照等因素的影响。

(3) 抗压强度：Koeneman 以纤维的收缩等于包埋了纤维的环氧树脂的横向泊松收缩为基础，测得包埋在环氧树脂中的人造丝基碳纤维的抗压强度约为弹性模量的 0.9%。Dobb 等[13] 在研究碳纤维的压缩特性时发现，聚丙烯腈基碳纤维的抗压强度随拉伸强度的升高而升高，样品长度对抗压强度无影响；同时观察到聚丙烯腈碳纤维比中间相沥青基碳纤维具有更高的抗压强度。Kumar 等[14] 研究碳纤维的抗压强度与结构关系时发现，碳纤维的轴向抗压强度随纤维的抗拉强度和原丝材料而变化。

2.2.2　碳纤维增强树脂基复合材料的物理特性

碳纤维增强树脂基复合材料主要由两大部分组成：碳纤维和树脂基体。碳纤维主要由高分子材料如黏胶纤维、聚丙烯腈纤维、沥青纤维等经高温烧制而成。树脂基体主要采用环氧树脂和聚酰亚胺树脂。碳纤维复合材料的制作过程一般如下：先将碳纤维在树脂中预浸后，按一定方式铺层，再经过加温加压、固化等工序成型，形成的复合材料具有优异的性能，如环氧树脂基碳纤维 (EP/CF) 复合材料的比强度为钢的 4.8~7.2 倍，比模量为钢的 3.1~4.2 倍，疲劳强度约为钢的 2.5 倍、铝的 3.3 倍，而且高温性能好，工作温度达 400℃时，其强度与模量基本保持不变。此外，还具有密度和线膨胀系数小、耐腐蚀、抗蠕变、整体性好、抗分层、抗冲击等。在现有结构材料中，其比强度、比模量综合指标最高。在加工成型过程中，EP/CF 复合材料具有易大面积整体成型、成型稳定等独特的优点。不同纤维种类的 CFRP 的基本力学性能如表 2-2 所示。

表 2-2　常用 CFRP 的基本力学性能

纤维种类	相对密度 γ	拉伸强度 /GPa	弹性模量 E/GPa	热胀系数 $\alpha/(10^{-6}℃^{-1})$	延伸率 δ/%	比强度 /[GPa/(g/cm^3)]	比模量 /[GPa/(g/cm^3)]
普通	1.75	3	230	0.8	1.3	1.71	131
高强	1.75	4.5	240	0.8	1.9	2.57	137
高模	1.75	2.4	350	0.6	1.0	1.37	200
极高模	2.15	2.2	690	1.4	0.5	1.02	321

碳纤维增强树脂基复合材料其他方面的物理特性如下。

1) **热导率**[15]

树脂基碳纤维复合材料的热导率在中温区 100~400K，随着碳纤维体积含量的增加而增大；在 100K 以下，变化较小，在极低温区变化消失。强度不同的碳纤维复合材料，只要碳纤维是同类型、同排布、同体积含量，则热导率相差不大。平行于纤维排布方向的热导率一般要大于垂直于纤维排布方向的热导率。

2) 热膨胀性能[16]

树脂基碳纤维复合材料的热膨胀性一般较小，其热膨胀系数的数量级在 10^{-8} ~ 10^{-4} ℃$^{-1}$，平行于纤维方向的系数比垂直于纤维方向的系数约小一个数量级，且热膨胀系数与温度有关，当温度下降时，平行于纤维方向的系数略有上升或基本不变，垂直于纤维方向的系数下降。影响树脂基碳纤维复合材料热膨胀的因素主要是排布方式、比例、温度和湿度。其中影响较大的是排布方式和比例。对于同样材料比例的树脂基碳纤维复合材料，单层、有规律排布的热膨胀系数可由理论推导的公式计算。对于多层复杂排布的热膨胀系数，可从单层估计其变化趋势。

3) 硬度

树脂基碳纤维复合材料具有一定的硬度。但此硬度会随碳纤维含量的变化而发生相应变化。研究表明，当碳纤维含量从 5% 提高到 30% 时，复合材料的平均硬度从 77HV 提高到 367HV，可以看出复合材料的硬度提高幅度很大，但并非线性增加。开始增加较小，当碳纤维含量大于 10% 以后，硬度增加非常快；当碳纤维含量大于 25% 以后，硬度值变化趋于平缓。

4) 电阻率

碳纤维复合材料具有一定的导电性。研究表明，在碳纤维/酚醛树脂复合体系中，随着碳纤维含量的增加，复合材料的电阻值下降，导电性能提高。电阻值的下降与纤维含量的增加并不成正比，而是有一个渗滤阈值，这个渗滤阈值约为 15%。当碳纤维含量高于 15% 时，复合材料具有一定的导电能力。

5) 耐磨性

研究表明，随着碳纤维含量的增加，复合材料的耐磨性提高，但其提高程度随着碳纤维含量的增加而减小，碳纤维含量大于 20% 后趋于不变。

2.3 碳纤维筋材的力学性能

碳纤维筋是由多股连续碳纤维丝通过胶基材料 (如聚乙烯树脂、环氧树脂等) 进行胶合后，经特制的模具挤压拉拔等工艺成型后形成的产品[17]，其截面一般为圆形，如图 2-1 所示。表面有光滑或进行缠丝加肋处理两种，加肋碳纤维筋与混凝土等黏结介质的黏结性能较好。根据所用的碳纤维原料不同，可分为两类：一类是通长 (PAN)，这是从聚丙烯腈纤维中获得的；另一类是短节 (沥青)，是石油或煤焦油熔化制成的。工程中使用的碳纤维筋一般为后一种。其生产工艺流程如下：先将碳纤维固定在一起，然后穿过基体浸胶槽，接着由成型模拉出，出来后的束状产品经过固化室，让树脂在室内凝结硬化，形成碳纤维复合材料筋 (CFRP 筋)，简称碳纤维筋。20 世纪 80 年代，亚洲和欧洲一些国家最先开发出碳纤维筋，并将其应用于工程结构中。

(a) 光圆型

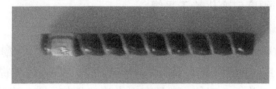

(b) 螺纹型

图 2-1   碳纤维筋示意图

1) CFRP 筋的应力-应变关系

CFRP 筋的力学性能及应力-应变关系与钢筋不同[18]，如图 2-2 所示。其中，GFRP 为玻璃纤维筋，AFRP 为芳纶纤维筋。钢筋从加载至屈服表现出线性变化特征，屈服之后呈现塑性特性。碳纤维筋由于是由碳纤维丝和树脂基体两种材料组成的，它的应力-应变关系又与单纯的碳纤维丝的纯线性变化有所不同。CFRP 筋受力过程可分为三个阶段：第一阶段，由于环氧树脂的抗拉强度远低于纤维丝的抗拉强度，所以从加载至环氧树脂开裂，在此过程中 CFRP 筋中碳纤维丝和环氧树脂共同受力，受力过程呈线性变化特征。第二阶段是从环氧树脂开裂至树脂基体完全破坏，由于环氧树脂的塑性特性，该阶段中 CFRP 筋呈现塑性变化特征。第三阶段是从环氧树脂破坏直至 CFRP 筋受拉破坏，拉力由碳纤维丝单独承担，CFRP 筋呈现碳纤维丝的线性特征，属脆性破坏。因此，CFRP 筋性能的好坏，既受纤维丝的制约，又受环氧树脂性能的影响。

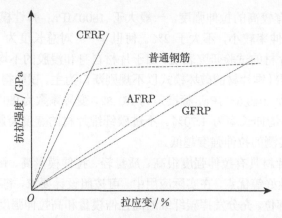

图 2-2 GFRP、CFRP 和 AFRP 与普通钢筋的应力-应变曲线对比示意图

2) CFRP 筋的抗拉强度与弹性模量

CFRP 筋的极限抗拉强度几乎只与其组成的纤维有关。值得注意的是，与钢绞线相比，CFRP 筋的抗拉强度的离散性比较大，离异系数达到 3.17，而钢绞线的离异系数仅为 0.16，因此碳纤维筋的生产要给予很高的安全储备才可以保证其设计强度，一些专家建议使用三倍标准差，即出厂保证强度 = 强度平均值 -3σ（σ 为标准差），此时失效概率可降低到约 0.11%。而 CFRP 筋的弹性模量由纤维和树脂的组成来决定，试验结果表明：在静力荷载下，CFRP 的弹性模量随荷载的增加而增大。例如，在 200MPa 下，CFRP 的弹性模量为 134GPa；而在 1200MPa 下，弹性模量增加到 149GPa。

3) CFRP 筋的应力松弛

长期荷载作用下的性能试验结果表明：CFRP 预应力筋的张拉控制应力取 $0.165\sim0.17\ P_u$ 为宜，扣除预应力损失后有效预应力为极限强度的 50% 左右。在此预应力的范围内，可不考虑温度对 CFRP 筋的松弛和徐变的影响，同时 CFRP 筋的长期应力松弛值很小且与时间呈线性关系，可忽略不计，但对于重要工程，应力松弛损失可取 3%。

2.4 碳纤维片材的力学性能

碳纤维片材是采用常温固化的热固性树脂 (通常是环氧树脂) 将定向排列的碳纤维束黏结起来制成薄片，主要有碳纤维布、碳纤维板等。目前工程中使用较多的是碳纤维布材，由于各厂家生产的碳纤维布材织法不同，其横向性能存在较大差异。研究表明[19]，采用双面网格织法的碳纤维布比采用经纬编织法的碳纤维布的横向应变更均匀。

碳纤维布材有较高的拉伸强度，一般大于 1800MPa；弹性模量较大，一般在 300~640GPa。延伸率较小，不大于 2%。何世华[20] 对总长度为 230mm、宽度为 15mm 的碳纤维片材的试验研究表明，由于片材自身和浸胶的不均匀性，拉伸过程纤维受力不均，碳纤维片材的破坏模式以不规则断口为主。试验得出的碳纤维片材的平均拉伸强度为 4040.58MPa，标准差为 161.82，变异系数为 0.04。平均弹性模量为 246.03GPa，平均伸长率为 1.70%。不过碳纤维片材的宽度会影响其拉伸强度，所用片材越宽，实测的拉伸强度越低。

由于碳纤维片材具有拉伸强度很高、质量轻、拉伸模量高、耐腐蚀性能优异、可以手糊、工艺性好等优点，在实际应用中，可按照设计要求，将碳纤维片材贴在结构物被加固的部位，充分发挥碳纤维的高拉伸模量和高拉伸强度的作用，来修补加固钢筋混凝土结构物，如图 2-3 所示。日本、美国、英国将该材料用于加固震后受损的钢筋混凝土桥板，增强石油平台壁及耐冲击性能的许多工程上，获得了突破性进展。我国工程界也越来越多地使用碳纤维复合材料片来修补加固已劣化的钢筋混凝土结构物 (约束裂纹发展、防止混凝土剥落) 和提高结构物耐久性能，以及对用旧标准设计建成的钢筋混凝土结构物的补强、加固，如图 2-3 所示。

图 2-3　碳纤维片材加固钢筋混凝土板

2.5　碳纤维绞线材料的力学性能

为充分发挥碳纤维抗拉强度高的特点，可将多根碳纤维筋以复合绳的方式进行组合，形成碳纤维复合材料绞线 (简称碳纤维绞线，Carbon Fiber Composite Cable，CFCC)，如图 2-4 所示。其组分为碳纤维、环氧树脂或双马来酰亚胺等胶基，生产工艺是由预浸小股碳纤维筋绞缠成绞线形式，再经加热黏结生成一根索。可用于预应力筋、普通加强筋或箍筋；从试验来看，工程中用的 CFCC 的直径并不是越粗越好，CFCC 抗拉强度随直径的增加而降低。CFCC 束表面处的黏结应力传递到中心处会发生剪力滞后现象，过大的横向剪切荷载将破坏环氧树脂的黏结力，导致各根纤维丝的连锁失效。因此建议 CFCC 在生产及使用时以较小直径为主，目前 CFCC 形式有单股、7 股、19 股、37 股等，直径从 3~40mm 不等，其中 7 股 Φ12.5mm 的 CFCC 与 7 股 Φ12.4mm 的钢绞线相比，其性能如表 2-3 所示。

图 2-4　碳纤维绞线

表 2-3　碳纤维绞线和钢绞线性能比较[21]

性能指标	单位	碳纤维绞线 1×7Φ12.5mm	钢绞线 1×7Φ12.4mm
有效断面积	mm^2	76.0	92.9
破坏荷载	N	164000	163000
抗拉强度	N/mm^2	2160	1750
弹性模量	N/mm^2	140000	20000
延伸率	%	1.6	3.5
密度	g/cm^3	1.6	7.9
松弛率	%	1	3

　　CFRP 绞线最早由日本开发，并在 249 号国道上石川县的预应力混凝土公路桥 —— 新宫桥上作为预应力筋应用。该桥所用的 CFRP 绞线公称断面面积为 76mm^2，重为 158kg/km，弹性模量为 132~147GPa。生产 CFRP 绞线厂家试验得到的破断力 P_u 为 137kN，张拉时、锚固后及使用前载荷作用下容许拉力分别为 0.6 P_u、0.55 P_u 和 0.45 P_u。

　　1991 年德国某工厂区的一座后张预应力混凝土高速公路桥的部分力筋采用了 CFRP 绞线。这座梁式桥长约 80m，宽为 11.2m，4 束 19Φ12.5mm 的 CFRP 绞线组成大型预应力束，采用楔形系统锚固在梁上。CFRP 绞线在设计载荷下的容许拉力为 0.5 P_u，且此桥的力筋未进行灌浆处理，以便使用中可以质量检查和数据采集。

2.6　碳纤维筋材的预应力损失

2.6.1　应力松弛与构件的预应力损失

应力松弛是指材料在一定的约束承载状态下,总应变不变,而应力随时间逐渐降低的现象。预应力钢筋的应力松弛会导致预应力损失,使构件的承载能力降低,严重的甚至导致结构破坏。对于使用 FRP 筋材的预应力混凝土结构,FRP 筋材的应力松弛是必须面对的问题。只有把握其应力松弛特性,降低 FRP 筋材的应力松弛水平,有效控制或减少相应的预应力损失,才能使 FRP 筋材在预应力结构中得到更好的应用。目前,我国暂无 FRP 筋材应力松弛特性试验的独立规范。

2.6.2　碳纤维筋材应力松弛的影响因素

材料的应力松弛特性主要与材料的性质、荷载大小及外界温度有关。FRP 筋材的应力松弛来自两部分[22]:受力纤维的松弛,树脂产生的松弛。前者包括通过挤拉工艺制造出来的 FRP 筋中各纤维本身并不完全顺直,随着持荷时间的延长,这部分由于纤维逐渐拉直而造成的应力损失。相关的主要影响因素有纤维种类、纤维体积率、树脂与纤维的弹性模量比。一般 FRP 筋的松弛损失均小于 12%。在各种 FRP 材料中,CFRP 筋的松弛损失最小。

与预应力钢筋构件一样,施工方法、养护 (温度) 条件对 FRP 筋松弛也会产生较大影响。可见,FRP 筋材的设计、生产、制造、施工对其应力松弛均有较大影响。此外,锚具变形、摩擦、弹性缩短及混凝土收缩、徐变导致的松弛也会产生预应力损失。该部分导致的预应力损失不能忽视,其计算、设计理论与预应力钢筋混凝土相同。

2.6.3　碳纤维筋材导致的预应力损失

陶学康等[22] 研究表明,FRP 筋的弹性模量较低,因此这些损失的总和比预应力钢筋混凝土的预应力损失小。当 FRP 筋的松弛损失不大于 5% 时,静定结构预应力总损失取:先张法 $0.2\sigma_{con}$,后张法 $0.15\sigma_{con}$。王作虎等[23] 通过试验与计算相结合的方法对预应力 CFRP 筋混凝土梁的应力损失进行研究。CFRP 筋预应力损失的量值与钢绞线预应力损失的量值基本类似,采用分项计算的办法来计算 CFRP 筋的预应力损失,误差在 15% 以内。王文炜等[24] 试验结果表明,放张过程中预应力 FRP 布与锚具间滑移及锚具变形造成的瞬时损失是主要部分,占初始预应力的 12.6%~18.2%。而时间依存的损失仅为初始预应力的 2.3%~3.9%。胶体的养护时间对瞬时损失具有一定的影响。已有的研究成果还没有形成统一的观点,FRP 筋材的应力松弛,以及在预应力构件中导致的预应力损失计算理论还有待进一步研究。钢绞线和 FRP 筋预应力损失的比较，如表 2-4 所示。

表 2-4   钢绞线和 FRP 筋预应力损失的比较[24]

材料	锚固损失	摩擦损失	混凝土收缩徐变损失	混凝土弹性压缩损失	预应力筋应力松弛损失
钢绞线	大	小	大	大	小
CFRP 筋	中	大	中	中	中
AFRP 筋	小	中	小	小	大

　　试样端部的有效描固是测定 FRP 筋的应力松弛特性的关键。试验中载荷通常都是通过端部的锚具加载到试样上的，要保证试验段变形恒定，在试验期间试样端部相对于锚具不能发生相对滑移。

　　袁国青等[25] 设计了一种测试 FRP 筋应力松弛特性端部加强锚固法，明确了测试试件的制备步骤，实现了松弛试验时试样端部滑移近似为零，可较准确地测定 FRP 筋的应力松弛。李国维等[26] 运用光纤光栅进行试验。结果表明，采用钢管填充膨胀剂、端部封闭锚固的方法，加载后端部滑移小，可测试大直径喷砂 FRP 筋材的应力松弛特性；预置加载设施的混凝土构件模拟锚固法，可用于测试 FRP 筋锚杆结构的应力松弛综合性状。

参 考 文 献

[1] 上官倩芡, 蔡泖华. 碳纤维及其复合材料的发展及应用 [J]. 上海师范大学学报 (自然科学版), 2008, 37(3): 275-279.

[2] 贺福, 王茂章. 碳纤维及其复合材料 [M]. 北京：科学出版社, 1995.

[3] 卢国锋, 侯君涛. 碳纤维增强陶瓷基复合材料抗氧化技术研究 [J]. 渭南师范学院学报 (综合版), 2012, 4(2): 71-75.

[4] 孙银洁, 李秀涛, 宋扬, 等. 碳纤维增强超高温陶瓷基复合材料的性能与微结构 [J]. 宇航材料工艺, 2012, 41(6): 81-84.

[5] 钟涛生, 易茂中, 葛毅成, 等. 碳纤维增强碳基复合材料增密方法及其特点 [J]. 金属热处理, 2009, 7(2): 111-114.

[6] 吴人杰. 复合材料 [M]. 天津: 天津大学出版社, 2002.

[7] 王茂章, 贺福. 碳纤维的制造、性质及其应用 [M]. 北京: 科学出版社, 1984.

[8] Wang J X, Gu M Y. Wear properties and mechanisms of nylon and carbon-fiber-reinforced nylon in dry and wet conditions[J]. Journal of Applied Polymer Science, 2004, 93(2): 789-795.

[9] Jia J H, Chen J M, Zhou H D, et al. Comparative investigation on the wear and transfer behaviors of carbon fiber reinforced polymer composites under dry sliding and water lubrication [J]. Composites Science and Technology, 2005, 65(8): 1139-1147.

[10] Fukunaga A, Konmam I T, Ueda S, et al. Plasma treatment of pitch-based ultra high modulus carbon fiber[J]. Carbon, 1999, 37(8): 1087-1093.

[11] Reynolds W N, Sharp J V. Crystal shear limit to carbon fiber strength [J]. Carbon, 1974, 12(2): 103-110.

[12] Johnson D J. Structure-property relationships in carbon fibres[J]. Journal of Physics D: Applied Physics. 1987, 20(3): 286-293.

[13] Dobb M G, Johnson D J, Park C R. Compression behavior of carbon fibers[J]. Journal of Material Science, 1990, 25(2): 829-834.

[14] Kumar S, Anderson D P, Crasto A S. Carbon fiber compressive strength and its dependence on structure and morphology[J]. Journal of Materials Science, 1993, 28(7): 423-430.

[15] 张建可. 树脂基碳纤维复合材料的热物理性能之二导热系数 [J]. 中国空间科学技术, 1987, 7(2): 55-60.

[16] 张建可. 树脂基碳纤维复合材料的热物理性能之一热膨胀 [J]. 中国空间科学技术, 1987, 5(6): 45-50.

[17] 王鹏, 张长青, 陈彦华, 等. CFRP 筋 (碳纤维筋) 产品及其工程应用探析 [J]. 公路交通技术, 2012, 11(6): 62-66.

[18] 杨剑. CFRP 预应力筋超高性能混凝土梁受力性能研究 [D]. 长沙: 湖南大学, 2007.

[19] 杨勇新, 李庆伟. 预应力碳纤维布加固混凝土结构技术 [M]. 北京: 化学工业出版社, 2010.

[20] 何世华. 碳纤维布力学性能指标取值探讨 [J]. 工业建筑, 2012, 42(5): 119-121.

[21] 程东辉, 谭起民. 碳纤维筋在工程中应用的生产建议 [J]. 森林工程, 2004, 20(1): 68-69.

[22] 陶学康, 孟履祥, 关建光, 等. 纤维增强塑料筋在预应力混凝土结构中的应用 [J]. 建筑结构, 2004, 34(4): 63-71.

[23] 王作虎, 杜修力, 刘晶波. 预应力碳纤维增强材料筋混凝土梁的应力损失研究 [J]. 工业建筑, 2011, 10: 29-32.

[24] 王文炜, 戴建国, 张磊. 后张预应力碳纤维布加固钢筋混凝土梁预应力损失试验及计算方法研究 [J]. 土木工程学报, 2012, 11(2): 88-94.

[25] 袁国青, 董国华, 马剑. FRP 筋应力松弛试样端部锚夹方法研究 [J]. 玻璃钢/复合材料, 2009, 5(1): 3-6.

[26] 李国维, 倪春, 葛万明, 等. 大直径喷砂 FRP 筋应力松弛试件锚固方法研究 [J]. 岩土工程学报, 2013, 12(2): 227-234.

第3章　CFRP 筋用黏结式锚具

作为一种高性能材料，CFRP 筋材已成为当前土木工程学科的研究热点之一。由于 CFRP 筋纵、横向材性差异很大 (抗剪强度与抗拉强度之比约为 0.1)，现有预应力钢材所用的锚具体系不适用于 CFRP 筋，需要重新研究开发。自 20 世纪 80 年代末，国外学者就对 CFRP 筋用黏结式锚具开展了一定的研究，并在小跨径桥、预应力混凝土结构中进行了应用[1-3]。我国学者于 2005 年在江苏大学校内建成了国内首座 CFRP 索斜拉桥，并相继取得了一些研究成果。在这一历程中，CFRP 筋 (索) 用黏结式锚具的研究应用引人关注。本章就 CFRP 筋 (索) 用黏结式锚具的研究现状和具体研究问题进行介绍和探讨。

3.1　结构形式

CFRP 筋用黏结型锚具主要由套筒、黏结介质、螺母、端堵等部分组成。其中黏结介质作为 CFRP 筋与套筒的相互作用媒介，目的在于避免 CFRP 筋的剪切破坏。根据锚筒构造的不同，目前研制的 CFRP 筋用黏结型锚具主要有直筒式、内锥式、直筒 + 内锥式、连锥式、串联式、内曲式等，分别见图 3-1(a)~图 3-1(f)。对图 3-1 中后三种形式的 CFRP 筋黏结型锚具，课题组已开展了一定的试验研究与理论分析，并已申请了相关专利[4-10]。从现有的研究结果来看，内曲式是黏结型锚具中各项性能最优越的一种形式。

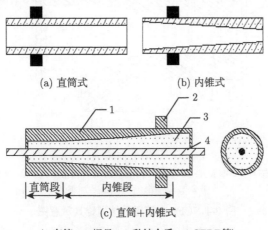

(a) 直筒式　　　　　　(b) 内锥式

直筒段　　内锥段

(c) 直筒+内锥式

(1-套筒；2-螺母；3-黏结介质；4-CFRP筋)

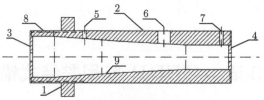

(d) 连锥式

(1-螺帽；2-锚筒；3-第一端堵；4-第二端堵；5-第一出气孔；
6-浇灌孔；7-第二出气孔；8-外螺纹；9-内螺纹)

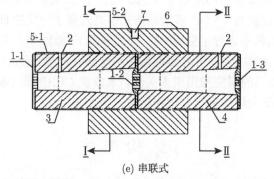

(e) 串联式

(1-1-端堵；1-2-端堵；1-3-端堵；2-灌胶孔；3-滑移锚筒；4-固定锚筒；
5-1-螺纹；5-2-螺纹；6-螺帽；7-插销孔)

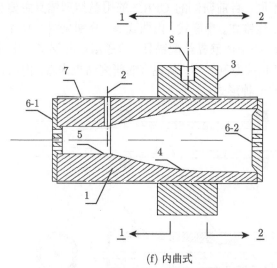

(f) 内曲式

(1-锚具；2-灌胶孔；3-螺帽；4-内凹段；5-平直段；6-1-第一端堵；
6-2-第二端堵；7-螺纹；8-插销孔)

图 3-1 CFRP 筋用黏结型锚具示意图

3.2 基本受力原理

黏结型锚具中常用的黏结介质有普通混凝土、环氧类树脂结构胶、高性能化学胶黏剂、高性能混凝土等。已有试验表明，黏结介质与 CFRP 筋之间的"黏结应力"可达 20MPa 以上。"黏结应力"是指 CFRP 筋表面的轴向分布应力，其组成包括化学胶着力、摩擦力和机械咬合力。在 CFRP 筋受到张拉时，锚固区筋材受到的轴向拉力以"黏结应力"的形式通过黏结介质传递至锚筒内壁，最终由锚筒承担，并传递给螺母。

试验研究表明，黏结应力的传递在 CFRP 筋相对于黏结介质发生滑移以前取决于化学胶着力；在发生相对滑移以后，取决于摩擦力和机械咬合力 (胶着力消失)。对于光圆 CFRP 筋，黏结应力主要为化学胶着力和摩擦力；对于表面粗糙化处理的 CFRP 筋，黏结应力主要为机械咬合力。

3.2.1 受力分析

建立黏结型锚具的基本受力平衡方程、变形协调方程、本构方程与边界条件，是该类型锚具锚固机理分析的基础。图 3-2 为直筒式黏结型锚具的整体与微元体受力分析图。在 CFRP 筋轴向拉力 T 作用下，假设锚筒与黏结介质间相对滑移非常小，可以忽略 (即认为锚筒与黏结介质完全耦合)。在加载过程中，CFRP 筋材与黏结介质间发生相对滑移，锚固区内应力分布随之发生变化。

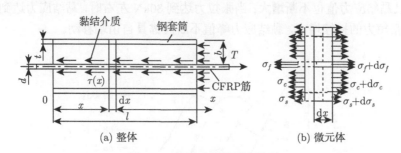

图 3-2 黏结型锚具受力情形

根据微元体平衡：

$$\tau(x) - \frac{A_f}{C_f} \cdot \frac{d\sigma_f(x)}{dx} = 0 \tag{3-1}$$

式中，A_f 为筋材截面面积；C_f 为筋材截面周长。

变形方程：

$$d\delta(x) = [\varepsilon_f(x) - \varepsilon_c(x)] dx \tag{3-2}$$

本构方程：

$$\sigma_f(x) = E_f \varepsilon_f(x) \tag{3-3}$$

$$\sigma_s(x) = E_s \varepsilon_s(x) \tag{3-4}$$

$$\sigma_c(x) = E_c \varepsilon_c(x) \tag{3-5}$$

$$\tau(x) = \phi(\delta)\varphi(x) \tag{3-6}$$

边界条件：自由端 CFRP 筋应力为零，即

$$\sigma_f(0) = 0 \tag{3-7}$$

加载端 CFRP 筋拉力为 T，则

$$\sigma_f(l) = \frac{T}{A_f} \tag{3-8}$$

式中，l 为金属筒长度；$\tau(x)$ 为黏结应力分布函数；σ_f 为筋材的轴向应力；σ_c 为黏结介质的应力；σ_s 为金属筒的应力。

3.2.2 黏结应力分布模型

Khin 等[11] 通过 CFRP 筋在锚固区的轴向应变，间接测试了在不同张拉力下 CFRP 筋与黏结介质之间的黏结应力分布情况，如图 3-3 所示，可以看出施加张拉力后，在张拉端先出现黏结应力；而后随张拉力的增大，黏结应力的分布范围不断扩大，且黏结应力值也不断增大；当张拉力达到 30kN 左右时，黏结应力达到峰值，且随着张拉力的持续增大，黏结应力峰值不断向锚具自由端移动。

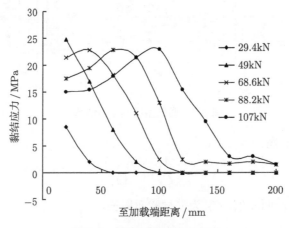

图 3-3 锚固区黏结应力分布

黏结应力分布模型主要描述了在张拉力作用下，锚固范围内 CFRP 筋表面的黏结应力沿筋材的轴向分布情况和随张拉荷载的增加黏结应力的分布及变化规律。这是锚具锚固机理研究的重点。目前，对于承载力极限状态下黏结应力的描述，主要有 BBA 模型和改进的光滑曲线模型等。

1. BBA 模型

BBA 模型 (图 3-4) 由 Benmokrane 等[12] 根据单轴荷载作用下锚固区黏结应力分布特点及荷载传递机制得出，由三部分组成。

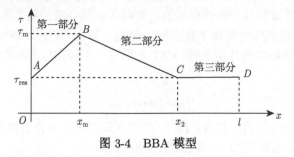

图 3-4 BBA 模型

第一部分，锚具自由端至最大黏结应力点之间的区段，即 $0 \leqslant x \leqslant x_\mathrm{m}$，则黏结介质与 CFRP 筋的接触面在 x 处的黏结应力 τ_p 可由式 (3-9) 求得

$$\tau_p = \frac{\tau_\mathrm{m}}{\cosh k l_1} \cosh kx \tag{3-9}$$

该部分的拉力 T_1 与最大黏结应力 τ_m 的关系见式 (3-10)，τ_m 位置与自由端的距离 l_1 由式 (3-11) 求得

$$T_1 = \frac{2\pi r_1 \tau_\mathrm{m}}{k} \tanh k l_1 \tag{3-10}$$

$$l_1 = \frac{1}{k} \ln\left(m + \sqrt{m^2 - 1}\right) \tag{3-11}$$

$$k^2 = \frac{2G_g}{E_p r_1 c} \tag{3-12}$$

$$c = r_2 - r_1 \tag{3-13}$$

$$m = \tau_\mathrm{m}/\tau_\mathrm{res} \tag{3-14}$$

式中，τ_res 为残余黏结应力；l_1 为自由端至黏结应力最大处的距离；E_p 为 CFRP 筋的弹性模量；r_1 为 CFRP 筋的半径；r_2 为钢套筒的半径；G_g 为黏结介质的剪切模量。

第二部分，最大应力至残余应力起点之间的区段，即 $x_\mathrm{m} \leqslant x \leqslant x_2$。该部分锚具机械咬合作用逐渐减小。黏结介质与 CFRP 筋的接触面在 x 处的黏结应力 τ_p 可

由式 (3-15) 求得。该部分的拉力 T_2 可由式 (3-16) 求得。黏结应力最大处至残余力起点之间的距离 l_2 可由式 (3-17) 求得

$$\tau_p = \tau_{\mathrm{m}} - \frac{\tau_{\mathrm{m}} - \tau_{\mathrm{res}}}{l_2}(x - l_1) \tag{3-15}$$

$$T_2 = \pi r_1 l_2(\tau_{\mathrm{res}} + \tau_{\mathrm{m}}) \tag{3-16}$$

$$l_2 = \frac{\sqrt{9T_1^2 + 12\pi^2 E_p r_1^3 (2\tau_{\mathrm{m}} + \tau_{\mathrm{res}})(\delta_2 - \delta_{\mathrm{m}})} - 3T_1}{2\pi r_1(2\tau_{\mathrm{m}} + \tau_{\mathrm{res}})} \tag{3-17}$$

式中，δ_{m} 为 CFRP 筋在黏结应力最大处的滑移量；δ_2 为 CFRP 筋在 $x = x_2$ 处的滑移量。CFRP 筋滑移量为弹性变形加上相对于黏结介质的刚体运动。

第三部分，黏结应力仅剩下残余应力区段，即 $x \geqslant x_2$。该阶段黏结介质与 CFRP 筋之间的机械咬合作用失效，CFRP 筋仅受到径向压力和摩擦黏结应力。

$$\tau_p = \tau_{\mathrm{res}} \tag{3-18}$$

$$T_3 = 2\pi r_1 l_3 \tau_{\mathrm{res}} \tag{3-19}$$

式中，l_3 为残余应力的黏结长度；T_3 为 CFRP 筋在第三部分的拉力。

据上述分析，极限拉力 T_u 可由式 (3-20) 求得

$$T_u = T_1 + T_2 + T_3 \tag{3-20}$$

$$l = l_1 + l_2 + l_3 \tag{3-21}$$

式中，T_j 为 j 区段的拉力 $(j = 1, 2, 3)$；l 为锚固长度；l_j 为 j 区段的长度 $(j = 1, 2, 3)$。

2. 光滑曲线模型

光滑曲线模型是在 BBA 模型的基础上修改而来的。BBA 模型在分段处存在不连续之处，与极限状态时黏结应力分布的光滑平顺这一实际情况不符。方志等 [13] 将 BBA 模型修改成连续分布模型 (图 3-5)。

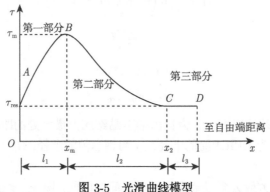

图 3-5　光滑曲线模型

连续分布模型在 BBA 模型的基础上满足以下三个条件。

(1) 在 $x = 0$ 处, 有 $\tau = \tau_{\text{res}}$ 和 $\dfrac{\mathrm{d}\tau}{\mathrm{d}x} = 0$。

(2) 在 $x = x_{\text{m}}$ 处, 有 $\tau = \tau_{\text{m}}$ 和 $\dfrac{\mathrm{d}\tau}{\mathrm{d}x} = 0$。

(3) 在 $x = x_2$ 处, 有 $\tau = \tau_{\text{res}}$ 和 $\dfrac{\mathrm{d}\tau}{\mathrm{d}x} = 0$。

满足 (1) 和 (2) 条件上升段 $AB\,(x_0 \leqslant x \leqslant x_{\text{m}})$ 取为

$$\tau_p = \tau_{\text{res}} \frac{(l_1 - x)^2 (2x + l_1)}{l_1^3} + \tau_{\text{m}} \frac{x^2 (3l_1 - 2x)}{l_1^3} \tag{3-22}$$

$$T_1 = \int_0^{l_1} 2\pi r_1 \tau_p \mathrm{d}x = \pi r_1 l_1 (\tau_{\text{res}} + \tau_{\text{m}}) \tag{3-23}$$

满足 (2) 和 (3) 条件上升段 $BC\,(x_{\text{m}} \leqslant x \leqslant x_2)$ 取为

$$\tau_p = \tau_{\text{res}} \frac{(l_1 - x)^2 (3l_2 - 2x + 2l_1)}{l_2^3} + \tau_{\text{m}} \frac{(l_1 + l_2 - x)^2 (l_2 - 2l_1 + 2x)}{l_2^3} \tag{3-24}$$

$$T_2 = \int_0^{l_1 + l_2} 2\pi r_1 \tau_p \mathrm{d}x = \pi r_1 l_2 (\tau_{\text{res}} + \tau_{\text{m}}) \tag{3-25}$$

在建立光滑曲线模型后, 蒋田勇等通过两个算例的验算, 发现采用光滑曲线模型计算得到的结果比采用 BBA 模型计算得到的结果更接近实测数据, 具有较好的适用性。

3.2.3 黏结本构模型

目前有许多学者提出了 FRP 筋黏结滑移本构模型。主要的黏结滑移本构模型有 BPE 模型、改进的 BPE 模型、Malvar 模型、CMR 模型及连续曲线模型[14-18]。

1. BPE 模型

1983 年, Eligehausen 等提出了变形钢筋与混凝土之间的黏结-滑移本构关系 —— BPE 模型, 如图 3-6 所示, 并在混凝土工程中得到广泛应用[14,15]。Faoro 等成功地将变形钢筋与混凝土之间黏结-滑移的分析模型应用到 FRP 筋上。BPE 模型所采用的表达式如下。

上升段:

$$\frac{\tau}{\tau_1} = \left(\frac{\delta}{\delta_1}\right)^{\alpha}, \quad \delta \leqslant \delta_1 \tag{3-26}$$

水平段:

$$\tau = \tau_1, \quad \delta_1 < \delta \leqslant \delta_2 \tag{3-27}$$

下降段:

$$\tau = \tau_1 - \frac{\tau_1 - \tau_3}{\delta_1 - \delta_3}(\delta_2 - \delta), \quad \delta_2 < \delta \leqslant \delta_3 \tag{3-28}$$

残余水平段:

$$\tau = \tau_3, \quad \delta > \delta_3 \tag{3-29}$$

式中,$\delta_1, \delta_2, \delta_3, \tau_3$ 由试验决定; τ_1 为平均黏结强度; α 是一个不大于 1 的常数; δ 为钢筋与混凝土的相对滑移量; τ 为锚固区平均黏结应力。

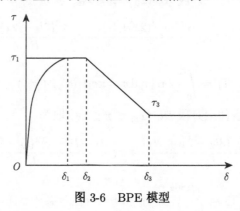

图 3-6   BPE 模型

2. 改进的 BPE 模型

对于 FRP 筋与混凝土之间的黏结-滑移曲线, 将 BPE 模型与试验曲线进行比较, 试验曲线没有第二段, 即没有 $\tau = \tau_1$ 的水平段, 因此 Cosenza 等建议不考虑 BPE 模型的第二段, 得到改进的 BPE 模型如图 3-7 所示。FRP 筋与混凝土之间的黏结-滑移本构关系模型如下。

上升段:

$$\frac{\tau}{\tau_1} = \left(\frac{\delta}{\delta_1}\right)^{\alpha}, \quad \delta \leqslant \delta_1 \tag{3-30}$$

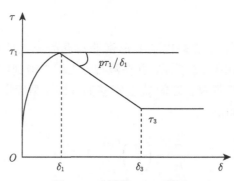

图 3-7   改进的 BPE 模型

下降段：

$$\frac{\tau}{\tau_1} = 1 - p\left(\frac{\delta}{\delta_1} - 1\right), \quad \delta_1 < \delta \leqslant \delta_3 \qquad (3\text{-}31)$$

残余水平段：

$$\tau = \tau_3, \quad \delta > \delta_3 \qquad (3\text{-}32)$$

对于改进的 BPE 模型，p 是与下降段有关的系数，由试验结果来确定，其他参数的取值同 BPE 模型。改进的 BPE 模型形式较为简单，对大部分 FRP 筋有较好的适用性。

3. Malvar 模型

1994 年，Malvar 试验研究了不同外形 FRP 筋的黏结-滑移曲线[17]。根据试验结果，Malvar 得出的黏结-滑移本构模型表达式为

$$\frac{\tau}{\tau_{\mathrm{m}}} = \frac{F(\delta/\delta_{\mathrm{m}}) + (G-1)(\delta/\delta_{\mathrm{m}})^2}{1 + (F-2)(\delta/\delta_{\mathrm{m}}) + G(\delta/\delta_{\mathrm{m}})^2} \qquad (3\text{-}33)$$

式中，τ_{m}、δ_{m} 为峰值黏结应力及相应的滑移量；F、G 是黏结滑移试验曲线拟合得出的常量。Malvar 给出了 τ_{m} 和 δ_{m} 的估计值，即

$$\frac{\tau_{\mathrm{m}}}{f_t} = A + B[1 - \exp(-C\sigma/f_t)], \quad \delta_{\mathrm{m}} = D + E\sigma \qquad (3\text{-}34)$$

式中，σ 是黏结试件的侧限径向压应力；f_t 是混凝土抗拉强度；A、B、C、D、E 是根据筋的类型由试验确定的常量。该模型便于对比不同种类 FRP 筋在相同侧限压应力下与混凝土之间的黏结性能，但其形式较为复杂。

4. CMR 模型

由于大多数结构问题只考虑使用阶段，只需考虑黏结-滑移曲线的上升段模型，Cosenza 等给出了曲线上升段的一种新模型[18]，可以表示为

$$\frac{\tau}{\tau_{\mathrm{m}}} = \left[1 - \exp\left(-\frac{\delta}{\delta_r}\right)\right]^{\beta} \qquad (3\text{-}35)$$

式中，δ_r、β 是根据试验曲线拟合得到的参数。CMR 模型形式也较为简单，但由于不考虑黏结-滑移曲线的下降段，不适用于一些要求进行构件受力全过程分析的构件，所以应用时有一定的局限性。

5. 连续曲线模型

BPE 模型、改进的 BPE 模型和 CMR 模型的初始斜率 ($\delta = 0$ 的斜率) 为无穷大，这与黏结的物理现象相吻合，但是 BPE 模型和改进的 BPE 模型在峰值点不

是光滑连续的，CMR 模型没有下降段。Malvar 模型的初始斜率等于 $\dfrac{F \cdot \tau_{\mathrm{m}}}{s_{\mathrm{m}}}$，而不是无穷大。因此这些模型均有一定的缺陷性。郑州大学高丹盈等在总结上述模型的基础上，提出了基本符合物理意义的光滑连续性模型[16]，如图 3-8 所示。

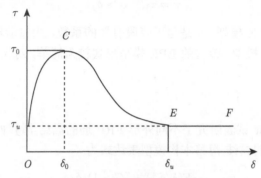

图 3-8　光滑连续本构模型

该模型有三个关键点 O、C 和 E，解析曲线必须包含这些点的物理参数。

(1) 在 $\delta = 0$ 处，有 $\tau = 0$ 和 $\dfrac{\mathrm{d}\tau}{\mathrm{d}\delta} = 0$。

(2) 在 $\delta = \delta_0$ 处，有 $\tau = \tau_0$ 和 $\dfrac{\mathrm{d}\tau}{\mathrm{d}\delta} = 0$。

(3) 在 $\delta = \delta_u$ 处，有 $\tau = \tau_u$ 和 $\dfrac{\mathrm{d}\tau}{\mathrm{d}\delta} = 0$。

在 $0 < \delta \leqslant \delta_0$ 时，上升段 OC 应满足条件 (1)、(2)，即

$$\frac{\tau}{\tau_0} = 2\sqrt{\frac{\delta}{\delta_0}} - \frac{\delta}{\delta_0} \tag{3-36}$$

在 $\delta_0 \leqslant \delta \leqslant \delta_u$ 时，下降段 CE 应满足条件 (2)、(3)，即

$$\tau = \tau_0 \frac{(\delta_u - \delta)^2 (2\delta - 3\delta_0 + \delta_u)}{(\delta_u - \delta_0)^3} + \tau_u \frac{(\delta - \delta_0)^2 (3\delta_u - \delta_0 - 2\delta)}{(\delta_u - \delta_0)^3} \tag{3-37}$$

式 (3-36) 和式 (3-37) 中仅包含四个参数 δ_0、δ_u、τ_0、τ_u。该模型以关键点为基础，物理概念明确，光滑连续，但形式稍为烦琐。

3.3　有限元分析

3.3.1　锚具结构参数

在国内首座 CFRP 索斜拉桥上使用的内锥 + 直筒锚具结构的基础上，分析了"直筒 + 内锥 + 直筒"的改进锚固方案。改进后的钢套筒总长为 0.2m，内锥段长

度为 0.1m，直筒段总长为 0.1m。内锥角度选用 3°，与江苏大学西山人行天桥上锚具内锥倾角相近。改进方案如下：不改变内锥角度、锚具总长、直筒段总长，将总长为 0.1m 的直筒段分为 0.03m 和 0.07m 两段，如图 3-9 所示。

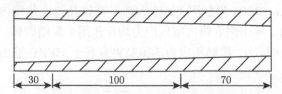

| 30 | 100 | 70 |

图 3-9   "直筒 + 内锥 + 直筒"锚筒结构示意图 (单位：mm)

3.3.2   材料参数选择

试验采用直径为 8mm 的 CFRP 筋，其径向弹性模量为 10300MPa，泊松比为 0.27；轴向弹性模量为 168900MPa，泊松比为 0.02。采用的 Lica-300 建筑黏结胶为线弹性各向同性材料，其弹性模量为 2610MPa，泊松比为 0.27。采用的钢套筒弹性模量为 200000MPa，泊松比为 0.3。考虑钢与钢之间的摩擦系数为 0.3 左右，树脂与钢套筒之间的慢速滑动摩擦系数为 0.7~0.8，胶体与钢套筒之间摩擦系数取 0.5。

3.3.3   有限元建模

采用 ANSYS 通用程序来建立模型。钢套筒和黏结材料采用 SOLID45 模拟，CFRP 筋材采用 SOLID64 模拟。假定筋材和黏结胶体间的机械咬合力在一定荷载范围内足以保证两者之间不出现相对滑动，在有限元模型中对筋材与胶体的相应节点进行了耦合处理。模型中包含一组接触面，位于钢套筒和树脂胶体之间，选用接触对单元 CONTA173 和 TARGE170 对接触问题进行处理。先沿径向、环向分段划分，再对实体单元自由划分。在有限元模型中，加载端加载值取实测极限拉力的0.5 倍，其值为 57.5kN[19]。

由于锚具结构为轴对称结构，在 ANSYS 中建立 1/4 模型，将与 X-Y、X-Z 所在面作除 X 方向外的全约束即可。建立的有限元模型如图 3-10 所示。

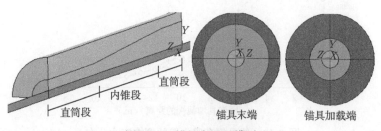

图 3-10   锚具有限元模型

3.3.4　锚具钢套筒内壁的接触应力分析

　　沿锚具长度方向钢套筒内壁的接触压应力分布如图 3-11 所示。可以看出,钢套筒内壁最大压应力出现在靠近锚具加载端处。在末端设置直筒段后,钢套筒内壁最大压应力由 36.546MPa 增加到 39.473MPa。在锚具长度范围内,钢套筒内壁压应力均有明显增加。鉴于钢套筒内壁压应力均反作用于黏结胶体,黏结胶体受压后会给 CFRP 筋较大压力,接触压应力的提高将有利于 CFRP 筋的锚固。

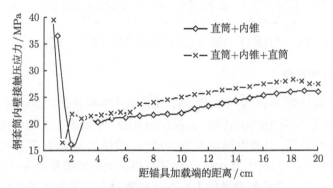

图 3-11　锚具钢套筒内壁的接触压应力分布

3.3.5　锚具钢套筒内壁的摩擦力分析

　　锚具钢套筒内壁的摩擦应力分布如图 3-12 所示。可以看出,钢套筒内壁最大摩擦应力出现在锚具加载端近处。在末端设置直筒段后,钢套筒内壁最大摩擦应力由 6.38MPa 增加到 6.89MPa。在距加载端约 2cm 范围内,筒壁的摩擦应力有明显增加;其余锚具长度范围内有下降趋势。可见,在末端设置直筒段将使黏结胶体的摩擦力向加载端转移,有利于 CFRP 筋材锚固长度的减少。

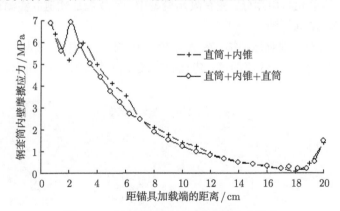

图 3-12　锚具钢套筒内壁的摩擦应力分布

3.4 试验设计、开展与分析

试验中锚筒材料选用热处理 45 号钢，其性能如表 3-1 所示。黏结胶体选用 Lica-300 A/B 植筋胶，其性能如表 3-2 所示。选用国产 CFRP 4mm 和 8mm 筋材，其平均抗拉强度为 1800MPa，根据表面特征分光圆和螺纹两种，其力学特性如表 3-3 所示。考虑应变片尺寸，以及应变片对黏结力的影响，测点间距不宜太小；但测点间距太大不仅会减少测点数量，还会影响式 (3-2) 计算的准确度；因此最终选择测点间距4cm左右，测点布置示意图如图 3-13所示。灌胶后的锚具如图 3-14所示。

表 3-1 热处理前后 45 号钢的材料特性

材料	弹性模量/MPa	屈服强度/MPa	抗拉强度/MPa	延伸率	泊松比
热处理 45 号钢	220000	500	700	0.16	0.3

表 3-2 Lica-300 A/B 植筋胶材料参数　　　　　（单位：MPa）

拉伸剪切强度	拉伸强度	压缩强度	弹性模量
23.2	40.12	73.62	2605.7

表 3-3 国产压纹 CFRP 筋主要材料参数

抗拉强度/MPa	弹性模量/GPa	极限应变/%
1800	140	> 1.5

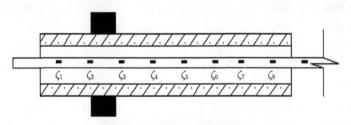

图 3-13 测点位置示意图

 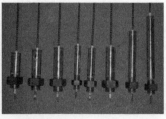

图 3-14 灌胶后的锚具

3.4.1　静载试验

锚具的加载步骤如下：初始加拉力为 20kN，再将拉力加载到 30kN，此后以 5kN/次逐级加载，在加载至 100kN 后持载 30min，继续以 5kN/次加载至锚具失效。锚具失效的特征有筋材断裂、筋材滑移和筋材发生脆响。参考日本《连续纤维增强材料受拉性能试验方法》(JSCE-E531—1995) 对加载程序的建议 (每分钟 100~500N/mm^2)，整个试验过程中加载速度控制在 100MPa/min 左右[20]。试件结构参数与试验结果如表 3-4 所示。

表 3-4　试件结构参数与试验结果

试件编号	锚具内壁处理	锚固长度/mm	内壁倾角/(°)	筋材与筒壁净距/($\times d$)	破坏特征	极限荷载/t	平均黏结应力/MPa
1	粗糙化	160	3	1			
2	粗糙化	180	3	1	A	11.5	25.4
3#	粗糙化	200	3	1	C	5.6	11.2
4	粗糙化	200	0	0.5	C	5.7	11.3
5	粗糙化	200	0	1	C	7.5	14.9
6	粗糙化	200	0	1.5	C	8.2	16.3
7	粗糙化	280	0	1	C	8.8	12.5
8	粗糙化	360	0	1	A	10.9	12.0
9	M2 螺纹	160	3	1	A	11	27.4
10	M2 螺纹	180	3	1	B	12.5	27.6
11	M2 螺纹	200	3	1	A	11.0	21.9
12	M2 螺纹	200	0	1	C	7.2	15.7
13	M2 螺纹	200	0	1	A	11.0	21.9
14	M2 螺纹	200	1.5	1	B	10.6	21.1
15	M2 螺纹	200	4	1	A	12.1	24.1
16	M2 螺纹	280	0	1	A	11.9	16.9
17*	M2 螺纹	110	3	0.5	A	2.5	18.1

说明：(1) 除带 * 的试件使用直径为 4mm 筋材外，其他筋材直径均取 8mm；
　　　(2) M2 代表螺纹间距 2mm；
　　　(3) A 为筋材断裂，B 为筋材发生脆响，C 为筋材滑移；
　　　(4) 带#的试件使用表面光滑的筋材；
　　　(5) d 为所采用的筋材直径

对于单根 CFRP 筋黏结式锚具，其典型的破坏特征有筋材拉断破坏、筋材发生脆响、筋材滑移三种，其中以充分发挥了材料的抗拉强度的拉断破坏为最理想的破坏形式。张拉后试件如图 3-15 和图 3-16 所示。其中，1 号试件灌胶后养护过程中漏胶，且筋材产生明显偏心，未予张拉。

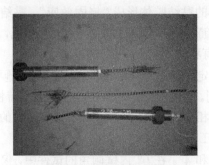 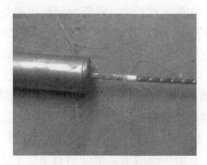

图 3-15 筋材断裂破坏　　　　　　图 3-16 筋材滑移破坏

3.4.2 试验分析

当 CFRP 筋材表面光滑时，CFRP 筋材与黏结胶体之间的机械咬合力将大打折扣。在张拉后期筋材与胶体之间出现微小的相对滑移时，筋材在二次跟进后无法被锚固，出现滑移破坏。在相同的条件下，压纹 CFRP 筋与黏结介质之间的黏结性能比光滑 CFRP 筋的黏结性能要强得多。

在张拉过程中，光滑筋材会出现明显的滑移破坏，压纹筋材则可以充分发挥 CFRP 筋材的强度。以表 3-4 中试件 3 和试件 13 为例，相应的平均黏结应力分别是 11.2MPa 和 21.9MPa，差别很大。可见，同等条件下，使用压纹 CFRP 筋材可有效地提高平均黏结应力，充分发挥 CFRP 筋材的强度。压纹 CFRP 筋材与黏结介质之间的黏结性能要比光滑 CFRP 筋材好得多。因此，表面光滑的 CFRP 筋材不利于在实际工程中的应用。

对于单根压纹 CFRP 筋材，当其锚固长度为 160mm 和 180mm 时，其张拉破坏特征为筋材断裂和筋材脆响，极限拉力分别达到 110kN 和 115kN，相应的轴向应力分别为 2188MPa 和 2287MPa，CFRP 筋材的轴向抗拉强度得到了充分发挥。与此对应的平均黏结应力分别为 27.4MPa 和 25.7MPa，可以满足锚固系统的要求。

1. 锚固长度的影响

随着锚固长度增加，CFRP 筋材将被锚固得更好。但是，增加锚固长度有可能导致无法施工。因此，锚固长度应该得到一定的控制。

试验中以筋材的直径 d 为基数，选取 $20d$、$22.5d$、$25d$、$28d$、$35d$、$45d$ 为锚固长度的参数。$20d$ 的锚固长度可有效锚固直径为 8mm 的 CFRP 筋材；$22.5d$ 的锚固长度可有效锚固直径为 4mm 的 CFRP 筋材。随着锚固长度的增加，平均黏结应力降低。

2. 内壁倾角的影响

在张拉过程中，锚筒的倾斜内壁与锥形的黏结胶体形成"嵌固效应"，黏结胶体产生对 CFRP 筋材的嵌固力和与 CFRP 筋所受轴力相反的轴向作用。可见，锚筒内壁倾角的存在对 CFRP 筋材的锚固是有利的。

根据理论分析，锚筒内壁倾角应该有一定的范围。在此范围内，随着内壁倾角的增大，锚筒对 CFRP 筋材的锚固越发有利。该内壁倾角的范围与筋材表面特性、胶体黏结材料特性、锚筒内表面的形状密切相关。超出此范围，随着内壁倾角的增加，加工出来的锚具直径变大，不利于实际工程应用。

试验中选取的内壁倾角有 0°、1.5°、3° 和 4°。在 0° 内壁倾角的试件中，仅有锚固长度为 45d 的 8 号试件发生筋材断裂破坏，其他试件均出现了筋材滑移破坏。这说明直筒式锚具可以有效锚固 CFRP 筋材，但是要具有足够的锚固长度。

当锚固长度为 25d 时，1.5° 内壁倾角的锚具张拉时发生筋材滑移破坏，而 3° 和 4° 内壁倾角的锚具均发生筋材断裂。这表明当锚固长度为 25d 时，1.5° 内壁倾角的锚具不足以锚固住单根 CFRP 筋材，而 3° 和 4° 内壁倾角的锚具可有效锚固单根 CFRP 筋材。随着内壁倾角的增大，单根 CFRP 筋材锚具的极限拉力得到提高；但是 3° 和 4° 内壁倾角锚具的锚固效果相差不大，因此没有继续增加内壁倾角的必要。

3. 筋材直径的影响

筋材直径对锚固效率的影响往往容易被忽视。CFRP 筋材的横截面面积与直径的二次方呈正比关系，即

$$A = \frac{\pi d^2}{4} \propto d^2 \tag{3-38}$$

式中，A 为 CFRP 筋材的横截面面积；d 为 CFRP 筋材的直径。因此，选用 CFRP 筋材时，筋材直径越大，获得的轴向极限承载力也越大，有

$$F_u = A\sigma = \frac{\pi \sigma_{tk} d^2}{4} \propto d^2 \tag{3-39}$$

式中，F_u 为单根 CFRP 筋材的轴向极限承载力；σ_{tk} 为 CFRP 筋材的轴向抗拉强度标准值。

随着筋材直径的增加，单根 CFRP 筋材的轴向极限承载力迅速增大。但是，需要注意的是，只有在单根 CFRP 筋材得到有效锚固的前提下，其轴向极限承载力才能充分发挥出来。对应的黏结应力为

$$\tau = \frac{F_u}{\pi d l} \tag{3-40}$$

式中，τ 为黏结胶体与 CFRP 筋材表面的黏结应力；l 为 CFRP 筋材的锚固长度。将式 (3-39) 代入式 (3-40)，有

$$\tau = \frac{\sigma_{tk}d}{4l} \propto \frac{\sigma_{tk}d}{l} \tag{3-41}$$

当选择好 CFRP 筋材材料及一定的锚固长度时，有

$$\tau = \frac{\sigma_{tk}d}{4l} \propto d \tag{3-42}$$

若 CFRP 筋材直径增加，筋材与黏结胶体之间的黏结应力需要随之增加。此时，就需要研制黏结性能更好的黏结材料，或者改进筋材表面形状，以获得更高的黏结应力。

当选择好 CFRP 筋材材料和黏结胶体时，锚固长度为

$$l = \frac{\sigma_{tk}d}{4\tau} \propto d \tag{3-43}$$

可以看出，随着 CFRP 筋材直径的增加，单根 CFRP 筋材需要的锚固长度与筋材直径成正比增加。因此，CFRP 筋材的直径不宜过大。

试验中选取了直径 4mm 和 8mm 的两种筋材进行锚固张拉。结果表明，在两者都锚固良好的情况下，直径 4mm 筋材在锚固长度为 $27.5d$ 时，平均极限黏结应力为 18.1MPa。直径 8mm 筋材在锚固长度为 $25d$ 时，平均极限黏结应力为 21.9MPa；在锚固长度为 $35d$ 时，平均极限黏结应力为 16.9MPa。可见，对于相同的锚固长度，小直径的筋材锚固效果更好。

4. 筋材与筒壁净距

CFRP 筋材通过黏结胶体作为传递介质，将张拉力转移到锚筒上。黏结胶体的厚度对锚固效果有一定的影响。试验中，对锚固长度为 200mm 的直筒锚具设计了 $0.5d$、d、$1.5d$ 三种距离的锚具。三组锚具均发生筋材滑移破坏，但是各自的破坏荷载不同，分别为 5.7kN、7.5kN、8.2kN，相应的平均黏结应力分别为 11.3MPa、14.9MPa、16.3MPa。可见，随着筋材与锚筒内壁净距的增加，CFRP 筋材的平均黏结应力有增大趋势。

同时，当筋材与锚筒内壁净距为 $0.5d$ 时，筋材灌胶很困难，容易出现灌胶不密实的现象。在进行该类型锚具设计时，建议筋材与锚筒内壁净距设计在一倍筋材直径以上。

5. 锚筒内壁处理

为了提高锚固效率，达到对 CFRP 筋材的良好锚固，锚筒内壁的处理方法有许多种。总体上分为有黏结设置和无黏结设置。有黏结设置即提高锚筒内壁的摩

擦系数，以期实现对 CFRP 筋材的良好锚固。通常的有黏结设置方法有锚筒内壁粗糙化处理、螺纹处理。无黏结设置就是锚具灌胶前，在胶体与锚具内壁间采用无黏结处理，通常有抹油和刷油漆隔离层，以便于胶体跟进时，在胶体中产生更大的挤压力，从而提高 CFRP 筋材黏结强度。但是，此种设置将明显增加筋材的滑移量。

试验中，锚筒内壁的处理方法有粗糙化处理、螺纹处理。其中螺纹处理中螺纹间距包括 1mm、2mm 两种。试验结果表明，粗糙化处理的 5 号试件产生筋材滑移破坏，平均黏结应力为 14.9MPa；螺纹间距为 1mm 的 12 号试件筋材发生脆响破坏，平均黏结应力为 19.9MPa；螺纹间距为 2mm 的 13 号试件筋材发生脆响破坏，平均黏结应力为 21.9MPa。可见，与粗糙化处理相比，螺纹处理有更好的锚固效果。

虽然螺纹间距 1mm 与螺纹间距 2mm 试件的平均黏结应力相比较小，但前者是在筋材发生脆响后停止张拉，锚固体系并没有破坏的征兆。若 CFRP 筋材强度足够，则可继续加载。据此可见，螺纹间距 1mm、2mm 两种锚具的锚固效果都很好，没有明显区别。

6. 筋材滑移

在试验过程中观察到，筋材滑移破坏的试件在张拉到一定程度时，CFRP 筋材会出现一个突然的整体滑移。这是因为黏结胶体对 CFRP 筋材的化学胶着力彻底消失。但由于机械咬合力和界面摩擦力的作用，CFRP 筋材将被继续锚固住。这就是拉应力重新分布现象。

11 号试件在张拉过程中的锚具滑移量见图 3-17。滑移量是指各级加载作用下，CFRP 筋材自由端端部与锚具端部之间的相对滑移量。

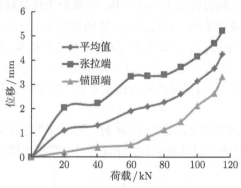

图 3-17　某试件的锚具滑移量

由图 3-18 中的滑移量的平均值曲线 (该曲线的斜率代表加载过程中滑移量的增加速率) 可以看出：在加载到 20kN 时，CFRP 筋材的滑移量增加较快，其值为

0.056mm/kN；在加载到 40kN 时，迅速降低为 0.00975mm/kN。在整个加载过程中，CFRP 筋材的滑移量增加速率出现明显的"增 → 降 → 增"的变化。图 3-18 也表明在张拉到极限荷载附近时，锚具端部滑移将会明显增快。

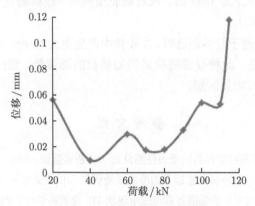

图 3-18 加载过程中的滑移量

3.5 本章小结

本章介绍了 CFRP 筋材黏结式锚具的黏结机理，包括黏结应力分布模型和黏结-滑移本构模型，并进行了单根 CFRP 筋材锚具的有限元分析及张拉试验。有限元分析得到的结论如下。

(1) 在锚具长度范围内，钢套筒末端设置直筒段将使黏结胶体的摩擦力向加载端转移，有利于 CFRP 筋材的锚固。

(2) 张拉破坏前锚固区内有明显的应力转移现象：锚固区内靠近加载端筋材的应力明显降低，锚具末端和内锥段锥首截面处的筋材表面轴向应力会迅速增大。

(3) 改进后的"直筒 + 内锥 + 直筒"的结构布置可以有效锚固 CFRP 筋材。

通过试验得到的结论如下。

(1) 在相同的条件下，压纹 CFRP 筋材与黏结介质之间的黏结性能比光滑 CFRP 筋材的黏结性能强得多。

(2) 当锚固长度为 25d 时，1.5° 内壁倾角的锚具不足以锚固住单根 CFRP 筋材，而 3° 和 4° 内壁倾角的锚具可有效锚固单根 CFRP 筋材。随着内壁倾角的增大，单根 CFRP 筋材锚具的极限拉力得到了提高；但是 3° 和 4° 内壁倾角锚具的锚固效果相差不大。

(3) 在两者都锚固良好的情况下，直径 4mm 筋材在锚固长度为 27.5d 时，平均极限黏结应力为 18.1MPa。直径 8mm 筋材在锚固长度为 25d 时，平均极限黏结应力为 21.9MPa；在锚固长度为 35d 时，平均极限黏结应力为 16.9MPa。可见，两种直径的筋材均获得了较高的黏结应力，直径 4mm 的筋材需要的锚固长度更小。

(4) 随着筋材与锚筒内壁净距的增加，CFRP 筋材的平均黏结应力有增大趋势。当筋材与锚筒内壁净距为 0.5d 时，筋材灌胶很困难，建议筋材与锚筒内壁净距设计在一倍筋材直径以上。

(5) 无黏结设置便于胶体跟进时，在胶体中产生更大的挤压力，从而提高 CFRP 筋材黏结强度。但是，此种设置将明显增加筋材的滑移量。螺纹间距 1mm、2mm 锚具的锚固效果没有明显区别。

参 考 文 献

[1]　梅葵花. CFRP 筋黏结型锚具的受力性能分析 [J]. 桥梁建设, 2007, 3: 80-84.

[2]　梅葵花, 吕志涛. CFRP 斜拉索锚具的静载试验研究 [J]. 桥梁建设, 2005, 4: 20-23.

[3]　刘荣桂, 李明君. CFRP 筋锚固体系与应用现状 [J]. 建筑科学与工程学报, 2012, 2: 14-20.

[4]　刘荣桂, 李十泉. 一种 FRP 筋用黏结式锚具: 201120129498.3 [P]. 2011.

[5]　李十泉, 刘荣桂. 一种 FRP 筋用黏结式锚具: 201320306029.3 [P]. 2013.

[6]　李十泉, 陈蓓, 刘荣桂, 等. 一种 FRP 筋用黏结式锚具: 201310209247.X [P]. 2013.

[7]　李十泉, 陈蓓. 一种 FRP 筋用黏结式锚具: 201410266187.X [P]. 2014.

[8]　李十泉, 陈蓓. 一种 FRP 筋用黏结式锚具: 201420319028.7 [P]. 2014.

[9]　李十泉, 陈蓓. 一种 FRP 筋用黏结式锚具: 201410266531.5 [P]. 2014.

[10]　李十泉, 陈蓓. 一种 FRP 筋用黏结式锚具: 201420319098.2 [P]. 2014.

[11]　Khin M, Harada T. The anchorage mechanism for FRP tendons using highly expansive materials for anchoring [C]// Advanced Composite Materials in Bridges and Structure, 1996: 959-964.

[12]　Benmokrane B, Zhang B, Chennouf A. Tensile properties and pullout behaviour of AFRP and CFRP rods for grouted anchor applications [J]. Construction and Building Materials, 2000, 14: 157-170.

[13]　方志, 梁栋. 不同黏结介质中 CFRP 筋锚固性能的试验研究 [J]. 土木工程学报, 2006, 39(6): 47-51.

[14]　Eligehausen R, Popov E P, Bertero V V. Local bond stress-slip relationships of deformed bars under generalized excitations[R]. Berkeley: University of California, 1983: 102-113.

[15]　李十泉. CFRP 筋黏结式锚具有限元分析与试验研究 [D]. 镇江: 江苏大学, 2011.

[16]　高丹盈, 朱海堂. 纤维增强塑料筋混凝土黏结滑移本构模型 [J]. 工业建筑, 2003, 33(7): 41-44.

[17]　Malvar L J. Bond stress-slip characteristics of FRP rebar[R]. California: Naval facilities Engineering Service Center, 1994: 67-85.

[18] Cosenza E, Manfredi G, Realfonzo R. Behavior and modeling of bond of FRP bars to concrete[J]. Journal of Composites for Construction, 1997, 1(2): 40-51.

[19] 郑宏宇. CFRP 缆索悬索桥基本性能和若干关键技术研究 [D]. 南京: 东南大学, 2008.

[20] Japan Society of Civil Engineers. Test method for tensile properties of continuous fiber reinforcing materials [S]. Tokyo: Japan Society of Civil Engineers, 1995. JSCE-E 531-1995.

第4章　CFRP 筋用夹持式锚具

CFRP 筋除了可以利用黏结应力进行锚固，还可以参考预应力钢筋的锚固机理采用机械原理进行锚固。根据锚固对象的不同，机械式锚固方法可分为集中锚固和分散锚固。集中锚固主要用于锚固单根预应力筋，锚具主要包括镦头锚具、锥形锚具和夹持式锚具等。分散锚固主要用于锚固多根预应力筋或者预应力钢绞线(束)。在普通预应力钢筋锚具结构的基础上，国内外学者针对碳纤维筋设计出相应的夹持式锚具结构，著者在此方面也进行了相应的研究。本章对此展开详细介绍。

4.1　结 构 形 式

夹持式锚具由传统钢绞线用锚具发展而来。由于 CFRP 筋的抗剪性能差，传统夹持式锚具"切口效应"明显，在受荷端易发生夹断破坏。为弥补这一缺陷，国内外学者对原有夹持式锚具进行了如下改进。

(1) 夹片与筋材间增设软金属管。软金属层在环向挤压力作用下变形，与夹片、筋材紧密贴合，使环向压力趋于均匀，避免了牙纹对 CFRP 筋的夹伤。

(2) 夹片与锚环间设置角度差，适当的锥角差可有效缓解锚具尖端效应。

(3) 减小夹片倾角，一般夹片倾角取 2°~3°。

目前采用的夹持式锚具主要由锚环、夹片、软金属管等部分组成，见图 4-1 和图 4-2。利用夹片作用产生的摩擦力和机械咬合力对 CFRP 筋进行锚固[1,2]。

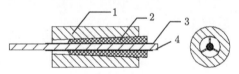

(1-锚环；2-夹片；3-软金属管；4-CFRP筋)

图 4-1　CFRP 筋夹持式锚具剖面图

(a) 带铝套管的夹持式锚具　　　　(b) 不锈钢夹持式锚具

图 4-2　CFRP 筋夹持式锚具构件

夹持式锚具结构相对简单、组装方便、换锁简易,便于工程现场安装。Campbell 等[3] 设计了以不锈钢和超高性能混凝土作为夹片的夹持式锚具,并在锚固区增设软金属套管,设置 0.1° 锥角差,以减小应力集中。Al-Mayah 等 [4,5] 研究了 CFRP 筋-金属层 (铝、铜) 接触对不同 CFRP 筋表面处理和接触压力下的界面接触性能,并对其在不同应力水平疲劳荷载下的性能进行试验,得到了相应的疲劳界限。蒋田勇等[6] 和诸葛萍等[7] 对锚固长度、夹片倾角、预紧力、牙纹形状、金属软管等因素对锚固性能的影响进行了分析,得出了比较合适的参数组合。已有夹持式锚具试验中各影响因素对锚固效应的作用如表 4-1 所示。

表 4-1 夹持式锚具影响因素

影响因素	研究范围	试验结果
锚固长度/mm	70、100、120	锚固长度越大,筋材与夹片的滑移越小
夹片倾角/(°)	1.5~3	随倾角增大、极限荷载增大,滑移量减小
锥角差/(°)	0~0.2	设置锥角差可有效改善尖端效应。一定范围内,随锥角差的增大,极限拉力增加
套筒材质	铝、铜	采用铝套管时,锚固性能更好
软金属层厚度/mm	0.4~1	随软金属厚度增加,极限荷载与滑移量增大
预紧力/kN	40、50、60、65、80、100	可有效减小筋材与夹片滑移量,增大极限荷载
牙纹形状	牙纹深度、间距	随牙纹深度、间距的增加,极限荷载增大

4.2 基 本 原 理

目前,钢筋与钢制拉索的锚具多采用夹持式锚具,其锚固原理的研究较为成熟。夹持式锚具必须满足以下两个必要条件:①夹片与预应力筋之间要有足够大的摩擦系数,保证两者之间存在足够大的摩擦力;②夹片与锚杯之间的摩擦系数尽量减小,以保证夹片可以自动跟进[8]。

夹持式锚具的张拉锚固过程如下:预紧 → 卸载 → 锚固张拉,预紧过程也就是顶压夹片的过程。因此,夹持式锚具的受力可分为三个过程进行分析:预紧时、卸载后及锚固时 (图 4-3)。

4.2.1 预紧时锚具受力分析

夹持式锚具中,夹片的圆锥角为 α,在预压力 Q 的作用下,夹片与预应力筋接触面产生正压力 R 及摩擦阻力 $\mu_2 R$ (μ_2 为夹片与预应力筋之间的摩擦系数),在夹片与锚杯的接触面上产生正应力 N 及摩擦阻力 $\mu_1 R$ (μ_1 为夹片与锚杯之间的摩

擦系数), 取夹片为隔离体, 由平衡条件得 (图 4-3(a))

$$N \sin \alpha + N\mu_1 \cos \alpha + R\mu_2 = Q \tag{4-1}$$

$$N \cos \alpha - N\mu_1 \sin \alpha = R \tag{4-2}$$

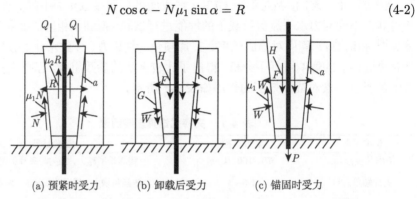

(a) 预紧时受力   (b) 卸载后受力   (c) 锚固时受力

(Q 为顶压力; R、F 分别为预紧时及锚固时夹片与预应力筋之间的法向压力; N、W 分别为预紧时与锚固时夹片与锚杯接触面上的法向压力; G 为夹片与锚杯之间的摩擦力; H 为夹片与预应力筋之间的摩擦力)

图 4-3   夹持式锚具受力图

4.2.2   卸载后锚具受力分析

解除预压夹片的力 Q 后, 夹片有退出锚杯的趋势。取夹片为隔离体, 由隔离体平衡得 (图 4-3(b))

$$W \cos \alpha + G \sin \alpha = F \tag{4-3}$$

$$W \sin \alpha - G \cos \alpha = H \tag{4-4}$$

式中, W 为夹片与锚杯的正压力; G 为夹片与锚杯之间的摩擦力; F 为夹片与预应力筋之间的正压力; H 为夹片与预应力筋之间的摩擦力[9]。

另外, 由夹片的自锁条件得

$$G \leqslant \mu_1 W \tag{4-5}$$

$$H \leqslant \mu_2 F \tag{4-6}$$

整理得到锚具能够自锁的条件为

$$\alpha \leqslant \varphi_1 + \varphi_2 \tag{4-7}$$

式中, φ_1 为锚杯与夹片之间的摩擦角; φ_2 为预应力筋与夹片之间的摩擦角。

4.2.3 锚固时锚具受力分析

取夹片为隔离体，由平衡条件得 (图 4-3(c))

$$W \sin \alpha + \mu_1 W \cos \alpha = H \tag{4-8}$$

$$W \cos \alpha - \mu_1 W \sin \alpha = F \tag{4-9}$$

夹片自动跟进的条件为

$$H \leqslant \mu_1 F \tag{4-10}$$

$$\alpha \leqslant \varphi_2 - \varphi_1 \tag{4-11}$$

通过上述分析，可以得出以下结论。

(1) 为保证夹片的自锁和自动跟进，锚杯和夹片的锥角不得大于其临界锥角；同时，为降低预应力筋承受的横向挤压力，锚杯孔或夹片的锥角应尽量增大。

(2) 降低夹片与锚杯之间的摩擦系数 μ_1，可提高临界锥角，减少回缩量。增大夹片与预应力筋之间的摩擦系数 μ_2，提高设计锥角，可以降低锚杯和夹片承受的正压力。

以上为夹持式锚具锚固过程的基本受力分析，是该类型锚具锚固工作的基本原理，也是夹片夹持锚固研究的基础理论。

4.3 CFRP 单筋锚具有限元分析

采用 ANSYS 建立夹持式锚具的 1/4 实体模型 (图 4-4)。夹片与金属筒、夹片与锚环间设置两个面-面接触对，金属筒与胶体间几乎不发生滑动，设置为耦合；CFRP 筋与胶体间设置弹簧单元模拟黏结-滑移。

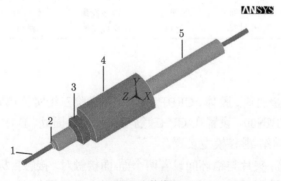

(a) 锚具实体模型

(1-CFRP筋；2-胶体；3-夹片；4-锚环；5-金属筒)

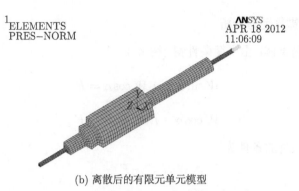

(b) 离散后的有限元单元模型

图 4-4　锚具实体模型与有限元单元模型

4.3.1　材料类型

拟建立的锚具模型共由五部分组成，从外到内分别为锚环、夹片、金属筒、胶体、CFRP 筋。其中锚环与金属筒在高应力下会发生塑性强化，因此选择双线性弹塑性材料模型；夹片与胶体不考虑塑性变形，设置为线弹性材料，CFRP 筋采用各向异性的线弹性材料模型，材料参数沿两个方向分别设置。各部分的有限元材料参数与材料模型选取见表 4-2。

表 4-2　模型材料参数

材料参数	锚环	夹片	金属筒	胶体	CFRP 筋	
					轴向	径向
弹性模量/GPa	211	212	211	2.6	147	10
切线模量/MPa	4200	—	—			
屈服强度/MPa	560	1150	240			
极限强度/MPa	—		410	60	2200	210
泊松比	0.3	0.3	0.3	0.27	0.22	0.02
材料模型	双线性弹塑性材料	线弹性材料	双线性弹塑性材料	线弹性材料	线弹性材料	

4.3.2　模型单元

锚环、夹片、金属筒、胶体、CFRP 筋均采用高阶三维实体单元 SOLID185。弹簧单元采用 COMBIN39，设置在 CFRP 筋与胶体的界面处，F-D 曲线参数依据蒋田勇等[6] 建立的黏结-滑移模型设置。

夹片与金属筒、夹片与锚环间设置两个面-面接触对，接触目标单元选用 TAR-GE170，接触单元选用 CONTA174(图 4-5)。接触参数设置如下：FKN(法向接触刚度因子) 为 0.3；ICONT(初始靠近因子) 为 0.1；夹片与锚环间 FC(摩擦系数) 为

0.1，夹片与金属筒间 FC(摩擦系数) 为 0.85；采用增广拉格朗日积分算法；接触算法采用非对称矩阵；其他参数采用系统的默认设置。

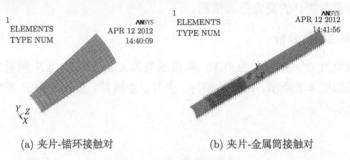

(a) 夹片-锚环接触对　　　　　　　(b) 夹片-金属筒接触对

图 4-5　面-面接触对

4.3.3　设计参数与边界条件

1. 结构设计参数

利用有限元模型观察张拉受力状态下结构各部分的受力分布情况，以及各结构设计参数对整体受力效果的影响。选取的结构主要设计参数如下。

(1) 夹片倾角，取 3°、4°、5°、6°、7°。

(2) 锚环与夹片的锥角差，取 0.1°、0.3°、0.5°。

(3) 夹片的预紧力，取 10kN、30kN、50kN。

(4) 夹片与金属筒间摩擦系数，取 0.7、0.8、0.9。

2. 边界条件

在锚具模型的四分之一断面上施加轴对称约束，在锚环底部面上施加三向位移约束，如图 4-6 所示。

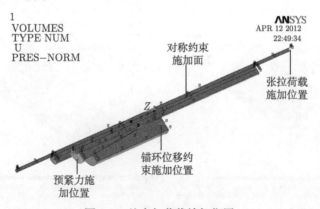

图 4-6　约束与荷载施加位置

　　荷载施加步骤如下：在夹片端面施加预紧力，作为第一荷载步，计算结果作为第二荷载步的初始状态，在 CFRP 筋的端面施加沿轴向的张拉荷载，继续计算，计算完毕后查看各部分的受力分布情况。

4.3.4　计算结果及分析

　　夹片倾角为 6°，锥角差为 0.3°，摩擦系数为 0.9，施加 10kN 预紧力的锚具整体计算结果如图 4-7 所示。提取的锚环、夹片、金属筒、胶体 CFRP 筋的受力结果如图 4-8 所示[10]。

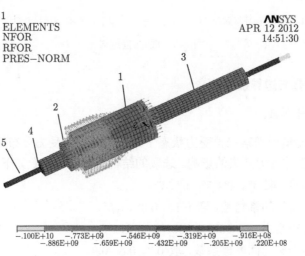

(1-锚环；2-夹片；3-金属筒；4-胶体；5-CFRP筋)

图 4-7　锚具整体计算结果

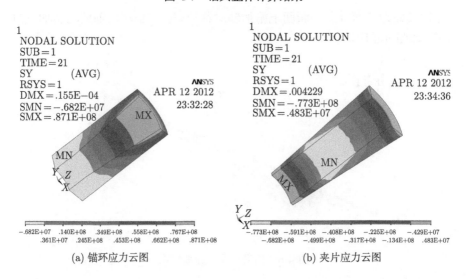

(a) 锚环应力云图　　　　　　　　　　　　(b) 夹片应力云图

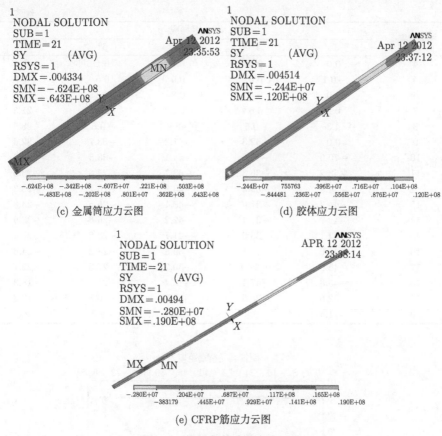

(c) 金属筒应力云图   (d) 胶体应力云图

(e) CFRP筋应力云图

图 4-8   锚具各部分的应力云图

其中, 夹片对金属筒及传递至内部的径向压力对锚固作用的影响最为显著, 增大 CFRP 筋与黏结介质间的摩擦力是提高锚具性能的重要指标。

4.3.5   夹片倾角对径向应力的影响

表 4-3 为提取的不同夹片倾角 (3°、4°、5°、6°、7°) 下金属筒表面的 20 个等距节点的径向应力值。图 4-9 为绘制出的径向应力分布图。

表 4-3   不同夹片倾角下径向应力   (单位: MPa)

节点编号	径向应力				
	3°	4°	5°	6°	7°
1	0.1	0.2	0.2	0.3	−0.5
2	0.0	0.1	0.1	0.0	−0.1
3	−0.1	−0.1	−0.1	0.0	0.1

续表

节点编号	径向应力				
	3°	4°	5°	6°	7°
4	0.0	0.0	0.1	0.1	−0.4
5	−0.1	0.0	0.0	0.5	−0.3
6	1.0	0.6	0.8	0.3	−10.5
7	0.2	0.6	0.3	2.0	−21.3
8	4.3	−0.5	−5.9	−9.6	−23.5
9	0.0	−52.3	−41.2	−33.7	−22.6
10	−70.9	−49.3	−44.1	−33.5	−22.9
11	−53.2	−36.3	−42.7	−28.6	−23.9
12	−44.9	−32.3	−43.8	−26.1	−23.3
13	−44.3	−31.6	−43.1	−26.5	−23.8
14	−42.7	−31.4	−42.2	−26.6	−23.9
15	−42.1	−33.0	−41.7	−28.6	−25.4
16	−41.0	−35.1	−39.3	−28.2	−24.6
17	−45.0	− 47.4	−30.7	−27.6	−22.7
18	−43.8	−47.1	−15.4	−24.8	−18.3
19	−32.6	−28.5	−4.7	−16.3	−10.8
20	−11.4	−6.8	0.4	−6.9	−3.6

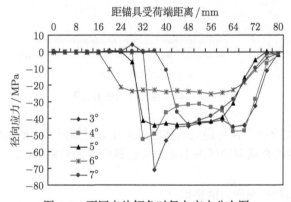

图 4-9　不同夹片倾角时径向应力分布图

由计算结果 (图 4-9) 可知，夹片倾角为 6° 时，夹持长度范围内，金属筒所受径向压力分布较为均匀，且应力峰值最低，是较为理想的受力状态。因此，改进型锚具夹片倾角建议设为 6°。

4.3.6　锥角差对径向应力的影响

表 4-4 为提取的不同夹片与锚环锥角差下金属筒表面的 20 个等距节点的径向应力值。图 4-10 为绘制出的径向应力分布图。

表 4-4 不同锥角差下径向应力   (单位: MPa)

节点编号	径向应力		
	0.1°	0.3°	0.5°
1	−5.5	−1.3	0.0
2	−22.1	−3.2	0.0
3	−16.8	−3.3	0.0
4	−19.2	−4.4	0.1
5	−19.1	−5.5	0.1
6	−18.3	−6.0	−0.3
7	−18.4	−7.0	−0.8
8	−17.9	−8.1	−1.1
9	−19.2	−12.7	−1.2
10	−18.2	−18.8	−3.4
11	−18.1	−22.0	−9.1
12	−19.1	−24.3	−25.4
13	−19.2	−24.8	−47.2
14	−18.9	−24.7	−50.4
15	−19.0	−25.0	−47.4
16	−18.2	−24.5	−44.2
17	−16.8	−23.0	−42.6
18	−10.0	−15.5	−31.0
19	−5.0	−8.5	−18.3
20	−0.7	−2.0	−5.3

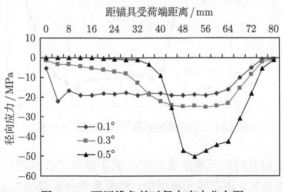

图 4-10 不同锥角差时径向应力分布图

据文献 [11] 所述，在锚环与夹片间设置适当锥角差可改善应力集中现象。由计算结果 (图 4-10) 可知，锚环与夹片间锥角差设为 0.1° 时，夹持长度范围内，金属筒所受径向压力分布最为均匀，应力峰值分别为 0.3° 时应力峰值的 88% 和 0.5°

时应力峰值的 45%。

4.3.7   摩擦系数对径向应力的影响

表 4-5 为不同夹片与金属筒之间摩擦系数下，金属筒表面的 20 个等距节点的径向应力值。图 4-11 为绘制出的径向应力分布图。

表 4-5   不同摩擦系数下径向应力   （单位：MPa）

节点编号	径向应力			节点编号	径向应力		
	0.7	0.8	0.9		0.7	0.8	0.9
1	−0.5	−0.4	−0.5	11	−23.7	−23.5	−23.9
2	−0.1	0.0	−0.1	12	−23.1	−23.0	−23.3
3	0.1	0.1	0.1	13	−23.6	−23.4	−23.8
4	−0.4	−0.3	−0.4	14	−23.8	−23.6	−23.9
5	−0.4	−0.3	−0.3	15	−25.3	−25.1	−25.4
6	−10.6	−10.3	−10.5	16	−24.6	−24.3	−24.6
7	−21.1	−21.0	−21.3	17	−22.8	−22.5	−22.7
8	−23.2	−23.1	−23.5	18	−18.5	−18.1	−18.3
9	−22.4	−22.3	−22.6	19	−10.9	−10.6	−10.8
10	−22.7	−22.5	−22.9	20	−3.6	−3.6	−3.6

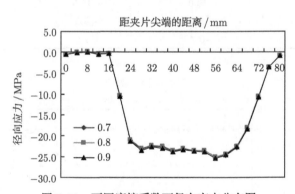

图 4-11   不同摩擦系数下径向应力分布图

在设计夹持式锚具时，可根据夹片牙纹的牙型和牙纹深浅的不同改变夹片与金属筒之间的摩擦系数。在有限元模型中，摩擦系数分别取 0.7、0.8、0.9 计算；夹片与锚环之间的摩擦系数取 0.1。由计算结果 (图 4-11) 可知，夹片与金属筒之间摩擦系数的改变对应力的分布影响不大，但对应力值的大小有影响。摩擦系数取 0.9 时，金属筒所受径向压力较大，对锚固效果有利。因此应采取措施，尽量增大锚具的夹片与金属筒之间的摩擦系数。

4.3.8 预紧力对径向应力的影响

表 4-6 为提取的在不同预紧力下，金属筒表面的 20 个等距节点的径向应力值。图 4-12 为绘制出的径向应力分布图。

表 4-6 不同预紧力下径向应力 (单位：MPa)

节点编号	径向应力			节点编号	径向应力		
	10kN	30kN	50kN		10kN	30kN	50kN
1	−0.3	−0.3	−0.3	11	−23.2	−23.2	−23.2
2	0.0	0.0	0.0	12	−22.7	−22.7	−22.7
3	0.2	0.2	0.2	13	−23.3	−23.3	−23.3
4	−0.2	−0.2	−0.2	14	−23.4	−23.4	−23.4
5	−0.2	−0.2	−0.2	15	−24.8	−24.8	−24.8
6	−10.0	−10.0	−10.0	16	−24.0	−24.0	−24.0
7	−20.8	−20.8	−20.8	17	−22.2	−22.2	−22.2
8	−22.9	−22.9	−22.9	18	−17.8	−17.8	−17.8
9	−22.1	−22.1	−22.1	19	−10.4	−10.4	−10.4
10	−22.3	−22.3	−22.3	20	−3.5	−3.5	−3.5

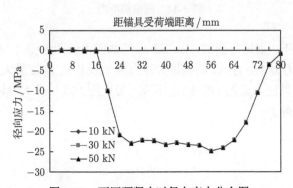

图 4-12 不同预紧力时径向应力分布图

锚具在张拉前，可在夹片末端施加预紧力，以增强锚环与夹片、夹片与金属筒之间的贴合。计算结果 (图 4-12) 显示，施加预紧力对径向应力几乎没有影响。因此夹持式锚具静载张拉时不需要施加预紧力。

4.4 CFRP 多筋锚具有限元分析

夹持式锚具可锚固多根 CFRP 筋。相应的扁锚与圆锚有限元模型分别见图 4-

13 和图 4-14。扁锚为三孔等距锚环，夹片锚固内径为 18mm。圆锚为四分之一对称结构，锚环中心有一个锚孔，其他锚孔等角度环绕中心锚孔，夹片锚固内径为 18mm。

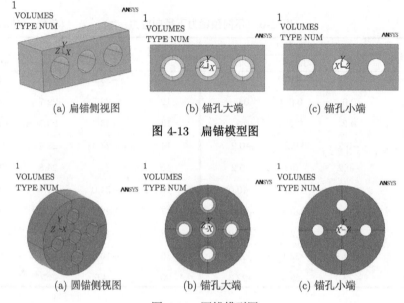

(a) 扁锚侧视图　　(b) 锚孔大端　　(c) 锚孔小端

图 4-13　扁锚模型图

(a) 圆锚侧视图　　(b) 锚孔大端　　(c) 锚孔小端

图 4-14　圆锚模型图

在相同荷载下，扁锚与圆锚 Von Mises 等效应力云图如图 4-15 所示。结果表明，扁锚最大应力为 589MPa，圆锚最大应力为 426MPa。扁锚最大应力大于圆锚。圆锚 1/4 结构等效应力云图 (图 4-16) 表明，最大应力在锚孔大端锚孔表面，该位置处的锚孔壁较薄。

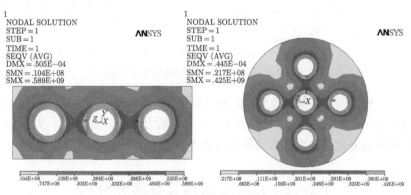

图 4-15　等效应力云图

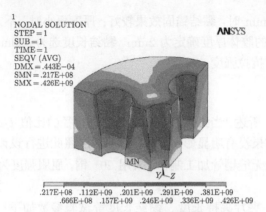

图 4-16　圆锚四分之一结构等效应力云图

4.5　CFRP 单筋锚具试验与分析

夹持式锚具的静载试验主要是为了测试其整体锚固效果，以及通过设计不同的结构参数，分析各影响参数对锚固效果的影响；同时通过测定金属筒表面的应力-应变情况，为锚具内部的受力理论分析提供基础试验数据。

4.5.1　设计思路

由 ANSYS 数值模拟结果可知：①锚具夹片的倾角应选用 6°；②锚具夹片与锚环之间应设计 0.1° 角度差；③夹片与金属筒之间的摩擦系数应尽量增大。现有的夹片锚具倾角大多采用 6°，与计算结果较为符合；而现有夹片的加工精度达不到 0.1°，一般采用在夹片尖端设置倒角的方法来减小尖端效应，这与设置锥角差的作用效果较为类似。又因金属筒的硬度相比钢绞线要低得多，夹片牙纹可较深咬入，试验选取牙纹较深的夹片，可增大摩擦系数。设计的夹片锚具如图 4-17 所示。

图 4-17　试验用的夹片锚具

胶体厚度为 2mm 时，黏结锚固效果较好；厚度再小时，不方便胶体向金属筒内灌注，因此锚具的胶体厚度确定为 2mm。黏结长度选为 400mm 及以上，以保证锚具有较高的极限抗拉强度。

4.5.2　试件设计

根据文献 [12] 所述，当纤维塑料自由长度与直径的比值 l/d 在 40~70 时，该比值对拉伸试验结果没有明显影响。筋材下料长度照此进行设计，取为 1500mm。

钢套筒由厚壁无缝钢管加工制作，采用 20# 钢，屈服强度为 245MPa，抗拉强度为 410MPa。

金属筒厚度、夹片夹持长度、黏结长度等试验参数如下：金属筒厚度采用 2mm 与 4mm 两种，夹片夹持长度采用 55mm 与 65mm 两种，黏结长度采用 400mm、450mm 与 500mm 三种。试验用夹片倾角均为 6.5°。图 4-18 为制作好的改进型锚具试件，相关设计参数见表 4-7[13]。

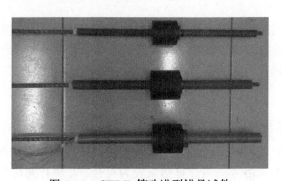

图 4-18　CFRP 筋改进型锚具试件

表 4-7　改进型锚具试件参数表　　　　　　　(单位: mm)

试件编号	金属筒厚度	夹持长度	黏结长度
1	4	65	400
2	2	65	400
3	2	55	400
4	2	55	450
5	2	55	500

4.5.3　测点布置及加载

锚具的受力通过间接方法来检测，首先利用在金属筒外壁粘贴应变片的方法来测试金属筒的轴向应力 (图 4-19)，然后根据下面推得的内部黏结应力与金属筒受力的关系，得出锚具内部受力情况。试件 1、2 测点布置如图 4-20 所示。

图 4-19 金属筒表面粘贴应变片

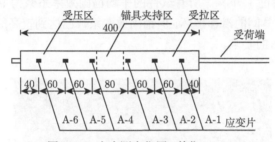

图 4-20 应力测点位置 (单位: mm)

采用 100t 穿心式千斤顶, 通过反力架对锚具组装件施加张拉力 (图 4-21)。荷载分级加载, 实际加载速率约为 100MPa/min。到达分级荷载值后, 持荷 5min, 待稳定后记录数据。

图 4-21 锚具静载张拉试验

4.5.4 破坏形式与锚具效率

各组锚具组装件均发生 CFRP 筋与黏结介质间的滑移破坏, 见图 4-22。试验中, 荷载加载至 110kN 左右时, CFRP 筋发出轻微的纤维丝断裂声, 达到极限拉力值时, 锚具两端的相对滑移量迅速增大, 拉力值迅速下降, 最终的滑移破坏为脆性破坏。表 4-8 列出了试验所测得各试件的极限荷载。

根据《预应力筋用锚具、夹具和连接器应用技术规程》(JGJ85—2010) 计算得到的锚具效率系数[10] 为

$$\eta_{a} = \frac{F_{apu}}{\eta_{p} \cdot F_{pu}} \tag{4-12}$$

式中，F_{apu} 为锚具组装件的实测极限拉力；η_{p} 为筋材效率系数，预应力筋为 1~5 根时，$\eta_{p} = 1$；F_{pu} 为预应力筋的实际平均极限抗拉力。考虑到碳纤维筋抗拉强度存在较大离散性，可取筋材抗拉强度为其强度保证值 2400MPa。

　　计算所得各试件对应的锚固效率见表 4-8。从表 4-8 可以看出，试件 1、2、5 的锚固效率系数均超过了 98%，所有试件的平均锚固效率系数为 95.4%，虽然最终发生的是筋材与胶体间的滑移破坏，但锚固效率系数已达到较高的水平，满足规范规定的不低于 95%的要求。

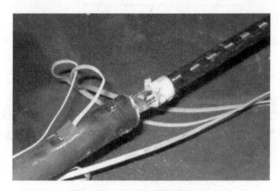

图 4-22　CFRP 筋滑移破坏

表 4-8　试件极限荷载及锚固效率系数

试件编号	极限荷载/kN	筋材极限强度/MPa	锚固效率系数/%	平均黏结强度/MPa
1	132.5	2637	95.5	13.2
2	138.5	2759	99.9	13.8
3	123.6	2460	89.1	12.3
4	129.1	2569	93.1	11.4
5	136.7	2720	98.6	10.9

　　从表 4-8 计算所得 5 个试件的平均黏结锚固强度可知，最大值为 13.8MPa，最小值为 10.9MPa，试件平均值为 12.3MPa。相比于黏结锚固试验所得的平均黏结强度 9.1MPa 增加了 35%。由此可知，虽然夹片的夹持区域最大只有 65mm，但径向压力的施加可以有效提高锚固效果。

4.5.5 锚具滑移变形

试验中夹片与金属筒之间锚固良好。试验之前未对夹片施加预紧力，由于金属筒材质相对较软，随着张拉力增大，夹片可较深地嵌入金属筒 (图 4-23)，通过在金属筒外壁做标记发现，夹片与金属筒之间几乎无滑移产生。

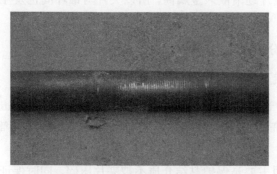

图 4-23 张拉后金属筒表面压纹

表 4-9 为试验记录的荷载-滑移值。数据整理后，试件 1、2、3 的荷载-滑移变形曲线见图 4-24。

表 4-9 不同荷载下锚具相对滑移值

试件编号	滑移值/mm								
	20kN	40kN	60kN	80kN	90kN	100kN	110kN	120kN	130kN
1	7	11	16	21	23	25	27	30	34
2	5	9	14	18	20	23	27	34	—
3	5	9	11	16	18	20	22	24	26

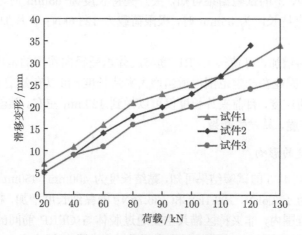

图 4-24 荷载-滑移变形曲线

从图 4-24 可以看出，三个试件滑移量平均值为 31mm，锚环-CFRP 筋滑移变形主要是由于金属筒、胶体、CFRP 筋组成的黏结件整体硬度较低，夹片较深地嵌入金属筒，夹片与锚环间产生较大的相对滑移。由各试件的荷载-滑移变形曲线可知，锚具的总体滑移值呈逐渐增大趋势，变化较为连续均匀。这可能是因为随着张拉荷载的增大，夹片逐渐嵌入金属筒，所以夹片与锚环间也发生较为连续的相对滑移。

4.5.6　设计参数分析

1. 金属筒厚度的影响

对比表 4-8 中试件 1、2 的试验结果可知，金属筒厚度为 2mm 时，极限荷载达到 138.5kN，金属筒厚度为 4mm 时，极限荷载为 132.5kN；金属筒厚度较小时锚固效果较好。

金属筒的作用主要是保护黏结介质不被夹片压碎，同时保证胶体中的轴向剪切应力能传递至夹片。金属筒厚度较大时，夹片径向加持力作用于金属筒，再经胶体传递至 CFRP 筋与胶体界面的正压力值较小，而界面处正压力较小会使得摩擦锚固力也较小。适当减小金属筒厚度有利于增大胶体-CFRP 筋界面处的摩擦力。但过小的金属筒厚度无法有效保护黏结介质，使其在径向压力下被压碎，同时金属筒产生的径向变形会使得锚具的总体变形量较大。

由此可见，金属筒存在最佳厚度，即在保证胶体不被径向压碎的前提下，使传递至胶体-CFRP 筋界面的径向压力达到最大。

2. 夹片夹持长度的影响

对比试件 2、3 的试验结果可知，夹片夹持长度为 65mm 时，极限荷载达到 138.5kN，夹片夹持长度为 55mm 时，极限荷载为 123.6kN；夹片加持长度较大时，极限荷载较大。

夹持长度的增加，可使得 CFRP 筋与胶体承受径向作用的范围增大，摩擦锚固力总体增大。因此在一定范围内适当增大夹片长度，可以有效增大锚固力。但受限于机械加工的难度，目前夹片长度仅可以做到 120mm 左右。随着夹片长度的增大，夹片本身较脆，易发生断裂。

3. 黏结长度的影响

对比试件 3、4、5 的试验结果可知，黏结长度为 400mm、450mm 和 500mm 时，极限荷载分别为 123.6kN、129.1kN 和 136.7kN；随黏结长度增加，极限荷载增大。

黏结长度范围内，非夹持区锚具主要通过胶体与 CFRP 筋间的胶着力与机械咬合力对筋材进行锚固。增大黏结长度会增加胶着力与机械咬合力，从而增大整体锚固力。但通过增大黏结长度来增大锚固力的增大幅值有限，且过大的黏结长度不利于现场灌胶等施工操作，应在满足锚固力的前提下，尽量控制黏结长度在较低的范围内。

通过参数试验可知，金属筒厚度、夹片长度、黏结长度等试验参数对锚具的锚固效果有较为明显的影响。在一定范围内，适当减小金属筒厚度、增大夹片长度、增大黏结长度可以增强锚固效果。

4.5.7 锚具极限荷载计算公式

对于具有相同黏结锚固长度和胶体厚度的复合式锚具和直筒黏结式锚具，极限状态下夹持式锚具所承受的荷载可以认为是黏结式锚具在夹持作用影响下得到的，而夹片锚固力主要受金属筒的厚度和夹持长度的影响。通过对表 4-8 的试验数据进行拟合，得到夹持式锚具的极限荷载经验计算公式为

$$T_w = \left(0.131 + \frac{0.025}{t_b}\right)(-0.298 + 0.169l_b)T_b \tag{4-13}$$

$$T_b = \tau \cdot \pi dl \tag{4-14}$$

式中，T_w 为复合式锚具的极限荷载，kN；T_b 为黏结组装件的极限荷载，kN；t_b 为金属筒厚度，mm；l_b 为夹片的夹持长度，mm。

图 4-25 为夹持式锚具极限荷载的实测值与预测值。可以看出两者吻合较好，从而验证了夹持式锚具极限荷载的计算式具有较好的适用性。

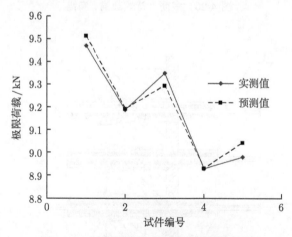

图 4-25 极限荷载的实测值与预测值比较

4.6　CFRP 多筋锚具试验与分析

在 CFRP 单筋夹持式锚具的基础上设计了多筋夹持式锚具,包括夹持式多筋圆锚和扁锚,如图 4-26 所示。夹片为等分三片式,一端进行倒角和圆角处理,与金属管相接触的内壁有牙纹。多孔锚环与夹片之间为楔形结合,便于形成自锚。圆形锚环中锚孔每隔一定角度均匀布置,矩形扁锚锚环中锚孔间距相等。复合型群锚轴向剖面构造见图 4-27。

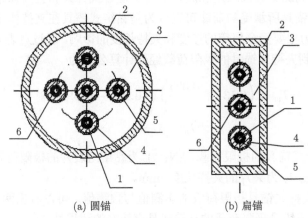

(a) 圆锚　　　　　　　　　(b) 扁锚

(1-CFRP筋;2-锚垫板;3-多孔锚环;4-金属管;5-黏结胶;6-夹片)

图 4-26　多筋夹持式圆锚、扁锚

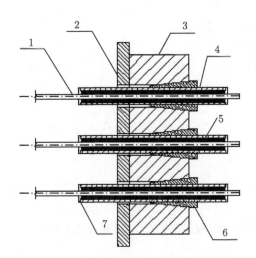

(1-CFRP筋;2-锚垫板;3-多孔锚环;4-金属管;5-黏结胶;6-夹片;7-端堵)

图 4-27　复合型群锚轴向剖面构造图

CFRP 筋因受黏结组装件的保护,可以弱化环向应力集中,从而避免夹片夹伤 CFRP 筋。同时,夹片的径向内锥作用可延迟受荷端黏结胶与筋材的黏结破坏,提高黏结整体效果和锚固效率,减小黏结长度。通过调整预紧力,使 CFRP 筋均匀受力。单根 CFRP 筋破坏时,可由专用设备退出夹片与筋材,进行单独更换。该锚固装置锚固效率高,且其张拉及应用可直接与传统夹片锚固系统对接,可方便将 CFRP 筋应用于预应力结构工程及加固工程。

4.6.1 试件参数

试验采用的 CFRP 筋夹持式群锚试件如图 4-28 所示。各试件参数见表 4-10。

图 4-28 CFRP 筋复合型群锚

表 4-10 复合型群锚试件系数

试件编号	锚具类型	孔数	金属管厚/mm	黏结材料厚度/mm	金属管长度/mm
FQM-1	圆锚	3	3	2	400
FQM-2	圆锚	5	1.6	2	400
FQM-3	扁锚	3	1.6	2	400

试验筋材采用由南京诺尔泰复合材料设备制造有限公司提供的表面缠肋 CFRP 筋,单筋直径为 8mm,拉伸弹性模量为 147GPa。

黏结材料采用 Lica 管式植筋胶,钢-钢黏结抗拉强度为 33MPa。该黏结材料有以下优点:时效性较好,灌胶与胶体混合可同时进行,可在胶体初凝前完成灌胶;密实性较好,胶体中无气泡混入。

夹片采用经渗碳处理的 20CrMnTi 合金钢;多孔锚环采用经调质处理的 40Cr 合金钢。夹片热处理硬度较金属管高,夹片牙纹可嵌入金属管,避免滑移。夹片组装件如图 4-29 (a) 所示,黏结组装件如图 4-29 (b) 所示。金属管采用 20#无缝钢管,内径为 12mm。锚具材料的力学性能如表 4-11 所示。

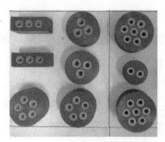 

(a) 夹片组装件   (b) 黏结组装件

图 4-29   群锚组装件

表 4-11   锚具材料的力学性能

材料	弹性模量/GPa	泊松比	屈服强度/MPa	极限强度/MPa	表面硬度
金属管	211	0.3	245	410	HRC30-35
夹片	212	0.3	850	1080	HRA79-84
锚环	211	0.3	785	980	HRC32-36

4.6.2   多筋锚具试验结果及分析

金属管上的测点布置如图 4-30 所示。待张拉的锚具见图 4-31。测试得到的各夹持式多筋锚具试件极限荷载及锚具效率系数如表 4-12 所示。

图 4-30   筋材测点布置

图 4-31   准备张拉的锚具

表 4-12   试验结果

试件编号	极限荷载/kN	筋材平均强度/MPa	效率系数/%
FQM-1	360	2389	99.5
FQM-2	553	2201	91.7
FQM-3	326	2163	90.1

4.6.3   荷载-位移曲线

试件 FQM-1、FQM-2、FQM-3 的荷载-位移曲线如图 4-32 所示。其中，总位移量包含筋材应变伸长值、黏结组装件受力变形值及夹片嵌入锚环内位移值，荷载为筋材受力平均值。

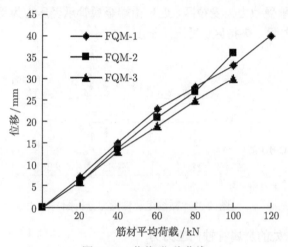

图 4-32   荷载-位移曲线

4.6.4   试件破坏形式

随着筋材的破断，试件发生脆性破坏，破坏形式分为炸散式破断和脆断两种情况，筋材破坏模式如图 4-33 所示。除了筋材发生破断，部分厚度为 1.6mm 的金属管也出现破坏现象，破断位置为金属管受拉区与夹持区临界处，如图 4-34 所示。金属管厚度为 3mm 的锚具锚固性能较好。

 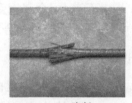

(a) 炸散式破断   (b) 脆断

图 4-33   筋材破坏模式

图 4-34　金属管破断

黏结组装件受力分析如图 4-35 所示。金属管分为三个受力区,中间为夹持区,近受荷端金属管承受拉力为受拉区,近自由端金属管承受压力为受压区。l_1、l_2、l_3 分别为金属管受拉区、夹持区、受压区长度。

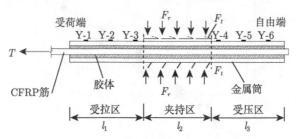

图 4-35　黏结组装件受力分析图

距受荷端 m 处的金属管轴向应力为

$$\sigma_{3,m} = CA = \frac{\pi d}{A_3} \int_0^m \tau(x_1)\mathrm{d}x_1 \tag{4-15}$$

式中,$C = \dfrac{\pi d}{A_3}$ 为常数;$A = \displaystyle\int_0^m \tau(x_1)\mathrm{d}x$ 为黏结应力分布曲线中,黏结应力曲线与 X、Y 坐标轴,点 m 处平行于 Y 轴的直线所围成的面积。

黏结应力 $\tau(x_1)$ 在该区段内方向不变,因此,由式 (4-15) 可知,金属管轴向拉应力 $\sigma_{3,m}$ 随 m 增大而增大,金属管受拉区最大拉应力为与夹持区临界处,图 4-31 中金属管破断位置与该受力分析吻合。

4.6.5　设计建议

基于以上结论,多筋夹持式锚具的应用可采用如表 4-13 所示参数。夹片采用经渗碳处理的 20CrMnTi 合金钢,锚环采用经调质处理的 40Cr 合金钢。金属管材料可选用 40#钢,材料力学性能参数如表 4-14 所示。筋材强度取强度保证值 2400MPa,圆锚设计荷载取 CFRP 筋承载力的 50%,扁锚设计荷载取 CFRP 筋承载力的 40%。考虑到 CFRP 筋力学性能存在一定的离散性，筋材根数大于 5 时取不均匀系数 0.9，根数大于 10 时取不均匀系数 0.85。多筋复合型锚具设计建议如表 4-15 和表 4-16 所示。

表 4-13　多筋夹持式锚具参数

金属管长度/mm	金属管厚度/mm	黏结材料厚度/mm	夹片长度/mm	碳筋直径/mm	碳筋强度保证值/MPa
400	3	2	55	8	2400

表 4-14　锚具材料的力学性能

部件	材料	弹性模量/GPa	屈服强度/MPa	极限强度/MPa	表面硬度
金属管	40# 钢	211	335	570	HRC30-35
夹片	20CrMnTi 合金钢	212	850	1080	HRA79-84
锚环	40Cr 合金钢	211	785	980	HRC32-36

表 4-15　多筋复合型锚具 (圆锚) 设计荷载

序号	筋材根数	不均匀系数	设计荷载/kN	序号	筋材根数	不均匀系数	设计荷载/kN
1-1	1	1.0	60	1-11	11	0.85	563
1-2	2	1.0	120	1-12	12	0.85	615
1-3	3	1.0	180	1-13	13	0.85	666
1-4	4	1.0	240	1-14	14	0.85	717
1-5	5	1.0	300	1-15	15	0.85	768
1-6	6	0.9	325	1-16	16	0.85	820
1-7	7	0.9	379	1-17	17	0.85	871
1-8	8	0.9	434	1-18	18	0.85	922
1-9	9	0.9	488	1-19	19	0.85	973
1-10	10	0.9	542	1-20	20	0.85	1024

表 4-16　多筋复合型锚具 (扁锚) 设计荷载

序号	筋材根数	不均匀系数	设计荷载/kN
2-1	2	1.0	96
2-2	3	1.0	144
2-3	4	1.0	192
2-4	5	1.0	240
2-5	6	0.9	260
2-6	7	0.9	300
2-7	8	0.9	345

4.7　本 章 小 结

本章介绍了单根及多根 CFRP 筋锚具的有限元及试验分析, 得出了如下结论。

(1) 对单根 CFRP 筋夹持式锚具, 张拉前不需要施加预紧力; 夹片与金属筒间锚固良好, 无滑移, 锚具的滑移变形随荷载增大变化较为均匀连续。试件最终产生筋材与胶体间的滑移破坏, 各试件平均锚固效率系数已达到较高的水平 (95.4%), 满足规范要求。

(2) 对单根 CFRP 筋夹持式锚具, 金属筒壁厚较小 (2mm) 时, 传递至筋材与黏结介质界面的径向压力较大, 使得极限荷载较大。夹片夹持长度较大 (65mm) 时, 极限荷载较大。夹持长度的增加, 可使得 CFRP 筋与胶体承受径向作用的范围增大, 摩擦锚固力总体增大。黏结长度较大 (500mm) 时, 极限荷载值较大。

(3) 多根 CFRP 筋夹持式群锚试验表明, 锚具黏结材料厚度为 2mm、金属管长度为 400mm、金属管厚度为 3mm 时, 锚固性能较好, 锚固效率系数达 99.5%。金属管受拉区最大拉应力出现在受拉区与夹持区临界处, 较薄的金属管在该位置易拉断。

参 考 文 献

[1] 刘荣桂, 李明君, 蔡东升, 等. 一种 FRP 筋用复合型锚具: 201120353840.8 [P]. 2011.

[2] 刘荣桂, 李明君, 蔡东升, 等. 一种多根 FRP 筋用复合型群锚: 201120353544.8 [P]. 2011.

[3] Campbell T I, Shrive N G, Soudki K A, et al. Design and evaluation of a wedge-type anchor for fibre reinforced polymer tendons [J]. Canadian Journal of Civil Engineering, 2000, 27: 985-992.

[4] Al-Mayah A, Soudki K, Plumtess A. Effect of rod profile and strength on the contact behavior of CFRP-metal couples [J]. Composite Structures, 2008, 82: 19-27.

[5] Elrefai A, West J S, Soudki K. Performance of CFRP tendon-anchor assembly under fatigue loading [J]. Composite Structures, 2007, 80: 352-360.

[6] 蒋田勇, 方志. CFRP 预应力筋夹片式锚具的试验研究 [J]. 土木工程学报, 2008, 41(2): 60-69.

[7] 诸葛萍, 强士中, 侯苏伟. 碳纤维筋夹片式锚具参数试验分析 [J]. 西南交通大学学报, 2010, 45(4): 514-520.

[8] 刘荣桂, 李明君, 蔡东升, 等. CFRP 筋复合型锚具试验研究与有限元分析 [J]. 工业建筑, 2012, 42(11): 92-96.

[9] 刘荣桂, 刘德鑫, 高莉娜. 碳纤维筋复合型群锚的设计及试验研究 [J]. 工业建筑, 2014, 44(8): 98-101.

[10] 王军, 李明君, 蔡东升, 等. CFRP 筋复合型锚具的受力性能试验 [J]. 江苏大学学报 (自然科学版), 2012, 33(6): 726-729.

[11] 郭范波. 碳纤维预应力筋夹片式锚具的研究及开发 [D]. 南京: 东南大学, 2006.

[12] 中华人民共和国住房和城乡建设部. 预应力筋用锚具、夹具和连接器应用技术规程: JGJ 85—2010 [S]. 北京: 中国建筑工业出版社, 2010.

[13] Test method for tensile properties of continuous fiber reinforcing materials: JSCE-E 531—1995 [S].

第 5 章　CFRP 筋用复合式锚具

在黏结式和夹持式锚具的基础上，有学者结合两者各自的锚固特点，提出了 CFRP 筋用复合式锚具结构[1]。根据组成方式，这种锚具结构可分为串联复合式和并联复合式两种基本形式，其研究还处于初级设计阶段。

5.1　串联复合式锚具结构简介

CFRP 筋用串联复合式锚具一般由楔紧锚固段 (简称"楔紧段"，主要起夹持作用) 和黏结锚固段 (简称"黏结段"，主要起黏结作用) 两部分组成，具体由套筒 (锚杯)、黏结介质、夹片和端堵等部件构成，见图 5-1。锚杯倾角可设为 3°，锥角差可设为 0.1°，黏结锚固段可设为 2° 锥角的内锥式，黏结介质一般选用环氧树脂砂浆，该材料具有强度高、黏结力强、耐腐蚀性和防水性较好等特性，如图 5-2 所示。北京工业大学杜修力等[1] 设计的 CFRP 筋夹片-黏结型锚具如图 5-1 和图 5-2 所示。江苏大学刘荣桂等[2] 设计的串联复合式锚具试件如图 5-3 所示。

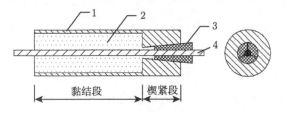

(1-套筒；2-黏结介质；3-夹片；4-CFRP筋)

图 5-1　北京工业大学设计的串联复合式锚具剖面图

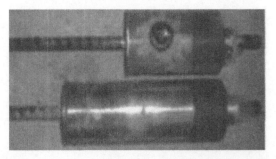

图 5-2　北京工业大学设计的串联复合式锚具实物图

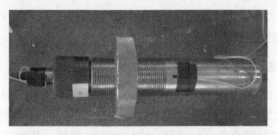

图 5-3　江苏大学设计的串联复合式锚具实物图

对于串联复合式锚具结构，其黏结段的受力性能可参见 3.2 节，楔紧段的受力性能可参见 4.2 节。只是两部分承载力的发挥顺序有所区别。

5.2　有限元分析

为得出串联复合式锚具在锚固过程中的受力特点，本节采用 ANSYS 对其进行有限元分析，所建立的模型如图 5-4 所示。CFRP 绞线外侧设置了铝皮套管以保护 CFRP 绞线免被夹断。夹片与锚杯、夹片与铝皮之间设有接触对，环氧树脂砂

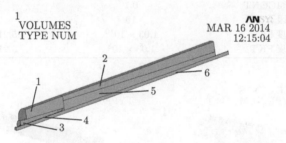

(a) 锚具实体模型

(1-锚杯；2-套筒；3-夹片；4-铝皮；5-胶体；6-CFRP绞线)

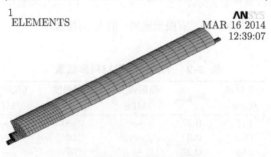

(b) 划分网格后有限元模型

图 5-4　串联复合式锚具有限元模型

浆与 CFRP 绞线之间选用 COMBIN39 弹簧单元来模拟黏结-滑移状态,分析过程中假设套筒与胶体之间不发生滑移。

5.2.1　材料参数选用

模型采用 SOLID185 三维实体单元,接触对设置部分选用 3D 目标单元 TARGE170 和 3D 接触单元 CONTA174,接触对参数设置见表 5-1,面-面接触对如图 5-5 所示。CFRP 绞线和黏结介质之间使用 COMBIN39 黏结,其中 F-D 曲线参数参考蒋田勇等[7]建立的黏结-滑移模型设置。由于 CFRP 绞线材料纵横向差异较大,材料特性分为纵横两个方向设置,有限元分析考虑材料非线性及 CFRP 绞线各向异性;锚杯、铝皮和套筒在较大应力下会发生塑性强化,因此选择双线性弹塑性材料模型;环氧树脂砂浆黏结介质和夹片不考虑塑性变形,选用线弹性材料。有限元模型各部分参数如表 5-2 所示。

表 5-1　接触对参数设置

接触对参数	锚杯与夹片	夹片与铝皮
动摩擦系数	0.02	0.6
静动摩擦系数比值 F	1	1
初始靠近因子 ICONT	0.1	0.1
接触协调因子 f	10	1.5
法向接触刚度 FKN	1.03×10^{10}	5.21×10^{8}
切向接触刚度 FKT	1.03×10^{8}	5.21×10^{6}

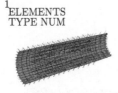　　

(a) 夹片-锚杯接触对　　　　　　　　　　　(b) 夹片-铝皮接触对

图 5-5　有限元模型中的面-面接触对

表 5-2　有限元模型材料参数表

材料参数	弹性模量 /GPa	泊松比	屈服强度 /MPa	极限强度 /MPa	切线模量 /MPa	材料类型
CFRP 绞线 (纵向)	147	0.27	—	2500	—	正交各向异性
CFRP 绞线 (横向)	15.3	0.02	—	200	—	线弹性
黏结材料	2.61	0.27	—	76	—	线弹性
铝皮	71	0.3	370	450	—	双线性弹塑性
套筒	211	0.3	785	980	4200	双线性弹塑性
夹片	212	0.3	850	1080	—	线弹性
锚杯	211	0.3	785	980	4200	双线性弹塑性

5.2.2 结构参数

本次分析共建立了 6 组有限元模型，其结构系数见表 5-3。建模时锚具锚杯倾角设为 3°，套筒内锥角选为 2°，为防止筋材与夹片之间产生"切口效应"，夹片进行圆角处理，铝皮厚度选用 0.5mm。在 1/4 锚具模型的两个对称断面上施加轴对称约束，在锚杯底部面上施加三向位移约束，约束施加情况见图 5-6。通过对 CFRP 绞线施加不同位移 (4mm、5mm、6mm) 来分析夹片和 CFRP 绞线的受力特征。

表 5-3 有限元模型结构参数

模型编号	夹片长度/mm	锚具总长度/mm	锚杯倾角/(°)	套筒倾角/(°)	铝皮厚度/mm
JNM-1	45	270	3	2	0.5
JNM-2	45	330	3	2	0.5
JNM-3	55	300	3	2	0.5
JNM-4	55	330	3	2	0.5
JNM-5	65	300	3	2	0.5
JNM-6	65	330	3	2	0.5

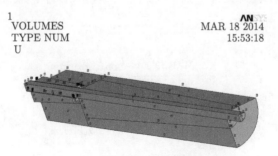

图 5-6 1/4 锚具模型的约束施加情况

5.2.3 计算结果及分析

施加 4mm 位移荷载时 6 个模型的夹片应力云图如图 5-7 所示。可以看出，在不同夹片长度和锚具长度情况下，应力从压应力 16MPa 到拉应力 12MPa 变化；夹片大部分处于受压状态，且最大拉应力处于略靠近夹片外端的夹片内侧，最大压应力位于夹片外侧。

为分析夹片沿长度方向的受力情况和趋势，在靠近铝皮和锚杯的夹片上，沿轴线方向取 20 个节点提取轴向应力，其结果如表 5-4 所示，其随夹片位置的变化趋势如图 5-8 所示。

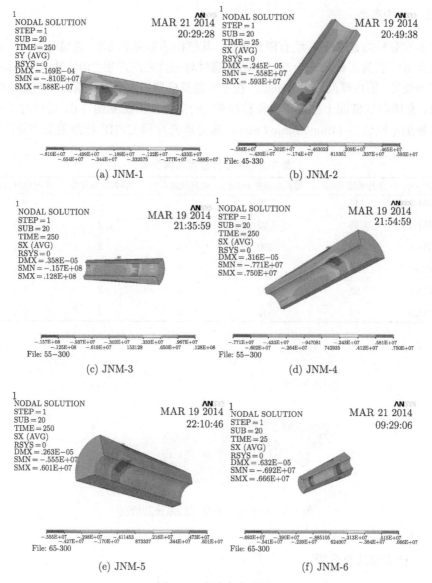

图 5-7　夹片应力云图

表 5-4　夹片内侧节点径向应力　　　　　　（单位：MPa）

节点编号	径向应力					
	JNM-1	JNM-2	JNM-3	JNM-4	JNM-5	JNM-6
1	−2.74	−1.58	0.25	0.843	0.0097	−0.79
2	−1.43	−0.595	0.80	1.13	−0.044	0.12
3	0.117	1.72	1.68	1.91	0.549	2.30

续表

节点编号	径向应力					
	JNM-1	JNM-2	JNM-3	JNM-4	JNM-5	JNM-6
4	1.77	4.02	2.32	2.53	1.80	4.72
5	3.68	5.17	3.37	2.40	5.06	3.63
6	3.49	4.73	2.56	2.10	5.76	2.83
7	2.46	3.64	0.56	1.95	5.16	2.36
8	0.95	2.52	−0.14	1.94	3.89	2.13
9	−0.29	1.69	−0.67	2.04	2.83	1.97
10	−1.13	1.02	−1.10	2.20	2.27	1.88
11	−1.71	0.675	−1.25	2.54	2.00	1.91
12	−2.09	0.429	−0.61	3.36	1.94	2.14
13	−2.29	0.209	1.45	4.84	2.00	2.68
14	−2.43	−0.02	4.74	6.88	2.02	3.83
15	−2.51	−0.102	6.49	7.10	2.00	5.15
16	−2.54	−0.274	5.90	4.76	2.05	5.83
17	−2.51	−0.453	2.06	−0.03	2.26	4.83
18	−2.37	−0.327	1.95	−0.83	2.77	0.10
19	−2.11	−0.17	2.99	−0.134	2.84	−2.22
20	−1.70	−0.137	2.87	−0.371	2.37	−2.71

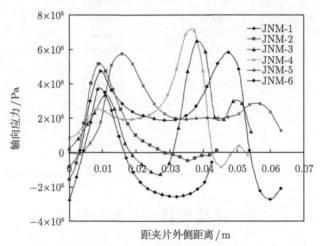

图 5-8 夹片内侧节点轴向应力图

可以看出，夹片内侧沿轴线方向大致出现两个最大应力点，一个出现在离夹片外侧约 0.01m 处，另一个出现的位置与夹片长度有关；夹片内侧轴向应力以受拉为主，JNM-1、JNM-2 和 JNM-5 锚具夹片端部轴向应力呈现受压状态，JNM-2 多呈现受拉状态，且曲线最大值和最小值相差约为 10MPa，夹片轴向受力较为均匀；

靠近夹片较细一端会出现应力峰值，夹片制作加工时不宜做得较薄，以免夹片产生受拉破坏。

在模型 JNM-2 上施加不同的位移荷载 2mm、3mm、4mm 来研究夹片轴向受力情况，同样提取夹片贴近 CFRP 绞线内侧 20 个节点的轴向应力，结果如表 5-5 所示，可以看出随着荷载增大，夹片中间段径向应力逐渐增加，两端径向应力变化较为复杂。

表 5-5   夹片内侧节点径向应力 （单位：MPa）

节点编号	径向应力		
	2mm	3mm	4mm
1	−0.96	−1.03	−1.58
2	−1.41	−1.34	−0.60
3	0.38	0.71	1.72
4	2.79	3.18	4.02
5	3.92	4.59	5.17
6	3.71	4.38	4.73
7	2.80	3.48	3.64
8	1.65	2.35	2.52
9	0.89	1.53	1.69
10	0.24	0.96	1.02
11	−0.08	0.66	0.68
12	−0.25	0.53	0.43
13	−0.40	0.43	0.21
14	−0.58	0.34	−0.012
15	−0.58	0.35	−0.10
16	−0.67	0.29	−0.27
17	−0.80	0.06	−0.45
18	−0.57	0.24	−0.33
19	−0.25	0.52	−0.17
20	0.14	0.91	−0.14

5.3   试验设计、开展与分析

5.3.1   试件设计参数

为得出串联复合式锚具的实际受力情况，我们进行了相关试验。试验锚具中夹片长度分别取 45mm、55mm、65mm；锚杯总长度取 270mm、300mm、330mm；黏结段填料分别采用环氧树脂砂浆和环氧树脂加氧化铝两种。

夹片锚固段锚杯倾角选用 3°，夹片锚杯锥角差设为 0.1°，每组夹片等分为三片，且内部均设有牙纹，牙纹详图如图 5-9 所示。黏结锚固段选择内壁倾角为 2°

的内锥式，在随 CFRP 绞线顶进的过程中，通过增大对环氧树脂砂浆的径向挤压力来增大摩擦力，从而提高锚具的锚固能力，右侧端堵起到阻止黏结介质外流和防止构件偏心的作用[3-5]。

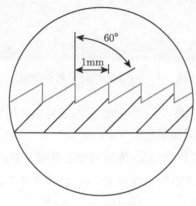

图 5-9 夹片牙纹

CFRP 绞线直径为 9mm，由 7 股单根丝束捻绞而成，单根丝束直径为 3mm，绞线极限强度为 1870MPa，拉伸弹性模量为 147GPa；套筒采用经调质处理的 40Cr 合金钢，夹片采用经渗碳处理的 20CrMnTi 合金钢。试验选用标号 42.5 和 52.5 的普通硅酸盐水泥。环氧树脂：聚酰胺：丙酮：水泥：砂 =10:5:1:10:15。试验试件参数如表 5-6 所示。

表 5-6 试件设计参数

编号	夹片长度/mm	锚具总长度/mm	水泥标号	环氧树脂填料
JNM-1	45	270	42.5	中砂
JNM-2	45	300	42.5	中砂
JNM-3	55	270	42.5	中砂
JNM-4	55	330	42.5	中砂
JNM-5	65	300	52.5	中砂
JNM-6	55	300	52.5	中砂

串联复合式锚具的具体制作步骤如下。

(1) 用清洗剂 (乙醇) 将锚固组件和 CFRP 绞线锚固段清洗干净，并用吹风机吹干。

(2) 配置环氧树脂砂浆。将配料按比例称量好后，首先在容器内放入一定数量的环氧树脂并隔水加热至 40～60℃，然后加入一定比例的丙酮 (稀释剂)，再加入一定比例的聚酰胺 (固化剂) 搅拌均匀，最后加入砂子和水泥充分搅拌至颜色均匀且拌合物中无结块。制备完成的环氧树脂砂浆如图 5-10 所示，配制方法符合《环氧树脂砂浆技术规程》[6]。

图 5-10　配置好的环氧树脂砂浆

(3) 组装夹片锚固段，将 CFRP 绞线穿入锚杯内，用预紧装置预紧 CFRP 绞线两端锚具，平行放置锚具组装件。

(4) 在锚杯内灌注环氧树脂砂浆，灌满后安装端堵并拧紧，给锚杯内的砂浆施压。

(5) 将 CFRP 绞线锚具组装试件在 (25±1)℃的条件下养护 14d，养护完成后的构件如图 5-11 所示。

图 5-11　CFRP 绞线锚具

5.3.2　静载试验及结果分析

对组装好的锚具进行加载，其破坏形态主要有三种：滑移、中间断裂和两处断裂，如图 5-12 所示。各试件的破坏形态如表 5-7 所示，其中，试件 JNM-1 破坏时产生脆响，绞线从中间断裂；试件 JNM-3 在两处产生断裂，JNM-4 脆断，其余试件都产生滑移破坏。

(a) 滑移

(b) 中间断裂

(c) 两处断裂

图 5-12 试件破坏形态

表 5-7 试验结果

编号	极限荷载/kN	破坏形态	锚固系数/%
JNM-1	92	断裂	99.4
JNM-2	70	滑移	75.7
JNM-3	83	两处断裂	89.7
JNM-4	85	断裂	91.9
JNM-5	90	滑移	97.8
JNM-6	91	滑移	98.3
JNM-7	80	滑移	86.5

　　各级荷载作用下夹片上的应变如表 5-8 所示，据此绘出的荷载-应变曲线如图 5-13 所示。由图可见，在一定荷载范围内，随着张拉荷载的不断增大，夹片端部应力呈增大趋势。对比分析试件 JNM-3、JNM-5 和 JNM-6 的试验结果，发现随着张拉荷载的增大，夹片端部受力增大趋势逐渐减缓，当张拉荷载到达一定值时，三根试件均出现夹片端部受力下降的情况。原因可能为：①张拉到一定荷载后，夹片与 CFRP 绞线接触面产生轻微滑移，从而导致夹片受力减小，CFRP 绞线与填充介质之间的黏结力增大；②环氧树脂砂浆受到剪应力作用，并且随着剪切力的不断增大，其剪切弹性模量有所增大。

表 5-8 各级荷载下夹片应变值

试件编号	夹片应变值				
	50kN	60kN	70kN	80kN	90kN
JNM-1	—	88	101	89	—
JNM-2	—	—	—	—	—
JNM-3	88	178	217	221	182
JNM-4	139	200	247		
JNM-5	—	117	133	151	89
JNM-6	96	155	162	164	91
JNM-7	102	146	195	—	

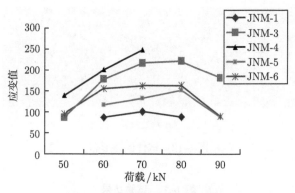

图 5-13   夹片的荷载-应变曲线

锚杯的荷载-应变曲线如图 5-14 所示。可以看出，由于黏结段锚杯存在一定锥角且锚杯壁较厚、材质较硬，锚杯外壁距受拉端 150mm 处于受压状态且径向应力变化不明显。

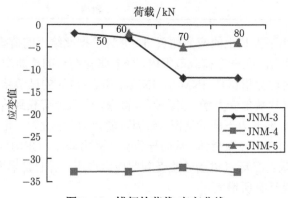

图 5-14   锚杯的荷载-应变曲线

对比其他试件的极限拉力，可以看出试件 JNM-2 极限荷载较低，这可能是由灌浆不密实导致的。从图 5-15 中不难发现，锚具总长度在一定范围内，夹片锚固段长度从 45~65mm 变化时，锚固效率系数有所下降。蒋田勇等[7] 研究得出锚具总长度为 100mm，夹片锚固从 40mm 变化为 60mm 时，预紧力相同的条件下极限荷载也呈下降趋势。由此可以推断，黏结锚固段承担的荷载较夹片锚固段更大；在锚具总长度不变、黏结锚固段长度减小时，极限荷载减小。因此在一定前提下，建议选用较小的夹片长度。

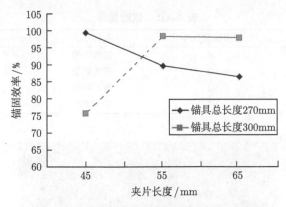

图 5-15 夹片长度与锚固效率之间的关系

为了得到更好的锚具系统，作者进行了两次试验，改进方法如下：①采用氧化铝代替部分水泥作为填料 (氧化铝有增加环氧树脂黏结力和机械力的作用)；②养护时间由原来的 14d 延长至 28d，具体结构参数如表 5-9 所示。制作好的锚具试件如图 5-16 所示。

表 5-9 锚具试件设计结构参数

编号	夹片长度/mm	锚具总长度/mm	水泥标号	环氧树脂填料
JNM2-1	45	300	52.5	中砂、氧化铝
JNM2-2	65	330	52.5	中砂、氧化铝
JNM2-3	45	330	52.5	中砂、氧化铝
JNM2-4	55	330	52.5	中砂、氧化铝

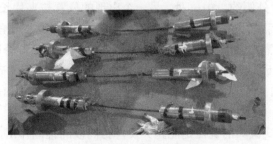

图 5-16 锚具试件

试件在张拉到一定荷载后，CFRP 绞线均发生脆断，这表明锚具能够有效锚固试验用 9mm CFRP 绞线。极限荷载、破坏形态和计算求得的锚固效率系数如表 5-10 所示。可以看出，四组锚具的锚固效率系数均大于 95%，最大锚固效率系数可达 100.5%，满足《预应力筋用锚具、夹具和连接器应用技术规程》(JGJ 85—2010) 里面锚具的性能要求。张拉后的锚具试件破坏形态如图 5-17 所示。

表 5-10   试验结果

编号	极限荷载/kN	破坏形态	锚固效率系数%
JNM2-1	90	脆响断裂	97.3
JNM2-2	92	脆响断裂	99.4
JNM2-3	93	脆响断裂	100.5
JNM2-4	91	脆响断裂	98.4

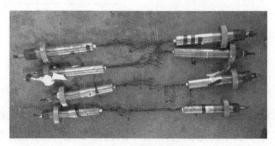

图 5-17   试件破坏形态

可以看出，填料由中砂换为中砂和氧化铝提高了锚具的锚固性能；养护时间延长也有利于更好地锚固 CFRP 绞线。

5.4   本章小结

本章介绍了 CFRP 串联复合式锚具的有限元分析及试验结果，结论如下。

(1) 采用复合式锚具锚固时，夹片内侧沿轴线方向大致出现两个最大应力点，一个出现在距夹片外侧约 0.01m 处，另一个出现的位置与夹片长度有关。

(2) 夹片长度采用 45mm、黏结段长度采用 255mm、锚杯倾角选为 3°、锥角差设置为 0.1°、黏结锚固段选择锥角为 2° 的内锥式；黏结介质配合比为环氧树脂∶聚酰胺∶丙酮∶水泥∶砂∶氧化铝 =10∶5∶1∶5∶15∶5 时，填料采用中砂和氧化铝，套筒采用经调质处理的 40Cr 合金钢，夹片采用经渗碳处理的 20CrMnTi 合金钢，养护28d 后能有效满足 CFRP 筋的锚固要求。

(3) 串联复合式锚具的优点是能充分发挥锚固段的锚固作用，锚固长度小，锚固效率系数较高；缺点是结构较为复杂，成本高，会出现锚固段先后失效的情况，两个锚固段的工作协同性有待继续研究。

参 考 文 献

[1]   杜修力, 詹界东, 王作虎. CFRP 筋夹片-黏结型锚具的研制 [J]. 北京工业大学学报, 2011, 37(3): 418-424.

[2] 刘荣桂, 高莉娜. 一种能够连接单根 FRP 绞线的连接器: 201320334830.9 [P]. 2013.

[3] 何小刚. 新型环氧树脂砂浆在公路工程植筋中的应用 [J]. 铁道工程学报, 2012, 166(7): 62-66.

[4] 王军, 李明君. CFRP 筋复合型锚具的受力性能试验 [J]. 江苏大学学报: 自然科学版, 2013, 33(6): 726-729.

[5] 刘德鑫. 碳纤维预应力筋复合型锚具试验研究与有限元分析 [D]. 镇江: 江苏大学, 2013.

[6] 中华人民共和国国家发展和改革委员会. 环氧树脂砂浆技术规程: DL/T 5193—2004 [S]. 北京: 中国电力出版社, 2004.

[7] 蒋田勇, 方志. CFRP 筋复合式锚具锚固性能的试验研究 [J]. 土木工程学报, 2010, 43(2): 79-87.

第6章　碳纤维增强复合材料的功能特性

碳纤维增强复合材料具有质量轻、抗拉强度高，同时具有耐高温、耐摩擦、导电、导热、膨胀系数小等优点。目前，碳纤维材料是最先进的复合材料之一，在风力发电、航空航天、汽车、建筑、计算机、空间光学结构等领域有诸多应用，逐渐成为现代高新技术领域最有应用前景的一种复合材料。

6.1　碳纤维的热性能

碳纤维的热性能主要包括热导率、热膨胀、热容和热氧化等。

6.1.1　热导率

热是能量存在的一种形式。当物体内部或两种物体相互接触时，热量就由高温向低温传递，直到彼此温度相同[1]。热传递与温度差有关，可用式 (6-1) 表示。

$$q = -\lambda \frac{\mathrm{d}T}{\mathrm{d}x} \tag{6-1}$$

式中，q 为传递热量；λ 为热导率，J/(m· h℃)；$\mathrm{d}T/\mathrm{d}x$ 为温差梯度；T 为热力学温度。

金属材料的热量传递主要依靠材料的晶格振动波和自由电子的流动，而自由电子的传热效率比晶格振动波大得多[2]，也就是说，金属材料的热传递主要依靠电子的流动。对于非金属材料，主要依靠晶格振动波，不遵循德曼-夫兰兹定律[3]。碳纤维等多晶碳材料就属于这一类型非金属材料[4]。石墨晶格的热振动示意如图 6-1 所示。

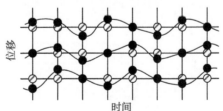

图 6-1　石墨晶格的热振动示意

在晶体中，晶格的格波 (处于晶格格点上的原子的热振动) 的能量是量子化的，格波量子称为声子，热导率与声子的平均自由程密切相关，根据德拜模型[5]，热导率 λ 可以用如下方程表示：

$$\lambda = \frac{1}{3} c_v \overline{v} L \tag{6-2}$$

式中，c_v 为单位体积的声子热容；$\bar{v}$ 为声子平均速度；L 为声子的平均自由程。

声子的平均自由程 L 与石墨微晶层面大小 L_a 有关。L_a 越大，行程越长，热导率越大。由文献 [6] 可知，碳纤维的密度越高，孔隙率越低，热导率越大。孔隙、裂纹和缺陷等对声子有散射作用，使其平均自由程缩短，或改变运动方向。因此，石墨制品的孔隙率和热导率 λ 的关系属于线性关系。此外，碳材料不仅热导率高，而且密度小，质量比热导率 (单位质量材料的热导率) 更高。

碳纤维导热率的测定采用激光法[7]。测试样品是将直径为 10mm、厚度为 3~6mm 的碳纤维制成单向圆板状 CFRP，然后用激光闪光热常数测定装置 TC-3000 测定。

$$\lambda_{\mathrm{CFRP}} = \frac{c_p \alpha}{V_f} \tag{6-3}$$

式中，λ_{CFRP} 为碳纤维的热导率；c_p 为 CFRP 比定压热容；α 为 CFRP 热扩散率；V_f 为 CFRP 中碳纤维的体积分数。

此外，因为声子的平均自由程受温度影响很大，所以碳纤维的热导率与温度密切相关。

6.1.2 热膨胀系数

当物体受热时，其长度或体积出现增大现象，称为热膨胀，可以用热膨胀系数 (Coefficient of Thermal Expansion，CTE) 表征材料膨胀程度。热膨胀系数可分为线膨胀系数和体膨胀系数两种[8]，一般是指线膨胀系数。线膨胀系数是指固体受热时的任何线度、宽度、厚度或直径等的变化，并以符号 α_C 表示，即温度每改变 1K 时长度的相对变量，其单位为 K^{-1}。石墨结构具有显著的各向异性，线膨胀系数也呈现出各向异性，其平行于层面方向的热膨胀系数为 $-1.3 \times 10^{-6} \mathrm{K}^{-1}$，而垂直于层平面方向的热膨胀系数为 $2.7 \times 10^{-5} \mathrm{K}^{-1}$，两者相差 20 倍之多。碳纤维的热膨胀系数要比石墨纤维大，例如，型号为 T300(20~70℃) 的碳纤维热膨胀系数为 $-0.74 \times 10^{-6} \mathrm{K}^{-1}$，而 M40 石墨纤维 (20~70℃) 为 $-1.23 \times 10^{-6} \mathrm{K}^{-1}$，表明石墨纤维在环境中的尺寸稳定性好于碳纤维。由此说明，取向度高，模量就高；模量高，热膨胀系数就小。

不论 PAN 碳纤维还是沥青基碳纤维，它们的热膨胀系数都小于金属材料[9] (表 6-1)。碳纤维的这一特性，是金属材料无法与其比拟的。

表 6-1　碳纤维与金属、石墨材料热导率的比较[9]

材料	热膨胀系数 /($10^{-4}\mathrm{K}^{-1}$)	热导率 /[W/(m·K)]	材料	热膨胀系数 /($10^{-4}\mathrm{K}^{-1}$)	热导率 /[W/(m·K)]
MPCF 复合材料	$-0.1 \sim -1.2$	~ 360	铁	12	14~17
PAN·CF 复合材料	$-0.1 \sim -1.0$	~ 50	铜	18	340~420
铝	24	200~270	玻璃	5~7	0.9

6.1.3　热容量

热容量是指在指定过程中，当系统温度升高 (或降低)1K 时吸收 (或放出) 的热量[10]。比定压热容是指单位质量物质的热容量，常用 c_p 表示比定压热容。石墨的比定压热容、焓和熵见表 6-2，随着温度升高，比定压热容 c_p 提高，焓、熵也呈现出同样的趋势。PAN 基碳纤维、石墨纤维的比定压热容见表 6-3，同样地，比定压热容随温度升高而增加。石墨材料的比定压热容 c_p 可用五阶式方程计算。

表 6-2　石墨的比定压热容、焓和熵[11]

温度/℃	比定压热容c_p /[J/(mol · ℃)]	焓 (273.15℃) /(J/mol)	熵(273.15℃) /[J/(mol · ℃)]
25	8.672	1056.55	5.716
127	11.974	2110.92	8.740
327	16.926	5032.02	14.591
527	19.95	8743.14	19.908
727	21.588	12913.32	24.553
927	22.764	17346	28.589
1127	23.814	22016.4	32.185

表 6-3　PAN 基碳纤维和石墨纤维的比定压热容[12]

温度/℃	比定压热容/ [J/(mol·℃)]				
	碳纤维			石墨纤维	
	T300	T400	T800H	M40	M50
25	3.184	3.128	3.132	2.982	3.030
50	3.528	3.434	3.440	3.349	3.318
100	4.490	4.004	4.008	3.919	3.865
150	4.570	4.514	4.509	4.434	4.399
200	5.032	4.994	4.945	4.895	4.853

碳纤维的热导率将随比定压热容 c_p 的增加而增大，如

$$c_p = -683.5 + 5.9199(T/\lambda) - 5.5271 \times 10^{-3}(T/\lambda)^2 + 2.6677 \times 10^{-6}(T/\lambda)^3$$
$$- 6.4429 \times 10^{-10}(T/\lambda)^4 + 6.1622 \times 10^{-14}(T/\lambda)^5 \qquad (6\text{-}4)$$

6.1.4　碳纤维的热氧化与热烧灼

碳纤维的石墨化程度越高，抗氧化性能越好。但是碳纤维中的碱、碱土金属含量对氧化性能有着重大影响，特别是钠等是碳的氧化催化剂，加快了热氧化的速度[13]。含硼 (或磷) 量越高，抗氧化性能越好，俄罗斯在生产碳纤维过程中渗硼石墨化可一举两得，既可在实现石墨化的同时降低石墨化温度，又可得到含硼抗氧化

的石墨纤维[13]。所以, 在生产碳纤维过程中, 从聚合单体开始就需纯化, 尽可能降低碱、碱土金属杂质的含量, 有利于碳纤维性能的提高和应用领域的扩大。高模型碳纤维的抗氧化性能优于高强型碳纤维, 因前者的石墨化程度比后者高。

高性能黏胶基碳纤维因其碱、碱土金属含量低和无定型结构的特点而主要用于制作防热和耐烧蚀材料。美国黏胶基碳纤维布 CCA-3(1641 B), 因其碱、碱土金属含量低, 灰分低, D_{002}(碳纤维晶体结构层间距) 大, L_c 小, 属于无定型结构, 赋予其抗氧化和耐烧蚀性[14]。CCA-3(1641 B) 钠含量低, 氧化速率也低。这一规律与 PAN 基碳纤维相一致。因为钠等碱、碱土金属是碳的氧化催化剂, 对任何碳纤维都有一定的催化氧化作用。低钠含量的 CCA-3(1641 B) 的氧化速率较低, 而高钠含量的 CSA-4671 的氧化速率最高。所以, 在生产黏胶基碳纤维的过程中, 要把黏胶原丝中含的碱、碱土金属等含量降低到 100mg/kg 以下的原因就在于此。

C/C 复合材料的热导率受石墨化温度的影响。石墨化温度越高, 石墨微晶尺寸越大, 热导率也随之提高。此外, 热导率还与所用碳纤维的性能密切相关。所用三种碳纤维的性能见表 6-4。

表 6-4　三种碳纤维性能

种类	原丝	拉伸强度/GPa	拉伸模量/GPa	密度/(g/cm)	热导率/[W/(m·K)]
A	PAN	3.53	230	1.75	6
B	PAN	2.74	390	1.81	84
C	沥青	2.84	539	2.15	204

6.2　碳纤维的电性能

金刚石中碳原子的成键为 sp^3 杂化, 石墨为 sp^2 杂化。在金刚石中, 每个 CC_4 四面体具有 4 个 σ 键, 正好填满 σ 轨道, 4 个 σ 反键轨道是空的, σ 与 σ 轨道形成价带和导带, 两者之间被禁带隔离开, 且禁带较宽, 约为 5.45 eV, 使其成为绝缘体, 电阻率为 $1×10^{16}\Omega·cm$。禁带也称为能隙。在石墨结构中, 每一个 CC_3 结构单元有 3 个 σ 键、3 个 σ 反键轨道和 4 个 π 轨道, 10 个电子填满 σ 轨道和 π 轨道, 并填满 π° 轨道的一半, 即 π° 轨道未填满, 是其导电的原因所在。在同一石墨微晶的网平面内有许多原子轨道, 因原子间距较短, 网平面上下相互重叠, 赋予其导电性。石墨的电子状态和双键的电子状态如图 6-2 所示, π 电子分布在六角形石墨网平面的上、下; 当对网平面施加电压时, π 电子就会定向流动, 呈现出导电性能。石墨化程度越高, L_a 越大, π 电子的非定域流动范围越大, 导电性越好。这就是石墨纤维的导电性好于碳纤维的原因所在[15]。碳纤维等多晶石墨材料的导电性能具有显著的各向异性。石墨层方向 (a 方向) 的电阻率约为 $5×10^{-5}\Omega·cm$, 而且垂直于

层面 (c 方向) 的电阻率是 a 方向的 10^4 倍。各种材料的电导率如图 6-3 所示，石墨层面的电导率远高于 c 方向的电导率，石墨层间化合物 (Graphite Intercalation Compounds，GIC) 的导电性能在碳家族中是较好的，而金刚石是电子的绝缘体。纳米碳管是碳家族中的新丁，由离域 π 电子形成大的共轭体系，导电性也相当高，碳系导电填料的分类如图 6-4 所示。

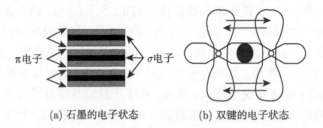

(a) 石墨的电子状态　　　　(b) 双键的电子状态

图 6-2　石墨的电子状态和双键的电子状态

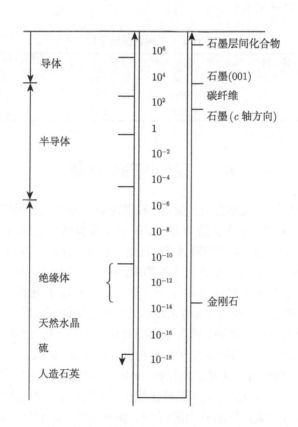

图 6-3　各种材料的电导率 $\sigma/(\Omega^{-1} \cdot cm^{-1})$

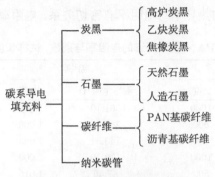

图 6-4 碳系导电填料的分类

石墨层间距较大,插层可插入多种金属卤素化合物,形成石墨层间化合物,赋予其高的导电能力。例如,二阶石墨 SbF_5 层间化合物的电导率高达 $6.3×10^5\Omega^{-1}\cdot cm^{-1}$,比铜 $(5.8×10^5\Omega^{-1}\cdot cm^{-1})$ 还高 (图 6-3)。这些金属卤化物的 GIC 是电子受体,是其导电性高的原因所在。石墨层间化合物的电导率见表 6-5。GIC 的导电性也具有各向异性,即层面的导电性远高于 c 向。GIC 的超级导电性能吸引人们用其制造轻质、高导电性材料,尤其是制作新一代导线。但目前面临许多技术问题,如 GIC 的大量制造技术、用其制作导线技术等。

表 6-5 石墨层间化合物的电导率

石墨层间化合物	$\sigma_a/(\Omega^{-1}\cdot cm^{-1})$	$\sigma_c/(\Omega^{-1}\cdot cm^{-1})$	石墨层间化合物	$\sigma_a/(\Omega^{-1}\cdot cm^{-1})$	$\sigma_c/(\Omega^{-1}\cdot cm^{-1})$
$AsF_5(1)$	$5.0×10^5$	0.23	$SbF_5(3)$	$1.0×10^5$	—
$AsF_5(2)$	$6.3×10^5$	0.24	$SbF_6(6)$	$5.8×10^5$	—
$AsF_5(3)$	$5.8×10^5$	0.26	$FeCl_3(1)$	$1.1×10^5$	10
$SbF_5(1)$	$3.5×10^5$	—	$FeCl_3(2)$	$2.5×10^5$	—
$SbF_5(2)$	$4.0×10^5$	—			

注: 括号内数字为阶数

碳纤维的体电阻率 S_b 可用式 (6-5) 计算。

$$S_b = \frac{R_b}{l} \cdot \frac{t}{\rho} × 10^{-5} \tag{6-5}$$

式中,S_b 为碳纤维的体电阻率;R_b 为试样长为 l 时的电阻;l 为测电阻时的试样长度;t 为试样的纤度 (指的是纤维的细度);ρ 为试样的密度。

PAN 基碳纤维的电阻率与束数、测试长度的关系见表 6-6。对于同一束数的碳纤维,测试长度不同,但其比率基本相同,体电阻率也基本一致。T300 的纤度见表 6-7。纤度越大,单位长度的质量和横截面积越大,因此单位长度的电阻 R_b 越小;对于同一类型碳纤维,体密度 ρ 为一定值,不随其束数而变。所以,同一类型不同束数的碳纤维,体电阻率基本一致。东邦人造丝公司碳纤维“贝丝纶”的性能见

表 6-8。此外，碳纤维的热导率与电阻率有密切关系，电阻率越小，热导率越高。

表 6-6　PAN 基碳纤维的电阻率与束数、试样长度的关系

试样		电阻率		体电阻率/($\Omega \cdot$cm)
单丝数 (束数)	试样长度/mm	测得电阻/Ω	比率	
1000(1)	1000	561.10	1.000	0.00210
1000(1)	500	282.15	1.006	0.00212
1000(1)	250	143.54	1.023	0.00215
3000(3)	1000	172.10	1.000	0.00196
3000(3)	500	87.46	1.016	0.00198
3000(3)	250	44.30	1.030	0.00202
6000(6)	1000	107.22	1.000	0.00244
6000(6)	500	54.05	1.008	0.00246
6000(6)	250	27.48	1.025	0.00250

表 6-7　T300 的纤度　　　　　　　　　　(单位: $g^{-1} \cdot km^{-1}$)

1K	2K	3K	4K
66	198	396	800

表 6-8　东邦人造丝公司碳纤维"贝丝纶"的性能[16]

性能	通用级 (6000)	高强型 (ST-6000)	高模型 (HM-6000)
K 数	6	6	6
线密度/(g/m)	0.14	0.14	0.38
单丝直径/μm	7.0	7.0	6.6~6.7
拉伸强度/GPa	3.0	> 3.5	2.5
拉伸模量/GPa	240	240	350
断裂伸长/%	1.3	1.5	0.6
密度/(g·cm)	1.77	1.77	1.8
比热容/[J/(g·℃)]	0.71	0.71	0.71
热导率/[kJ/(m·h·℃)]	63	63	420
线膨胀系数/(10^{-4}℃$^{-1}$)	−0.1	−0.1	−0.5
电阻率/($\Omega \cdot$cm)	2×10^{-3}	2×10^{-3}	1×10^{-3}

注: 贝丝纶 (BESFGHT) 是日本东邦 (TOHO) 人造丝公司的产品牌号

6.3　碳纤维的磁性能

　　碳纤维及碳纤维材料的磁学性质取决于它的电子行为。电子行为除了电阻率，还包括磁化率、磁阻和霍尔系数等。同时，磁性能受石墨结构的影响，呈现出显著的各向异性，且为抗 (反) 磁性[17]。

6.3.1 磁化率

做轨道运动的电子在磁场中受到洛伦兹力的作用,产生附加的拉莫尔进动,且产生感生电流。该电流产生的感生 (诱导) 磁矩与磁场方向相反,呈现出抗磁性 (反磁性),即负的磁导率 ($\chi_m < 0$)。碳及碳材料属于抗磁性物质。

石墨材料的抗磁性由两部分组成,一是与石墨层平面平行的主磁化率 χ_a,来自离子核,起源于内壳层轨道;二是垂直于石墨层面的主磁化率 χ_c,来自两端的抗磁性,起源于非定域 π 电子[18]。材料的石墨化度越高,π 电子的非定域范围越大,χ_c 也越大。石墨的 χ_a 较小,约为 -0.5×10^{-6}emu;χ_c 较大,为 $1.5 \leqslant \chi_c \leqslant 34$,显示出显著的各向异性。

对于单晶石墨,总磁化率 χ_T 可表示为

$$\chi_T = 2\chi_a + \chi_c = -2.25 \times 10^{-5} \text{ emu/g} \tag{6-6}$$

对于无定形碳的各向同性石墨材料,磁化率的平均值为

$$\overline{\chi} = \frac{1}{3}(2\chi_a + \chi_c) = -7.5 \times 10^{-6}\text{emu/g} \tag{6-7}$$

如果用 χ_a 与 χ_R 分别表示碳纤维轴平行、垂直于磁场的质量磁化率 (图 6-5),总磁化率 χ_T 和磁化率的各向异性比 An.R 可写为

$$\chi_T = \chi_a + 2\chi_R \tag{6-8}$$

$$\text{An.}R = \frac{\chi_R}{\chi_a} \tag{6-9}$$

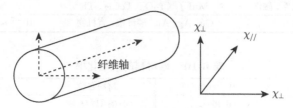

图 6-5 碳纤维的主磁化率

碳纤维的磁化率和各向异性比与其择优取向有密切关系,可用式 (6-10) 和式 (6-11) 表示。

$$\chi_a = \chi_c - \frac{1}{2}(\chi_c - \chi_a) \sin^2\phi \tag{6-10}$$

$$\chi_R = \chi_a + \frac{1}{2}(\chi_c - \chi_a) \sin^2\phi \tag{6-11}$$

式中,ϕ 是石墨微晶层面的法线与碳纤维轴之间的夹角 (图 6-5);$\sin^2\phi$ 为取向度的正弦均方值,是具有平均意义的石墨层平面在空间的取向分布。对于各向同性

石墨，χ_a 约为 0.3，χ_T 可测得，可计算出 χ_c。对于择优取向函数 $\sin^n \phi$，$n = (1.18/\beta)^2$，β 是 002 线取向分布的半高宽。设 $R_z = \sin^2 \phi$，式 (6-12) 和式 (6-13) 可写为

$$\chi_a = \chi_c - \frac{1}{2}(\chi_c - \chi_a)R_z \tag{6-12}$$

$$\chi_R = \chi_a + \frac{1}{2}(\chi_c - \chi_a)R_z \tag{6-13}$$

式 (6-9) 可写为

$$\mathrm{An}.R = \frac{1 + (\chi_c/\chi_a - 1)R_z/2}{R_z + (\chi_c/\chi_a)(1 - R_z)} \tag{6-14}$$

当取向角 $\phi = 90°$ 时，石墨平面完全平行于纤维轴，这时 $R_z = \sin^2 \phi = 1$，$\mathrm{An}.R$ 出现最大值 (理想纤维的极限值)，即

$$(\mathrm{An}.R)_{\max} = \frac{\chi_c + \chi_a}{2\chi_a} \tag{6-15}$$

对于中间相沥青基碳纤维，当热处理温度 (Heat Treatment Temperature，HTT) 为 1800℃ 时，$\mathrm{An}.R$ 约为 16；当 HTT 为 3000℃ 时，$\mathrm{An}.R$ 约为 33。磁性物质的分类见表 6-9，碳材料的抗磁化率见表 6-10，石墨的抗磁化率具有显著的各向异性。

表 6-9　磁性物质的分类

名称	分类	事例	比磁化率 χ	备注
强磁性	弱铁磁性、铁氧体磁性	α-Fe_2O_3、γ-Fe_2O_3、Fe_3O_4、YlG(钇铁石)	$1 \sim 10^4$	磁性物质
	铁氧体	Fe、FeO		
弱磁性	顺磁性	Al、O_2	$10^{-7} \sim 10^{-3}$	
	反磁性、介磁性、磁性	MnF_2、Cr_2O_3、$FeCl_2$、Th		
反磁性	反磁性	Cu、Ag、Au、碳纤维、有机物	$-10^{-7} \sim -10^{-3}$	非磁性物质

表 6-10　碳材料的抗磁化率

材料名称	$\chi_c/(\times 10^{-6}\mathrm{emu/g})$	材料名称	$\chi_c/(\times 10^{-6}\mathrm{emu/g})$
C/60	-0.35	石墨 H//c 轴	-10.2
C/70	-0.59	石墨 H⊥c 轴	-21.2
纳米碳管	—	金刚石	-7.3

碳纤维具有乱层石墨结构。随着炭化、石墨化温度的升高，碳纤维也由二维乱层结构逐渐向三维石墨结构转化，随着石墨层平面增大，π 电子的非定域范围也在增大，抗磁性也发生了变化。随着热处理温度的升高，石墨微晶增大，杨氏模量也得到提高，π 电子的非定域流动范围增大，从而使抗磁性得到提高。同时，随着热处理温度的升高，石墨层面对纤维轴的择优取向也得到提高，是其抗磁性得到提高的原因所在。

6.3.2　磁阻

磁阻是表示在材料附加磁场存在时电阻率的变化比 $(\Delta\rho'/\rho')$。其中，材料没有磁场存在时的电阻率为 ρ'，而在附加磁场存在时的电阻率为 ρ'_H，两者之差即为 $\Delta\rho' = \rho'_H - \rho'$。碳纤维的磁阻随热处理温度的升高而呈线性增加[19]，HTT 与 $\Delta\rho'/\rho'$ 的线性关系可用来表征石墨化度。中间相沥青基碳纤维的特性见表 6-11。

表 6-11　中间相沥青基碳纤维的特性

HTT/℃	X 射线衍射参数				磁阻		
	D_{002}	L_{c002}	L_{c004}	$\phi^x_{1/2}$	$(\Delta\rho'/\rho')_{max}$	A	$\phi^m_{1/2}$
900	—	—	—	24.6	—	—	—
1600	3.47	35	—	17.2	—	—	—
2000	3.433	97	54	12.4	−0.102	0.949	17.3
2500	3.398	183	90	8.0	−0.246	0.974	11.8
3000	3.378	180	90	—	−1.07	0.992	6.1

参 考 文 献

[1] 杜姗姗. 碳纤维及其复合材料的应用 [J]. 化纤与纺织技术，2013，42(4)：21-26.

[2] 张焕侠. 碳纤维表面和界面性能研究及评价 [D]. 上海：东华大学，2014.

[3] 李昭锐. PAN 基碳纤维表面物理化学结构对其氧化行为的影响研究 [D]. 北京：北京化工大学，2013.

[4] 胡汉平. 热传导理论 [M]. 合肥：中国科学技术大学出版社，2010.

[5] 张靖周，常海萍. 传热学 [M]. 2 版. 北京：科学出版社，2015.

[6] 芦时林. 高等热大直径中间相沥青基碳纤维的研究及结构表征 [J]. 新型碳材料，2000，15(1): 1-5.

[7] Cgallego N, Dedie D. Modeling the thermal conductivity of carbon fibers[R]. Springfield: American Carbon "Carbon 2001" Conference, 2001.

[8] 关振铎，张中太，焦金生. 无机材料物理性能 [M]. 北京：清华大学出版社，1992.

[9] 田尾本昭. 熱硬導性に優れた柔軟性のある [J]. 機能材料，1999，19(11)：27-33.

[10] 奧達雄，晉我部敏明，奧健夫. カーボンアロイの熱硬導性と界面 [J]. 表面，1999，37(8)：9-15.

[11] 贺福，杨永岗. 超级导热性沥青基碳纤维 [J]. 高科技纤维与应用，2003，28(5)：27-31.

[12] 孙立征. 碳纤维的特性及其在产业用纺织品中的应用 [J]. 轻纺工业与技术，2011，40(3)：54-55.

[13] 田辺靖博ら. 炭素繊維の熱膨脹係数と配向關数 [J]. 炭素，1988，132(1)：2-5.

[14] 于美杰. 聚丙烯腈纤维预氧化过程中的热行为与结构演变 [D]. 济南：山东大学，2007.

[15] 曹莹，吴林志，张博明. 碳纤维复合材料界面性能研究 [J]. 复合材料学报，2000，17(2)：89-93.

[16]　石川敏功, 长沖通. 新炭素工业 [M]. 陆玉峻, 等, 译. 哈尔滨: 哈尔滨工业大学出版社, 1990.

[17]　刘桂香，黄向东，郑振环，等. 热压烧结一步法制备 Cf/Cu 复合材料的组织和性能 [J]. 复合材料学报, 2010, 27(1)：73-78.

[18]　张新元，何碧霞，李建利，等. 高性能碳纤维的性能及其应用 [J]. 棉纺织技术, 2011, 39(4)：269-272.

[19]　石井千明, 金子克美. 超高表面積炭素に見ゐ新しぃ磁性 [J]. 炭素, 2000, 193(3): 218-222.

第7章 CFRP 斜拉索非线性静动力特性及参数分析

如第 1 章所述，CFRP 材料代替传统钢拉索是斜拉桥向长大跨径发展的一种途径。尤其是斜拉桥向长大跨径发展时，CFRP 斜拉索的优点体现尤为明显。在现有的斜拉索计算理论中，等效弹性模量法主要适用于中小跨的斜拉桥；多段杆单元法的数值计算存在缺陷，但能较好地应用于索动力学计算；多节点曲线索单元引入高次函数作为单元的插值函数，近似考虑垂度的影响，分析精度较等效弹性模量法有很大提高，但不易求得出刚度的显式表达式，也不能精确模拟悬链线特性。悬链线索单元在忽略弯曲内力等基本假设的情况下，力学理论概念清晰，是目前研究者广泛采用的斜拉索计算方法。本章将基于悬链线索单元对 CFRP 斜拉索的静动力学特性进行分析与探讨。

7.1 斜拉索的计算理论分析

作为斜拉桥的主要受力构件，索结构相比于塔梁结构具有轻、柔和阻尼小等特点。由于索自重垂度的影响，呈现出较强的非线性，其平衡方程必须建立在变形后的几何构形上[1]。索的这种性质，加之与其组合的塔梁结构也存在不容忽视的非线性问题，因此索的几何非线性使得索在不同构形和荷载条件下的静动力特性分析也较复杂。另外，索在风、地震、车辆等激励作用下，各类振动问题较容易发生。最后，随着桥梁跨度的增大，多索、密集体系斜拉桥结构成为常见的斜拉桥表现形式，使得拉索固有频率区间较大，索梁、索塔共振发生的概率增大。已有研究表明，当桥面或索塔的振动频率与某一拉索的横向振动频率呈整数倍关系时，微小的桥面振动会激起斜拉索大幅度横向振动[2-5]，影响桥梁结构安全、使用性能与寿命。在采用钢拉索的斜拉桥中，1988 年，比利时 Ben-Ahin 桥和 Wandre 桥在风荷载作用下，其中 9 根索发生了振幅 1m 以上的大幅度振动[6]；荷兰的 Erasmus 桥在开通不到两个月便由于索的大幅度振动和桥面的明显振动而被迫关闭[7]；我国的南浦大桥在 1994 年、1995 年先后三次因拉索的振动而导致减振器的脱落，杨浦大桥也在 1995 年 4 月曾发生 29、30 号索因振动而碰撞的情况。Fujiwara 等[8] 在斜拉桥现场振动测试中发现索二阶振型与扭转振型发生显著的耦合振动；多多罗大桥在成桥试验中，也发现了索桥耦合振动的现象[9]。拉索的局部振动不仅改变斜拉桥振动能量的分布、影响振动体系的阻尼特性,还可能因拉索与结构整体间的内部共振引起复杂的结构动力特性[10,11];拉索长期的大振幅振动不仅影响行车舒适性,引起拉索疲劳破坏,而且在地震等偶然作用下有可能使斜拉桥达到强度、刚度极限状态而遭到破坏 [12]。随着斜拉桥跨度的不断增大,各种因素引起的拉索振动而导致设备破坏、交通被迫中断的事例频频发生,斜拉桥拉索的非线性静动力特性及参数振动问题引起越来越多的研究者的重视。

诸多国内外学者从多角度研究了索振、索桥乃至索塔桥参数共振的问题,取得了较多成果[13-27]。但如第 1 章所述,由于 CFRP 材料在实际工程中的应用仍处于探索阶段,相关分析研究的对象以钢索为主,关于 CFRP 斜拉索参数共振的研究及成果相对较少。

目前,国内外大量采用碳纤维布作为房屋、桥梁的加固材料,将 CFRP 筋作为混凝土梁桥体外预应力的研究及应用较多[28,29],但将 CFRP 筋用于斜拉桥拉索的实际工程仍屈指可数。中国第一座 CFRP 索斜拉试验斜拉桥于 2005 年 3 月在江苏大学建成 (图 7-1)。

图 7-1　江苏大学高性能 CFRP 索斜拉试验桥

7.1.1　等效弹性模量法

等效弹性模量法的基本思想是每一根索用一个杆单元模拟,采用修正斜拉索弹性模量的方法来描述索的非线性行为,这就是所谓的“等效弹性模量”法或“修正弹性模量”法。等效弹性模量有割线弹性模量和切线弹性模量两种,由 Ernst 首先根据悬链线方程简化得到。但当索倾角较大时,计算精度降低[30,31]。

由于 Ernst 公式只计入拉索垂度效应,没有计入大位移引起的硬化效应,所以索拉力增加时值偏小,反之偏大。在考虑斜拉索垂度影响的斜拉桥结构非线性分析过程中,通常通过分级施加荷载并逐步迭代修正以提高精度。但拉索两端的累加位移与索力增量并不存在线性关系,这种算法将导致索力与索拉伸量之间关系的不闭合,正是斜拉桥倒退分析过程中出现不闭合或发散的主要原因。

对于斜拉桥拉索分析,只有等效弹性模量法没有提供计算索端力的方法,只能应用简单增量法求解,不可避免地产生漂移误差和累计误差。由于结构分析在拉索初张拉之后进行,对结构自振特性分析和中小跨的混凝土斜拉桥,采用等效弹性模量的线性分析通常可以满足工程要求。

等效弹性模量法考虑拉索垂度效应,但未考虑大位移硬化效应,适用于索内应力水平高、应力幅值不大、弦线倾角不大时的情况。为探讨等效弹性模量法能否应用于 CFRP 斜拉索静动力学分析,建立图 7-2 所示的分布荷载作用下的斜拉索受力分析图。斜拉索张紧状态时缆索长度为 L,沿斜拉索方向自重分布集度 w,索的水平投影长度为 l,垂直投影长度为 h。

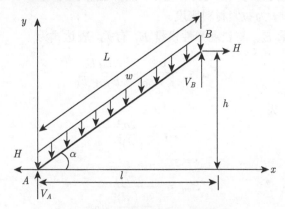

图 7-2 分布荷载作用下的斜拉索

由

$$\sum M_A = 0, \quad wL\frac{l}{2} + Hh - V_B l = 0 \tag{7-1}$$

得

$$V_B = \frac{1}{2}wL + H\tan\alpha \tag{7-2}$$

由

$$\sum M_B = 0, \quad wL\frac{l}{2} - Hh - V_A l = 0 \tag{7-3}$$

得

$$V_A = \frac{1}{2}wL - H\tan\alpha \tag{7-4}$$

斜拉索不能承受弯矩,故

$$M_x = V_A x + Hy - \frac{wx}{\cos\alpha}\frac{x}{2} = 0 \tag{7-5}$$

由图 7-2 可知存在如下几何关系:

$$y = x\tan\alpha - f_x \tag{7-6}$$

将式 (7-6) 代入式 (7-5) 得

$$f_x = \frac{w}{2H\cos\alpha}(lx - x^2) \tag{7-7}$$

由 $\dfrac{\mathrm{d}f_x}{\mathrm{d}x} = 0$ 得

$$x = \frac{l}{2} \tag{7-8}$$

$$f_{x\max} = \frac{wl^2}{8H\cos\alpha} = \frac{\gamma Al^2}{8H\cos\alpha} = \frac{\gamma l^2}{8\sigma\cos\alpha} \tag{7-9}$$

式中，σ 为索的轴向应力，轴向力作用下，索弹性伸长为 $\varepsilon_0 = \sigma/E_0$，$E_0$ 为 CFRP 材料的弹性模量；γ 为拉索材料密度。

等效弹性模量 E_{eq} 与表观弹性模量 E_f 有关，表达式为

$$E_{\mathrm{eq}} = \frac{\sigma}{\varepsilon_f + \varepsilon_0} = \frac{E_f E_0}{E_f + E_0} \tag{7-10}$$

表观弹性模量 E_f 为

$$E_f = \frac{12\sigma^3}{(\gamma l)^2} \tag{7-11}$$

可得

$$E_{\mathrm{eq}} = \frac{E_0}{1 + \dfrac{(\gamma l)^2}{12\sigma^3}E_0} \tag{7-12}$$

由式 (7-12) 可以看出，等效弹性模量随着拉索材料密度、拉索长度的增大而减小，随着索轴向应力的增大而增大。

7.1.2　多段杆单元法

多段杆单元法通过多个杆单元来模拟索[31,32]，利用多个杆单元节点定义拉索中间点的运动，以对索的非线性力学行为进行模拟。随着杆单元数量的增加，相关分析结果的精确度会趋于真实，由于多段杆单元法的精度取决于单元数量，而随着单元数量的增加，计算效率降低，该方法目前在实际工程中应用较少。

7.1.3　多节点曲线索单元

自 Gambhir 等[33,34] 研究 2 节点曲线索单元以来，较多学者对利用多节点曲线索单元进行索静动力学分析展开了相应研究。袁行飞等[35] 在分析中假定索的几何形状为抛物线，通过修正 Lagrangian 坐标描述法，推导出了基于多节点曲线索单元刚度矩阵的显式表达式，但对大垂度索和倾角较大索的情况并未探讨。唐建民等[36,37] 在虚功原理的基础上，对 2 节点索单元的分析方程和切线刚度矩阵进行了研究。杨孟刚等[38] 在 UL 列式基础上，从虚功增量方程出发，推导了 2 节点曲

线索单元切线刚度阵。李国平[39] 提出了斜拉索非线性分析的状态修正法。唐建民等[40] 研究了 3 节点等参数索单元，分析了双曲抛物面索网结构。Ali 等[17] 利用 4 节点等参索单元进行了拉索模拟。但是这些单元偏刚，且形成单元刚度矩阵需要数值积分。唐建民等[41] 利用 5 节点等参数索单元分析了双曲抛物面索网。

多节点曲线索单元的共同点是引入高次函数作为单元的插值函数，近似考虑垂度的影响，分析精度较等效弹性模量法有很大提高。但这种单元的列式和计算随着节点数的增加而趋于复杂，且不易得出刚度的显式表达式，对索的悬链线特性难以精确模拟。

7.1.4 悬链线索单元

一些学者在研究悬索问题时，期望能得到相应超越方程的解析解。随着相关数值分析理论的发展，利用离散化为系列线性方程进行迭代求解成为研究方法之一[41-45]。本节尝试从悬链线索单元的基本假定出发，分析弹性张紧缆索曲线的参数解，在此基础上探讨悬链线索单元的基本方程及基于悬链线索单元的索静动力学分析方法。

悬链线索单元理论推导时的基本假定如下：①柔索仅能承受张力而不承受弯曲内力；②柔索仅承受索端集中力和沿索长均匀分布的荷载作用；③材料符合胡克定律；④局部坐标系取在索合力平面内。

任取弹性张紧缆索悬链线部分长度为 ds 的微元，其受力如图 7-3 所示，两端张力为 T 和 $T+dT$，其作用线与 x 轴成 θ 角，自重为 wds。张力 $T+dT$ 为 s 的连续函数，在 x、y 轴上的投影也为连续函数，把两个投影分别展开成泰勒级数，并略去二阶微量，可得到张力 $T+dT$ 在 x 轴和 y 轴上的投影分别为 $T\cos\theta + dT\cos\theta$ 和 $T\sin\theta + dT\sin\theta$。

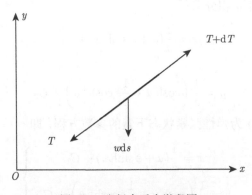

图 7-3 张紧索受力微段图

由微段竖直方向的平衡 (图 7-3) 可得

$$T\sin\theta + \mathrm{d}T\sin\theta - T\cos\theta - w\mathrm{d}s = 0 \tag{7-13}$$

式 (7-13) 中, θ 为微段与 x 轴的夹角, 注意到 $T\cos\theta = H, T\sin\theta = V$, H 为 T 的水平分量, V 为 T 的竖直分量, 可得

$$H\frac{\mathrm{d}^2 y}{\mathrm{d}^2 x} = w\sqrt{1 + \left(\frac{\mathrm{d}y}{\mathrm{d}x}\right)^2} \tag{7-14}$$

假设在不受力状态下的横截面积为 A_0, 沿弧长的线重度为 w_0。在受拉后, 截面积变为 A, 线重度变为 w, E 为索轴向弹性模量, T 为张力。由胡克定律和质量守恒, 受力前后质量不变, 有

$$w = w_0/[1 + T/(EA_0)] \tag{7-15}$$

再根据拉力 T 与水平分量间的几何关系, 有

$$T = H\sqrt{1 + (y')^2} \tag{7-16}$$

由式 (7-14) 和式 (7-15) 整理可得

$$Hy'' = \frac{w_0\sqrt{1 + (y')^2}}{1 + T/(EA_0)} \tag{7-17}$$

$$\varepsilon = \frac{H}{EA_0}, \quad \frac{\mathrm{d}y}{\mathrm{d}x} = \sinh u \tag{7-18}$$

将式 (7-18) 代入式 (7-17), 可得

$$\cosh u\mathrm{d}u = \frac{a\cosh u}{1 + \varepsilon\cosh u}\mathrm{d}x \tag{7-19}$$

用 $\mathrm{d}u$ 表示 $\mathrm{d}x$, 并对 u 积分可得

$$x = \frac{1}{a}(u + \varepsilon\sinh u) + C_1 \tag{7-20}$$

同理可得

$$y = \frac{1}{a}\left(\cosh u + \frac{1}{2}\varepsilon\cosh^2 u\right) + C_2 \tag{7-21}$$

式 (7-20) 与式 (7-21) 为弹性张紧状态下索的参数方程, 即

$$\left.\begin{array}{l} x = \dfrac{1}{a}(u + \varepsilon\sinh u) + C_1 \\[2mm] y = \dfrac{1}{a}\left(\cosh u + \dfrac{1}{2}\varepsilon\cosh^2 u\right) + C_2 \end{array}\right\} \tag{7-22}$$

由式 (7-22) 可知，若 $\varepsilon \to 0$，则该方程为经典悬链线方程。ε 为索上端拉力水平分量 H 与索轴向弹性模量 EA_0 的比值，是弹性索模型区别于经典悬链线方程的关键因素，即考虑实际索弹性受力状态下对经典悬链线方程的弹性修正系数，利用该方程可对索在实际工况中的悬链线解答进行分析，如用于斜拉桥调索分析及悬链线索单元的建立。

如图 7-4 所示的张紧缆索 AB，索的水平投影长度 $l = L_H$，无应力长度为 L_0，张紧状态时缆索长度为 L，缆索上任一点在无应力时的曲线坐标为 s，在自重 $W = mgL_0$(m 为索单位长度的质量) 作用下移到新位置 $P(x, z, p)$，其重度为 $w = mg$(单位为 N/m)，其中 (x, z) 为卡氏坐标，p 为曲线坐标，则式 (7-23) 成立，即

$$\left(\frac{\mathrm{d}x}{\mathrm{d}p}\right)^2 + \left(\frac{\mathrm{d}z}{\mathrm{d}p}\right)^2 = 1 \tag{7-23}$$

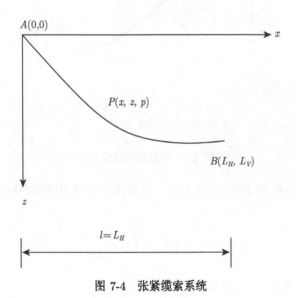

图 7-4 张紧缆索系统

张紧状态时，由力的平衡条件 (图 7-5) 可得

$$\left.\begin{array}{l} T\dfrac{\mathrm{d}x}{\mathrm{d}p} = H \\[2mm] T\dfrac{\mathrm{d}z}{\mathrm{d}p} = V - W \cdot s/L_0 \end{array}\right\} \tag{7-24}$$

由胡克定律可知

$$T = EA_0\left(\frac{\mathrm{d}p}{\mathrm{d}s} - 1\right) \tag{7-25}$$

张紧缆索段 (图 7-5) 的边界条件为

$$A点: (s = 0); x = 0, z = 0, p = 0 \tag{7-26a}$$

$$B点: (s = L_0); x = L_H, z = L_V, p = L \tag{7-26b}$$

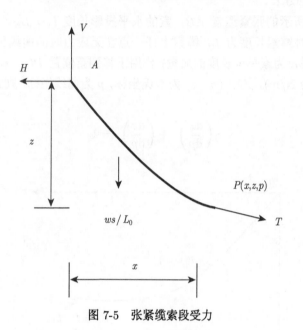

图 7-5　张紧缆索段受力

由式 (7-11)~式 (7-14)，可将 x、z、T 描述为无应力时的曲线坐标 s 的函数，即

$$T = T(s) = \left[H^2 + \left(V - \frac{ws}{L_0} \right)^2 \right]^{\frac{1}{2}} \tag{7-27}$$

由式 (7-22) 可得 x、z 分别为

$$\left. \begin{aligned} x &= \frac{1}{a}[(u_1 + \varepsilon \sinh u_1) - (u_0 + \varepsilon \sinh u_0)] \\ z &= \frac{1}{a}\left[\left(\cosh u_1 + \frac{1}{2}\varepsilon \cosh^2 u_1 \right) - \left(\cosh u_0 + \frac{1}{2}\varepsilon \cosh^2 u_0 \right) \right] \end{aligned} \right\} \tag{7-28}$$

式中，u_0、u_1 分别为参数 u 在上、下端点的值。

由式 (7-18) 可得

$$\sinh u_0 = \frac{V}{H}, \sinh u_1 = \frac{V - ws/L_0}{H} \tag{7-29}$$

整理后可得

$$x = x(s) = \frac{Hs}{EA_0} + \frac{HL_0}{w}\left[\operatorname{arsinh}\left(\frac{V}{H}\right) - \operatorname{arsinh}\left(\frac{V - ws/L_0}{H}\right)\right]$$

$$z = z(s) = \frac{ws}{EA_0}\left(\frac{V}{w} - \frac{s}{2L_0}\right) + \frac{HL_0}{w}\left[\sqrt{1 + \left(\frac{V}{H}\right)^2} - \sqrt{1 + \left(\frac{V - ws/L_0}{H}\right)^2}\right]$$

$$(7\text{-}30)$$

代入边界条件 $s = L_0$, $x = L_H$, $z = L_V$, 可得

$$L_H = \frac{HL_0}{EA_0} + \frac{HL_0}{w}\left[\operatorname{arsinh}\left(\frac{V}{H}\right) - \operatorname{arsinh}\left(\frac{V - w}{H}\right)\right]$$

$$L_V = \frac{wL_0}{EA_0}\left(\frac{V}{w} - \frac{1}{2}\right) + \frac{HL_0}{w}\left[\sqrt{1 + \left(\frac{V}{H}\right)^2} - \sqrt{1 + \left(\frac{V - w}{H}\right)^2}\right]$$

$$(7\text{-}31)$$

为便于有限元程序的编制, 绘制如图 7-6 所示的悬链线单元, 假定索的无应力长度为 L_0, 弹性模量为 E, 无应力截面积为 A, 单位长度重量为 w, 各参变量之间的关系为

$$P_1 = -H, P_2 = V, P_3 = -P_1, P_4 = -P_2 + wL_0, T_i = (P_1^2 + P_2^2)^{1/2}, T_j = (P_3^2 + P_4^2)^{1/2}$$

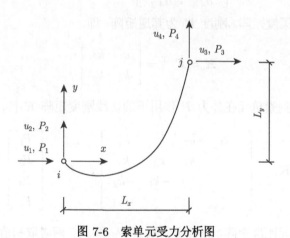

图 7-6 索单元受力分析图

利用上述关系, 注意到 $W = wL_0$, $\operatorname{arsinh} x = \ln[x + (1 + x^2)^{1/2}]$, 式 (7-31) 可改写为

$$L_x = -P_1\left(\frac{L_0}{EA} + \frac{1}{w}\ln\frac{P_4 + T_j}{T_i - P_2}\right) \tag{7-32}$$

$$L_y = \frac{1}{2EAw}(T_j^2 - T_i^2) + \frac{T_j - T_i}{w} \tag{7-33}$$

式中，T_i、T_j 为索两端的张力。

$$T_i = \sqrt{P_1^2 + P_2^2}, \quad T_j = \sqrt{P_3^2 + P_4^2} \tag{7-34}$$

$$P_4 = wL_0 - P_2, \quad P_3 = -P_1 \tag{7-35}$$

这样，式 (7-32) 和式 (7-33) 可以写成仅关于索端力 P_1、P_2 的形式，即

$$L_x = L_x(P_1, P_2), \quad L_y = L_y(P_1, P_2) \tag{7-36}$$

对式 (7-32)~式 (7-36) 取微分，有

$$\mathrm{d}L_x = \frac{\partial L_x}{\partial P_1}\mathrm{d}P_1 + \frac{\partial L_x}{\partial P_2}\mathrm{d}P_2 \tag{7-37}$$

$$\mathrm{d}L_y = \frac{\partial L_y}{\partial P_1}\mathrm{d}P_1 + \frac{\partial L_y}{\partial P_2}\mathrm{d}P_2 \tag{7-38}$$

即

$$\left\{ \begin{array}{c} \mathrm{d}L_x \\ \mathrm{d}L_y \end{array} \right\} = \left[\begin{array}{cc} \dfrac{\partial L_x}{\partial P_1} & \dfrac{\partial L_x}{\partial P_2} \\[3mm] \dfrac{\partial L_y}{\partial P_1} & \dfrac{\partial L_y}{\partial P_2} \end{array} \right] \left\{ \begin{array}{c} \mathrm{d}P_1 \\ \mathrm{d}P_2 \end{array} \right\} = \boldsymbol{F} \left\{ \begin{array}{c} \mathrm{d}P_1 \\ \mathrm{d}P_2 \end{array} \right\} \tag{7-39}$$

式中，$\boldsymbol{F}$ 为增量柔度矩阵。刚度 $\boldsymbol{K}$ 为其逆矩阵，即

$$\boldsymbol{K} = \boldsymbol{F}^{-1} = \left[\begin{array}{cc} k_1 & k_2 \\ k_3 & k_4 \end{array} \right] \tag{7-40}$$

这样即可得到索单元在外力 $\boldsymbol{P}$ 作用下的切线刚度矩阵 $\boldsymbol{K}_t(k_2 = k_3)$。

$$\boldsymbol{K}_t = \left[\begin{array}{cccc} -k_1 & -k_2 & k_1 & k_2 \\ & -k_4 & k_2 & k_4 \\ & & -k_1 & -k_2 \\ & & & -k_4 \end{array} \right], \quad \boldsymbol{P} = \left[\begin{array}{c} P_1 \\ P_2 \\ P_3 \\ P_4 \end{array} \right] \tag{7-41}$$

为了得到单元刚度矩阵，先确定索端力 P_1 和 P_2。两者取初值为

$$P_1 = -\frac{wL_x}{2\lambda}, \quad P_2 = \frac{w}{2}\left(-L_y\frac{\cosh\lambda}{\sinh\lambda} + L_u \right) \tag{7-42}$$

式中，

$$\lambda = \sqrt{3\left(\frac{L_u^2 - L_y^2}{L_x^2} \right) - 1} \tag{7-43}$$

当 $L_u < \sqrt{L_x^2 + L_y^2}$ 时，取 $\lambda = 0.2$；当索为垂直时，$L_x = 0$，λ 为无穷大。

取 $\lambda = 10^6$。迭代步骤如下。

(1) 将索端力初值代入式 (7-32) 和式 (7-33) 得到 L_{x1}、L_{y1}，令 $\Delta L_x = L_x - L_{x1}$，$\Delta L_y = L_y - L_{y1}$。

(2) 由 $\left\{\begin{array}{c} \Delta P_1 \\ \Delta P_2 \end{array}\right\} = \boldsymbol{K} \left\{\begin{array}{c} \Delta L_x \\ \Delta L_y \end{array}\right\}$ 得到 $\left\{\begin{array}{c} \Delta P_1 \\ \Delta P_2 \end{array}\right\}$。

(3) $\left\{\begin{array}{c} P_1 \\ P_2 \end{array}\right\}^{l+1} = \left\{\begin{array}{c} P_1 \\ P_2 \end{array}\right\}^{l} + \left\{\begin{array}{c} \Delta P_1 \\ \Delta P_2 \end{array}\right\}^{l}$，重复步骤 (1)、(2)，直到达到收敛条件。

(4) 通过计算式 (7-39)~式 (7-41) 得到切线刚度矩阵 $\boldsymbol{K}_t$。

索的无应力长度迭代初值取 $L_{u1} = L_c$，$L_{u2} = 1.001 L_c$。迭代过程如下。

(1) 将迭代初值 L_{u1}、L_{u2} 代入式 (7-32) 和式 (7-33)，得到对应的索端力 PL_{u1}、PL_{u2}。

(2) $L_u = L_{u2} + (P - PL_{u2})(L_{u2} - L_{u1})/(PL_{u2} - PL_{u1})$。

(3) $L_{u1} = L_{u2}$，$PL_{u1} = PL_{u2}$，$L_{u2} = L_u$，$PL_{u2} = P$。

重复步骤 (1)、(2)，直到达到收敛条件。

斜拉桥中的单索问题一般分为两类：① 已知节点坐标和 L_u，求索端力；② 已知节点坐标和任意一端索力分量，求 L_u 和其他索端力分量。

7.2 CFRP 斜拉索的静力特性分析

7.2.1 索形-索力关系分析

设 CFRP 单索无应力长度 $L_u = 1000\text{m}$，$w = 17.45\text{kN/m}^3$，$A = 5.02 \times 10^{-4}\text{m}^2$，$E = 1.47 \times 10^{11}\text{N/m}^2$。左端点固定，右端点索力变化，利用悬链线单元，沿无应力索长计算了 100 个点的坐标，用样条曲线拟合得到 CFRP 单索无应力长度下右端索力变化时的索形图如图 7-7 所示。

由图 7-7 可知，CFRP 索无应力长度下的右端索力水平分力分别为 533.98N、1601.21N、3851.86N、67358.59N 和 10521253.84N；考虑同截面的钢索，对应的右端索力水平分量分别为 2356.44N、7064.90N、17057.92N、199019.64N 和 14021607.40N，分别是 CFRP 索右端索力水平分量的 4.21、4.21、4.23、2.95、1.33 倍。

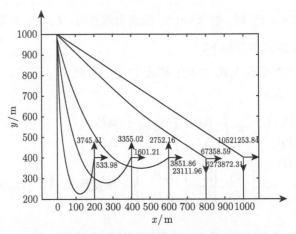

图 7-7　CFRP 拉索右端索力和索形的变化图

图 7-8 为 CFRP 索和钢索右端索力水平分量随水平投影长度变化的对比。由图 7-8 可知，当拉索的无应力长度远大于索的水平投影长度时，钢索与 CFRP 索的索端力比值为 4.21，与两种材料重度比相同；随着水平投影长度的增加，由于无应力长度不变，索端力开始增加 (图 7-7)。当斜拉索的水平投影长度超过无应力长度后，即 $L_H/L_u > 0.8$，索形为直线 (图 7-7)，索端力急剧增加，CFRP 索与钢索索力水平分量的比值迅速减小 (图 7-8)。图 7-9 为两种索索力竖向分力的变化曲线。结合图 7-7～ 图 7-9 可知，在 $L_H/L_u < 0.8$ 时，索力竖向分力变化趋势不变，数值变化较小；随着 L_H 的增加，在 $L_H/L_u = 0.8$ 时，索端力急剧变化，随着 L_H/L_u 数值的继续增大，最终 CFRP 索与钢索索端力比值趋于相同。

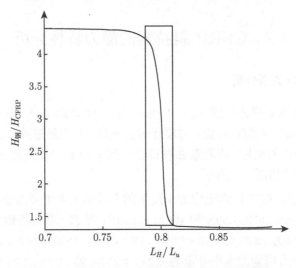

图 7-8　钢索和 CFRP 索水平分力比值关系图

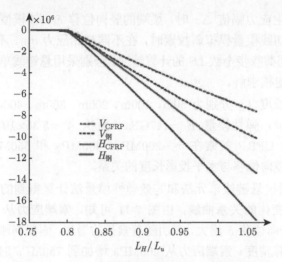

图 7-9 CFRP 索和钢索索力竖向分力的变化曲线

7.2.2 等效弹性模量应用于 CFRP 索计算的适用范围分析

考虑到索垂度效应情况下，已有的文献表明，当水平投影长度超过 300m 时，应用等效弹性模量法进行斜拉索计算就会引起较大的误差。对于 CFRP 索，由于其重力刚度明显小于钢绞线拉索，目前采用最广泛的等效弹性模量法适用 CFRP 索计算的范围值得研究。

索塔端点 j 固定，梁端点水平方向受约束，而竖直方向可以自由移动，如图 7-10 所示。已知斜拉索的初始端点坐标 (x_{i0}, y_{i0})、(x_{j0}, y_{j0}) 和梁端初始应力 σ_{j0}，

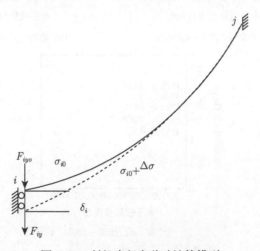

图 7-10 斜拉索竖向移动计算模型

求斜拉索梁端发生应力幅值 $\Delta\sigma$ 时，梁端的竖向位移 δ_i。该模型主要用来研究采用 Ernst 公式的切线模量模拟斜拉索时，在不同初始应力 σ_{j0}、不同应力幅值 $\Delta\sigma$ 情况下，采用不同荷载步个数 LS 的计算精度。分别采用悬链线单元法和等效弹性模量法两种方法建模求解。

对水平投影长度 L_x 分别为 50m、100m、200m、300m、400m、500m、600m，水平线夹角为 30°，弹性模量 E =147GPa，面积 A =5.35×10^{-3}m^2，单位重量 w =95.21N/m 的 CFRP 拉索在 σ_0=200MPa、400MPa 和 550MPa 时进行计算，计算三种情况下竖向位移与水平投影长度的关系。

图 7-11 为通过悬链线单元法和等效弹性模量法计算得到的索端竖向位移 δ 随水平投影长度变化的关系曲线。由图 7-11 可知，索端应力从 200MPa 增加到 400MPa 时，索竖向位移 δ 增大，表明随着索长的增加，索竖向刚度降低，增加迭代次数可提高计算精度。索端应力从 400MPa 增加到 750MPa 时，水平投影长度 L_x 增大，索端竖向位移 δ 随水平投影长度 L_x 的变化近似为直线，表明随着应力的增加，重力刚度对索端竖向位移 δ 的影响变小。悬链线单元法和等效弹模法增加迭代次数对计算精度影响较小。

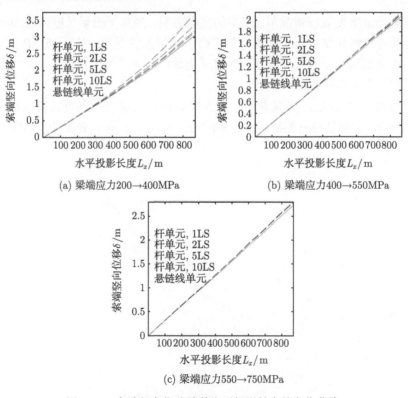

(a) 梁端应力200→400MPa   (b) 梁端应力400→550MPa

(c) 梁端应力550→750MPa

图 7-11   索端竖向位移随着水平投影长度的变化曲线

图 7-12 为水平投影长度 L_x 变化时，等效弹性模量法计算索端竖向位移 δ 的相对误差关系。由图 7-12 可知，迭代次数较少时，水平投影长度 L_x 越大，计算误差越大。等效弹模法的计算精度可通过增加荷载步个数来提高。对无应力水平投影 L_x 为 1000m 时，索端应力 200→400MPa、400→550MPa、550→750MPa 时，采用 1→2→5→10 个荷载步，等效弹模法计算的相对误差分别为 24.27%→10.57%→4.71%→3.03%；3.02%→1.98%→1.43%→1.25%；4.75%→4.23%→1.94%→1.85%。

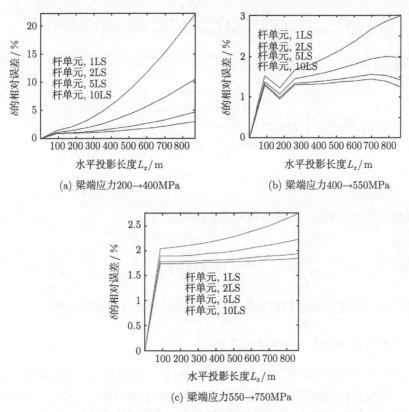

(a) 梁端应力200→400MPa　　　　　(b) 梁端应力400→550MPa

(c) 梁端应力550→750MPa

图 7-12　等效弹性模量法计算相对误差随着水平投影长度变化的曲线

对图 7-11 和图 7-12 综合分析可知，增加迭代次数可以减小长索的计算误差，但对竖向分力误差影响较小；低应力水平下的索，较大的索端竖向位移 δ 对张拉工况计算影响较大；高应力状态下的 CFRP 索，索端竖向位移 δ 小，计算误差小。

综合上述 CFRP 斜拉索的静力特性分析可得出以下结论：

CFRP 索的非线性力学行为在 $L_x < 500$m 的情况下仍可线性表达。增加迭代次数后，用等效弹性模量法可取得较好的计算精度。随着 CFRP 索应力的增大，用等效弹性模量法得到的索切线刚度大于用悬链线单元法得到的索切线刚度。

7.2.3　CFRP 斜拉索的静力参数特性分析

1. 斜拉索的刚度系数

斜拉索垂度引起的几何非线性是斜拉桥计算中必须考虑的非线性因素。其切线刚度由两部分组成：弹性刚度和重力刚度。根据拉索实际索形导出拉索的弹性刚度表达式为

$$K_e = \frac{EA}{\cos^2\theta_0 S[1 + (\tan^2\theta_A + \tan^2\theta_B + \tan\theta_A\tan\theta_B)]} \tag{7-44}$$

重力刚度表达式为

$$K_g = \frac{H\sqrt{h^2 + 4a^2\sinh^2\dfrac{L_X}{2a}}}{\cos\theta_0\left[2aL\sinh\dfrac{L_X}{2a}\cosh\dfrac{L_X}{2a} - \left(2a\sinh\dfrac{L_X}{2a}\right)^2\right]} \tag{7-45}$$

式中，$a = H/w$。

根据式 (7-44) 和式 (7-45)，拉索的切线刚度为

$$K_1 = \frac{K_e}{1 + K_e/K_g} \tag{7-46}$$

对式 (7-46) 近似处理后得到的公式与 Ernst 公式计算结果相同。

2. 斜拉索的竖向索力分量等效系数

斜拉索索力分量等效系数反映了由于斜拉索垂度引起的索力分量的变化，索力分量的等效系数越接近于 1，表示用直杆单元模拟斜拉索力分量的误差越小。在张拉阶段，它直接反映索力张拉对结构的效应；在使用阶段，它反映斜拉索对结构的支承效应，是由斜拉索垂度效应引起的支承效果折减。索力分量等效系数定义为

$$k = \frac{F_{1V}}{F_{2V}} \tag{7-47}$$

式中，k 为索力分量等效系数；F_{1V} 为悬链线单元计算的竖向索力分量；F_{2V} 为单直杆单元计算的竖向索力分量。

图 7-13 为斜拉索索端竖向分力等效系数变化曲线。

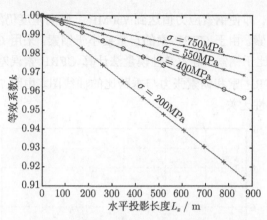

图 7-13　斜拉索索端竖向分力等效系数变化曲线

由图 7-13 可以看出，随着索的水平投影长度 L_x 的增大，相同应力水平的索力分量等效系数呈现线性递减的变化趋势；在索水平投影长度 L_x 相同的情况下，随着索应力的增大，索力分量等效系数 k 越大。

3. 斜拉索的垂度效应

假设索曲线为抛物线，斜拉索的最大竖向垂度为

$$f_v = \frac{\gamma L_x^2}{8\sigma} \tag{7-48}$$

式 (7-48) 计算索的垂度有很高的精度，如果取 $\gamma_s = 80\mathrm{kN/m^3}$，$\gamma_c = 16\mathrm{kN/m^3}$，则在相同应力下的拉索，CFRP 索的垂度为钢索的 1/5。

图 7-14 给出了不同应力水平下，钢索和 CFRP 索最大竖向垂度 f_v 随着索的水平投影长度 L_x 的变化情况。从图 7-14 可以看出：随着 L_x 的增大，f_v 的增加速

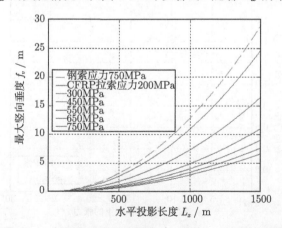

图 7-14　斜拉索最大竖向垂度 f_v 随着 L_x 的变化曲线

度要明显小于钢索。即使钢索应力值达到 750MPa，竖向垂度仍然大于应力值仅为 200MPa 的 CFRP 索。由于 CFRP 索的自重要小于钢索，采用 CFRP 拉索的垂度影响明显减小，相比于钢索，等效弹性模量法计算 CFRP 索误差较小。

图 7-15 为 CFRP 索和钢索张力与垂跨比的曲线图。由图 7-15 可知，索的垂跨比与索的材料特性无关。

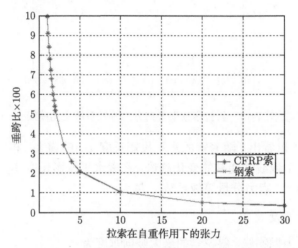

图 7-15　两种拉索在不同张力下的垂跨比

图 7-16 给出了水平拉索的张力和弦向位移与跨径比值关系曲线。可以看出，随着拉索的张力增加，CFRP 索的弦向位移和跨径的比值与钢索相比，逐渐趋向于常数，是由于钢索的垂度效应明显高于 CFRP 索，这也从另一方面证明了 CFRP 索的优越性。

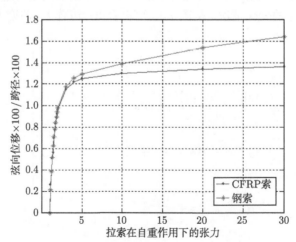

图 7-16　两种拉索在不同张力下的位移

综合上述 CFRP 斜拉索的静力参数特性分析, 可得出以下结论。

(1) 在一定的初始应力下, 利用 Ernst 公式模拟 CFRP 索得到的切线刚度具有较好的精确度。

(2) CFRP 索的切线刚度小于钢索。

(3) 利用直杆单元模拟 CFRP 索, 在容许应力范围内能满足工程精度要求。

(4) 同应力状态下, CFRP 索的垂度约为钢拉索的 1/5; 索的垂跨比与拉索的材料特性无关; CFRP 索的弦向位移与跨径的比值要小于钢索。

7.3　CFRP 斜拉索的动力参数特性分析

7.3.1　单索的动力特性

常见的单索的空间自由振动可分解为三种形式: 平面内振动、平面外振动和沿着拉索轴向的弦向振动。进行单索的动力特性分析时的基本假定如下: ①忽略拉索截面的抗弯刚度、抗扭刚度, 拉索是理想柔性索; ②拉索仅受拉; ③索材料基本力学特性符合胡克定律; ④忽略拉索轴向振动时轴向变形对索动力学特性的影响。

1. 单索振动的基本方程

由达朗贝尔原理, 小垂度水平单索空间三维自由振动方程为

$$\left. \begin{array}{r} \dfrac{\partial}{\partial s}\left[(T+\tau)\left(\dfrac{\mathrm{d}x}{\mathrm{d}s}+\dfrac{\partial u}{\partial s}\right)\right]=m\dfrac{\partial^2 u}{\partial t^2} \\[3mm] \dfrac{\partial}{\partial s}\left[(T+\tau)\left(\dfrac{\mathrm{d}t}{\mathrm{d}s}+\dfrac{\partial w}{\partial s}\right)\right]=m\dfrac{\partial^2 w}{\partial t^2}-mg \\[3mm] \dfrac{\partial}{\partial s}\left[(T+\tau)\dfrac{\mathrm{d}v}{\mathrm{d}s}\right]=m\dfrac{\partial^2 v}{\partial t^2} \end{array} \right\} \tag{7-49}$$

式中, T 为索的初张力; τ 为索的动张力增量; u 为索的轴向位移; v 为索的面内竖向位移; w 为索的面外位移; m 为索的单位长度质量。

小垂度状况下, 索仅作偏离平衡位置的小振幅振动, 索的初张力 T 和初始弦向张力 H 相等, 动张力增量 τ 和动弦向张力 h 相等, $\mathrm{d}x/\mathrm{d}s=1$, 方程 (7-49) 可简化为

$$\frac{\partial}{\partial s}\left[(H+h)\left(1+\frac{\partial u}{\partial s}\right)\right]=m\frac{\partial^2 u}{\partial t^2} \tag{7-50a}$$

$$\frac{\partial}{\partial s}\left[(H+h)\left(\frac{\mathrm{d}z}{\mathrm{d}x}+\frac{\partial w}{\partial s}\right)\right]=m\frac{\partial^2 w}{\partial t^2}-mg \tag{7-50b}$$

$$\frac{\partial}{\partial s}\left[(H+h)\frac{\mathrm{d}v}{\mathrm{d}x}\right]=m\frac{\partial^2 v}{\partial t^2} \tag{7-50c}$$

式中，H 为索的弦向初张力；h 为索的弦向动张力增量，小垂度状况下，忽略索的弦向振动。式 (7-50) 可简化为

$$H\frac{\partial^2 w}{\partial x^2} + h\frac{\partial^2 y}{\partial x^2} = m\frac{\partial^2 w}{\partial t^2} \tag{7-51a}$$

$$H\frac{\partial^2 v}{\partial x^2} = m\frac{\partial^2 v}{\partial t^2} \tag{7-51b}$$

设索的一微段变形前后的长度分别为 s 和 s'，则

$$ds^2 = dx^2 + dz^2$$

$$ds'^2 = (dx + du)^2 + (dz + dw)^2$$

对于小垂度索，有

$$\frac{ds' - ds}{ds} = \frac{du}{ds}\frac{dx}{ds} + \frac{dz}{ds}\frac{dw}{ds} + \frac{1}{2}\left(\frac{dw}{ds}\right)^2$$

由胡克定律 $\dfrac{\tau}{EA} = \dfrac{ds'}{ds}$，同时根据定义，$\tau = hds/dx$；综合两式，可得

$$\int_0^l \frac{h\,(ds/dx)^3}{EA}dx = \int_0^l \frac{\partial u}{\partial x}dx + \int_0^l \frac{dy}{dx}\frac{\partial v}{\partial x}dx$$

分部积分可得 $\dfrac{hL_e}{EA} = \dfrac{mg}{H}\displaystyle\int_0^l wdx$。其中，

$$L_e = \int_0^l (ds/dx)^3 dx \approx L\left[1 + \frac{1}{8}\left(\frac{mgL}{H}\right)^2\right] = L\left[1 + \frac{1}{8}\left(\frac{d}{L}\right)^2\right],$$

是拉索简化为抛物线后的拉索长度。

2. 索平面外振动

令 $v(x,t) = \bar{v}(x)e^{iwt}$，$w$ 为振动圆频率，代入式 (7-51b)，可得

$$H\frac{\partial^2 \bar{v}}{\partial x^2} + mw^2\bar{v} = 0 \tag{7-52}$$

当 $\bar{v}(0) = \bar{v}(l) = 0$ 时，索平面外频率及振型分别为

$$w_n = \frac{n\pi}{l}\left(\frac{H}{m}\right)^{0.5} \tag{7-53}$$

$$\bar{v}_n = A_n \sin\frac{n\pi x}{l} \tag{7-54}$$

3. 平面内振动

当 $\int_0^L w \mathrm{d}x = 0$ 时，$h = 0$。令 $w(x,t) = \tilde{w}(x)\mathrm{e}^{\mathrm{i}wt}$，代入式 (7-53) 和式 (7-54)，可得

$$w_n = \frac{2n\pi}{l}\left(\frac{H}{m}\right)^{0.5} \tag{7-55}$$

$$\overline{v}_n = A_n \sin\frac{2n\pi x}{l} \tag{7-56}$$

式中，$n = 1, 2, 3, \cdots$ 为单索的第 n 阶面内反对称振型。

索的轴向耦合振动振型解为

$$\tilde{u}_n = -\frac{1}{2}\frac{mgl}{H}A_n\left[\left(1 - \frac{2x}{l}\right)\sin\left(\frac{2n\pi x}{l}\right) + \frac{1 - \cos(2n\pi x/l)}{n\pi}\right] \tag{7-57}$$

式中，A_n 为面内反对称振型第 n 阶振型的振幅。索的垂度很小时，$mg/H \to 0$，索平面内反对称振幅可忽略。

索微段上的动张力增量为

$$\frac{\tilde{h}_n(x)}{H} = -\frac{mgl}{H}\frac{A_n}{l}\left[n\pi\left(1 - \frac{2x}{l}\right) + \sin\left(\frac{2n\pi x}{l}\right)\right] \tag{7-58}$$

索平面内对称振动时，索内会产生附加的动张力增量。令 $w(x,t) = \tilde{w}(x)\mathrm{e}^{\mathrm{i}wt}$，$h(x,t) = \tilde{h}(x)\mathrm{e}^{\mathrm{i}wt}$，代入式 (7-52)，可得

$$H\frac{\partial^2 \tilde{w}}{\partial x^2} + mw_s\tilde{w} = \frac{mg}{H}\tilde{h} \tag{7-59}$$

边界条件取 $\tilde{w}(0) = \tilde{w}(l) = 0$，解得

$$\tan\frac{\eta}{2} = \frac{\eta}{2} - \frac{4}{\lambda^2}\left(\frac{\eta}{2}\right)^3 \tag{7-60}$$

$$\begin{cases} \eta = \dfrac{w_s l}{\sqrt{H/m}} \\ \lambda^2 = (mgl/H)^2\, L\big/(HL_e/EA) \end{cases} \tag{7-61}$$

振型函数为

$$\tilde{w} = \frac{\tilde{h}m^2}{w_s^2 H}\left(1 - \tan\frac{w_s l}{2\sqrt{\dfrac{H}{m}}}\sin\frac{w_s}{\sqrt{\dfrac{H}{m}}}x - \cos\frac{w_s}{\sqrt{\dfrac{H}{m}}}x\right) \tag{7-62}$$

λ^2 可用于考察拉索参数对索动力特性的影响，对于斜拉桥的倾斜拉索，由于其通常有一水平倾角，所以需要考虑拉索倾角的影响，即

$$\lambda^2 = (mgL\cos\theta/T)^2 L/(TL_e/EA) = (\rho AgL\cos\theta/A\sigma)^2 L/(A\sigma L_e/EA)$$
$$= (\rho g\cos\theta)^2 EL^3/\sigma^3 L_e \tag{7-63}$$

式中，$L_e = L\left[1 + \dfrac{1}{8}\left(\dfrac{mgL\cos\theta}{H}\right)^2\right] = L\left[1 + \dfrac{1}{8}\left(\dfrac{d}{L}\right)^2\right]$ 为将拉索的静力平衡线性简化为抛物线形式后的拉索长度。

$$d = (\rho g\cos\theta)/8H \tag{7-64}$$

由式 (7-63) 可知，σ 对应的索设计应力变化不大，弹性模量 E 基本不变，λ^2 正比于 L^2 的变化，与索的垂度变化趋势一致。索倾角对拉索的振动特性的影响较小，对于线性化的结果，拉索自重影响索的动力特性。

拉索轴向耦合振动振型解得

$$\tilde{u} = \frac{\tilde{h}(mgl^2)^2}{\eta^2 H^2 l}\left\{\frac{\eta^2}{\lambda^2}\frac{l_x}{l} - \frac{1}{2}\left(1 - \frac{2x}{l}\right)\left(1 - \tan\frac{\eta}{2}\sin\frac{\eta x}{l} - \cos\frac{\eta x}{l}\right)\right.$$
$$\left. - \frac{1}{\eta}\left[\frac{\eta x}{l} - \tan\frac{\eta}{2}\left(1 - \cos\frac{\eta x}{l}\right) - \sin\frac{\eta x}{l}\right]\right\} \tag{7-65}$$

式中，$l_x = \left\{\dfrac{x}{l} + \dfrac{3}{8}\left(\dfrac{mgl}{H}\right)^2\left[\dfrac{x}{l} - 2\left(\dfrac{x}{l}\right)^2 + \dfrac{4}{3}\left(\dfrac{x}{l}\right)^3\right]\right\}$。

由式 (7-65) 可知，索平面内对称振动时，索振动引起的索轴向振动为反对称形式。由式 (7-65) 得到的结论建立在固定拉索的竖向振动情况下，索在三维坐标系内自由振动时，竖向振动和纵向振动表现为耦合形式。

7.3.2　索振频率分析

索平衡位置的自由振动的运动方程为

$$M\ddot{\delta} + K\delta = 0 \tag{7-66}$$

式中，M 为索的质量矩阵；K 为索的刚度矩阵。

式 (7-66) 的解可假定为

$$\delta = \Phi e^{iwt} \tag{7-67}$$

将式 (7-67) 代入式 (7-66)，解得特征方程为

$$K\Phi = w^2 M\Phi \tag{7-68}$$

索振频率问题转化为求解方程 (7-68) 的特征值问题, 由式 (7-68) 可求得索的固有频率和振型。

由于 CFRP 索应用于长大跨斜拉桥仍处于应用研究探索阶段, 本章以苏通长江公路大桥的一根尾索为原型, 在索竖向分力相等的原则下进行 CFRP 索基本动力学特性分析参数的确定, 相应的斜拉索的基本指标参见表 7-1。

表 7-1　斜拉索基本指标

材料	拉索弦长 /m	水平张力 T/kN	截面积 A/m^2	弹性模量 E/MPa	倾角 θ/(°)	密度 ρ /(kg/m^3)	λ^2
钢拉索	650	5.96×10^3	0.01274	2.0×10^{11}	24.62°	7850	3.14
CFRP 拉索	650	5.35×10^3	0.01274	1.5×10^{11}	24.62°	1600	0.1415

改变结构的垂度, 其他参数不变, 研究索的自振频率与垂度的关系, 计算结果如表 7-2 所示。

表 7-2　CFRP 斜拉索自振频率随着垂度变化的比较

垂度f/m	拉索类型	λ^2	自振频率/Hz				
			f_1	f_2	f_3	f_4	f_5
1/600	CFRP	0.0232	0.5567(正)	1.1109(反)	1.6625(正)	2.2096(反)	2.7506(正)
	钢拉索	0.0060	0.5648(正)	1.1277(反)	1.6877(正)	2.2430(反)	2.7922(正)
1/500	CFRP	0.0402	0.5081(正)	1.0131(反)	1.5163(正)	2.0152(反)	2.5086(正)
	钢拉索	0.0105	0.5139(正)	1.0259(反)	1.5354(正)	2.0406(反)	2.5403(正)
1/400	CFRP	0.0789	0.4548(正)	0.9053(反)	1.3550(正)	1.8008(反)	2.2417(正)
	钢拉索	0.0208	0.4582(正)	0.9144(反)	1.3684(正)	1.8187(反)	2.2641(正)
1/300	CFRP	0.1882	0.3952(正)	0.7833(反)	1.1724(正)	1.5581(反)	1.9396(正)
	钢拉索	0.0500	0.3960(正)	0.7892(反)	1.1811(正)	1.5698(反)	1.9541(正)
1/200	CFRP	0.6414	0.3281(正)	0.6389(反)	0.9566(正)	1.2710(反)	1.5822(正)
	钢拉索	0.1716	0.3238(正)	0.6422(反)	0.9612(正)	1.2774(反)	1.5903(正)
1/100	CFRP	5.2556	0.2685(正)	0.4513(正)	0.6773(正)	0.8978(反)	1.1180(正)
	钢拉索	1.418	0.2389(正)	0.4524(反)	0.6776(正)	0.9000(反)	1.1205(正)
1/80	CFRP	10.384	0.2709(正)	0.4034(反)	0.6072(正)	0.8026(反)	0.9999(正)
	钢拉索	2.803	0.2236(正)	0.4043(反)	0.6061(正)	0.8044(反)	1.0016(正)
1/60	CFRP	58.34	0.2948(反)	0.3493(正)	0.5307(反)	0.6950(正)	0.8666(反)
	钢拉索	6.775	0.2157(正)	0.3497(反)	0.5254(正)	0.6960(反)	0.8669(正)
1/40	CFRP	86.92	0.2845(反)	0.3522(正)	0.4698(反)	0.5671(正)	0.7111(反)
	钢拉索	23.632	0.2345(正)	0.2851(反)	0.4328(正)	0.5676(反)	0.7078(正)
1/20	CFRP	747.72	0.1996(反)	0.2850(正)	0.3995(反)	0.4856(正)	0.5944(反)
	钢拉索	203.28	0.1996(反)	0.2766(正)	0.3984(反)	0.4125(正)	0.5123(反)
1/10	CFRP	6408	0.1369(反)	0.2007(正)	0.2790(反)	0.3463(正)	0.4165(反)
	钢拉索	1742.6	0.1369(反)	0.2004(正)	0.2791(反)	0.3429(正)	0.4166(反)

由表 7-2 可知, 钢拉索的垂度在 f=1/600~1/40 时, 一阶自振频率的振型均为

正对称振型，当垂度达到 $f=1/20$ 时，一阶振型变为反对称振型；而 CFRP 斜拉索的垂度在 $f=1/600\sim1/80$ 时，一阶自振频率的振型均为正对称振型，当垂度达到 $f=1/60$ 时，一阶振型变为反对称振型。振型图如图 7-17 所示，由图中可以看到，随着垂度的增加，CFRP 斜拉索的单波一阶正对称振型逐渐消失，变为三个半波的正对称振型。

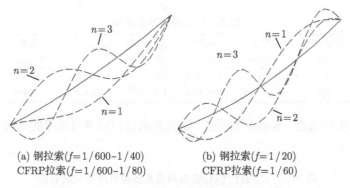

(a) 钢拉索($f=1/600\sim1/40$)　　　　(b) 钢拉索($f=1/20$)
　　CFRP拉索($f=1/600\sim1/80$)　　　　CFRP拉索($f=1/60$)

图 7-17　CFRP 斜拉索振型与垂度的关系

由表 7-2 可知，对于 CFRP 索和钢索，索无量纲参数 λ 相同，自振频率不变，由于 CFRP 自重轻，在拉力相同的情况下，CFRP 索的垂度是钢索的垂度的 1/5，相应 CFRP 索的 λ 值要远小于钢索。垂度相同的 CFRP 索和钢索的自振频率几乎相同。

在索结构的静力分析中，一般认为参数 $K > 1.5$ 可按张紧钢弦计算，其中 K 的定义表达式为

$$\left.\begin{aligned}K = H/\beta \\ \beta = \left(\frac{w^2 l^5 AE}{24L^3}\right)^{1/3}\end{aligned}\right\} \tag{7-69}$$

式中，H 为索力的水平分量；l 为索的水平投影长度；w 为索的单位长度质量；A 为索的截面面积；E 为索的弹性模量；L 为索的弦长，$L = l/\cos\theta$。

有垂度的索的 λ^2 的表达式为

$$\lambda^2 = \frac{EAw^2l^2L}{T^3 L_e} \tag{7-70}$$

式中，T 为斜拉索张力；L_e 为斜拉索索长。

$$L_e = L\left[1 + \frac{1}{8}\left(\frac{f}{L}\right)^2\right] \tag{7-71}$$

在垂度很小的情况下，$L_e \approx L$，$T \approx H/\cos\theta$，代入得到

$$K \approx \frac{2.8845}{(\lambda^2)^{1/3}} \tag{7-72}$$

表 7-3 是按有垂度索结构和张紧弦结构动力特征随不同垂度变化的计算结果比较。当 $K > 1.5$ 时，有 $\lambda^2 < 7.07$，但从表 7-3 的计算结果来看，当 $\lambda^2 < 0.6414$ 即垂度比小于 $1/200$，$K > 3.34$ 时，CFRP 索按照张紧弦的一阶频率计算结果误差较小；当 $\lambda^2 > 0.6414$ 时，一阶张紧弦自振频率误差超过容许范围。

表 7-3　CFRP 斜拉索自振频率计算结果与张紧弦计算结果比较

垂跨比	λ^2	自振频率/Hz								
		正对称			反对称			正对称		
		索	弦	Δ/%	索	弦	Δ/%	索	弦	Δ/%
1/600	0.0232	0.5567	0.5609	0.754	1.1109	1.1202	0.837	1.6625	1.6765	0.842
1/500	0.0402	0.5081	0.5107	0.511	1.0131	1.0201	0.690	1.5163	1.5266	0.679
1/400	0.0789	0.4548	0.4553	0.109	0.9053	0.9093	0.441	1.355	1.3608	0.428
1/300	0.1882	0.3952	0.3923	0.733	0.7833	0.7835	0.025	1.1724	1.1725	0.00853
1/200	0.6414	0.3281	0.3173	3.291	0.6389	0.6338	0.798	0.9566	0.9485	0.846
1/100	5.2556	0.2685	0.2184	18.659	0.4513	0.4363	3.323	0.6773	0.6529	3.602
1/80	10.384	0.2709	0.1927	28.86	0.4034	0.3847	4.635	0.6072	0.5876	3.227
1/60	58.34	—	—		0.2948	0.2875	2.476	0.3493	0.3386	3.063
1/40	86.92	—	—		0.2458	0.253	2.929	0.3522	0.3687	4.685
1/20	747.72	—	—		0.1996	0.1478	25.951	0.285	0.2226	21.894

7.4　本章小结

本章总结分析了各种斜拉索计算分析理论，详细探讨了基于悬链线索单元的 CFRP 斜拉索静动力学分析的方法体系，将其用于不同长度、不同应力水平的斜拉索特性分析，并对 CFRP 斜拉索的静动力学特性与传统钢拉索进行对比分析，得出一系列有意义的结论。

(1) 从本章推导的斜拉索的切线刚度与采用等效弹性模量法模拟斜拉索的计算结果比较可以看出，采用 Ernst 公式模拟 CFRP 斜拉索得到的切线刚度在一定的初始应力下有较高的精确度。

(2) 在 EA/T 相同的情况下，CFRP 索的切线刚度小于钢索的切线刚度。

(3) 同应力状态下，CFRP 索的垂度约为钢索的 $1/5$；索的垂跨比与索的材料特性无关。

(4) 随着垂度的增大，CFRP 索一阶振型由单波正对称振型向反对称振型过渡，当 $\lambda^2 > 40$ 时，单波正对称一阶振型消失。

　　(5) 索垂跨比小于 1/100 或大于 1/40 时，CFRP 索和钢索自振频率低；垂跨比在 1/100~1/40 时，CFRP 索的自振频率高。

　　(6) 当 $\lambda^2 < 0.6414$ 时，CFRP 索按照张紧弦的一阶频率计算结果误差在工程容许误差范围以内。

参 考 文 献

[1]　沈世钊, 徐崇宝, 赵臣. 悬索结构设计 [M]. 北京: 中国建筑工业出版社, 1997.

[2]　李寿英, 顾明, 陈政清. 阻尼器对拉索风雨激振的控制效果研究 [J]. 工程力学, 2006, 24(8): 1-8.

[3]　刘万峰. 黏性剪切型阻尼器在斜拉桥拉索减振中的研究 [D]. 西安: 西安公路交通大学, 1999.

[4]　Costa A, Brancof M. Oscillations of bridge stay cables induced by periodicmotions of deck or towers[J]. Journal of Engineering Mechanics, 1996, 122(7): 613-621.

[5]　亢战, 钟万勰. 斜拉桥参数共振问题的数值研究 [J]. 土木工程学报, 1998, 31(8): 14-24.

[6]　Lilien J L, Costa A P D. Vibration amplitudes caused by parametric excitation of cable stayed structures[J]. Journal of Sound and Vibration, 1994, 174 (2): 69-90.

[7]　Geurts C, Vrouwenvelder T, van Staalduien P, et al. Numerical modelling of rain-wind-induced vibration: erasmus bridge, rotterdam [J]. Structural Engineering International, 1998, 8(2): 129-135.

[8]　Fujiwara T, Tamakoshi T, Ueda T, et al. Characteristics of vibration of a complex multi-cable stayed bridge[J]. Journal of Structural Engineering, 1993, (39A): 831-839.

[9]　日本本州四国联络桥公团第三建设局向岛工事事务所. 多多罗大桥振动实验结果速报 [R]. 1998.

[10]　谢旭. 桥梁结构地震响应分析与抗震设计 [M]. 北京: 人民交通出版社, 2006.

[11]　布占宇, 吕忠达, 徐爱敏, 等. 考虑索局部振动的斜拉桥动力特性研究 —— 杭州湾跨海大桥北航道桥动力特性分析 [J]. 浙江大学学报:(工学版), 2005, 39(1): 143-147.

[12]　布占宇. 斜拉桥地震响应分析中的索桥耦合振动和阻尼特性研究 [D]. 杭州: 浙江大学, 2005.

[13]　Abdel-Ghaffar A M, Khalifa M A. Importance of cable vibration in dynamics of cable-stayed bidges[J]. Journal of Engineering Mechanics, 1991, 117(11): 2571-2589.

[14]　Caetano E, Cunha A, Taylor C A. Investigation of dynamic cable-deck interaction in a physical model of a cable-stayed bridge. part Ⅰ: modal analysis[J]. Earthquake Engineering and Structural Dynamics, 2000, 29: 481-498.

[15]　Caetano E, Cunha A, Taylor C A. Investigation of dynamic cable-deck interaction in a physical model of a cable-stayed bridge. part Ⅱ: seismic response[J]. Earthquake Engineering and Structural Dynamics, 2000, 29: 499-521.

[16] Inoue K, Sugimoto H, Morishita K. et al. Study on additional mass to the cable-stayed bridge as a countermeasure against great earthquake[J]. Journal of Structural Mechanics and Earthquake Engineering, 2002, 703(I-59): 29-38.

[17] A Li H M, Abdel-Ghaffar A M. Modeling the nonlinear seismic behavior of cable-stayed bridges with passive control bearings[J]. Computers and Structures, 1995, 54(3): 461-494.

[18] Wu Q, Takahashi K, Okabayashi T, et al. Response characteristics of local vibrations in stay cables on an existing cable-stayed bridge[J]. Journal of Sound and Vibration, 2003, 261: 403-420.

[19] Faraday M. Further observations on associated cases in electric induction of current and static effects[J]. Journal of the Franklin Institute, 1855, 59(6):402-409.

[20] Yamaguchi H, Fujino Y. Stayed cable dynamic and its vibration control[C]//Bridge Aerodynamics. Rotterdam: Balkema, 1998: 235-253.

[21] 康厚军, 赵跃宇, 蒋丽忠. 参数振动和强迫振动激励下超长拉索的面内非线性振动 [J]. 中南大学学报 (自然科学版), 2011, 42(8):2439-2445.

[22] 杨素哲, 陈艾荣. 超长斜拉索的参数振动 [J]. 同济大学学报 (自然科学版), 2005, 33(10): 1303-1308.

[23] 李静辉, 贾杰. 大跨度斜拉桥拉索非线性参数振动研究 [J]. 黑龙江大学自然科学学报, 2012, 29(5): 566-574.

[24] 陈水生. 大跨度桥梁斜拉索的振动及被动、半主动控制 [D]. 杭州: 浙江大学, 2002.

[25] 李凤臣. 大跨度桥梁斜拉索的参数振动及索力识别研究 [D]. 哈尔滨: 哈尔滨工业大学, 2009.

[26] 李凤臣, 田石柱, 欧进萍. 大跨度斜拉桥拉索的参数振动 [J]. 沈阳建筑大学学报 (自然科学版), 2008, 24(5):737-744.

[27] 于岩磊. 风作用下大跨斜拉网格结构参数振动及其模态跃迁研究 [D]. 哈尔滨: 哈尔滨工业大学, 2010.

[28] 梅葵花, 吕志涛. CFRP 在超大跨悬索桥和斜拉桥中的应用前景 [J]. 桥梁建设, 2002, 2: 75-78.

[29] Pascalklein N W. Carbon fiber products(CFRP)—a construction material for the next century[C]//Proceedings of the 13th FIP Congress, Amster-dam: A A Balkema Publishers, 1998: 69-74.

[30] 夏桂云, 李传习, 张建仁. 斜拉索非线性分析 [J]. 长沙交通学院学报, 2001, 17(1): 47-50.

[31] Ahmadi-Kashani K, Bell A J. The analysis of cables subject to uniformly distributed loads[J]. Engineering Structures, 1988, 10: 174-184.

[32] 杨琪, 李乔. 大跨度斜拉桥静力、动力和稳定智能仿真分析 [J]. 中南公路工程, 2001, 26(3): 32-35.

[33] Gambhir M L, Batchelor B A. A finite element for 3-D prestressed cable nets[J]. International Journal for Numerical Methods in Engineering, 1977, 11(11): 1699-1718.

[34] Ozdemir H. A finite element approach for cable problems[J]. International Journal of Solids and Structures, 1979, 15: 427-437.

[35] 袁行飞, 董石麟. 二节点曲线索单元非线性分析 [J]. 工程力学, 1999, 16(4): 59-64.

[36] 唐建民. 基于欧拉描述的两节点索单元非线性有限元法 [J]. 上海力学, 1999, 20(1): 89-94.

[37] 唐建民, 卓家寿. 拉索弯顶结构非线性分析的混合有限元增量法 [J]. 计算力学学报, 2000, 17(1): 81-88.

[38] 杨孟刚, 陈政清. 两节点曲线索单元精细分析的非线性有限元法 [J]. 工程力学, 2003, 20(1): 42-47.

[39] 李国平. 斜拉索非线性分析的状态修正法 [J]. 同济大学学报, 2000, 28(1): 1-4.

[40] 唐建民, 何署廷. 悬索结构非线性有限元分析 [J]. 河海大学学报, 1998, 26(6): 45-49.

[41] 唐建民, 董明, 钱若军. 张拉结构非线性分析的五节点等参单元 [[J]. 计算力学学报, 1997, 14(1): 108-113.

[42] O'Brien T, Francis A J. Cable movements under two-dimensional loading[J]. Journal of Structural Engineering, 1964, 90(ST3): 89-123.

[43] O'Brien T. General solution of suspended cable problems[J]. Journal of Structural Engineering, 1967, 93(ST1):1-26.

[44] Peyrot A H, Goulois A M. Analysis of flexible transmission lines[J]. Journal of Structural Engineering, 1978, 104: 763-779.

[45] Peyrot A H, Goulois A M. Analysis of cable structures[J]. Computers and Structures, 1979, 10: 805-813.

第8章 CFRP 索斜拉试验桥静动力学
试验研究与分析

CFRP 筋 (索) 从 20 世纪 50 年代问世以来, 在航空、船舶、汽车、化工、医学和机械等工业领域得到了广泛应用, 近年来, 在土木工程中作为一种新型结构材料加以应用成为研究热点之一。CFRP 筋既可以用于增强筋, 又可用于预应力筋; 既可以用于新建结构, 又可以用于既有结构的加固补强, 在土木工程中有着广阔的应用空间[1-7]。本章以江苏大学校内国内首座 CFRP 索斜拉桥为研究对象, 介绍其静动力试验情况及有限元分析结果。

8.1 CFRP 索斜拉桥发展简介

作为世界上最早研制出碳纤维的国家, 美国在 1959 年成功研制碳纤维后, 并没有及时对其进行应用研究, 在日本取得令人瞩目的研究成果后, 欧洲和美国日益重视对 CFRP 材料的研究。欧洲的相关研究者将研究重心从 GFRP 快速转向 CFRP, 1996 年, 研究纤维聚合物增强混凝土结构的联合攻关组织成立, 建立了 FRP 筋试验方法标准和设计施工规程, 世界上第一座主跨为 61m 的 CFRP 索斜拉公路桥在瑞士 Stork 建成。同期, 美国建成了近百座应用 FRP、CFRP 材料的桥梁, 并在 2003 年出版了相应结构的设计及施工指南。加拿大则在 1995 年设立了创新结构智能传感中心, 以进一步开发 CFRP 产品。日本于 1989 年在一座混凝土桥中首次应用 CFRP 绞线作为预应力筋, 在随后的几年内, 陆续在多座预应力混凝土桥梁中探索性尝试应用 CFRP 绞线作为预应力筋。1996 年, 日本建成的全长 20m 的 CFRP 索人行试验桥使得 CFRP 筋的应用和发展进入一个全新的时代。

虽然国外对 CFRP 筋 (包括绞线和棒材) 的性能开展了研究, 但在实际工程中将 CFRP 筋作为斜拉桥拉索仍然较少, 表 8-1 为国内外已建成的几座 CFRP 索斜拉桥的应用情况。

我国在 CFRP 方面的研究起步较晚, 但研究在 "高起点发展、高水平推进、高效应用" 的方针下迅速推进。科技部、国家自然科学基金委员会对 CFRP 材料的相关研究项目进行了较大力度的资助, 东南大学吕志涛院士主持了国内首座 CFRP 索试验桥的设计和应用研究, 于 2005 年在江苏大学建造了具备试验功能、全部采用 CFRP 材料作为拉索的斜拉桥, 同时进行了相关试验研究, 取得了大量宝贵的试验数据和 CFRP 索斜拉桥建造经验。

表 8-1　目前国内外已建的应用 CFRP 拉索的斜拉桥

桥名	跨度/m	长度/m	CFRP 索应用	所在国家
I-5/Gilman 公路桥	95.3	137.2	部分使用	美国
江苏大学人行桥	30	48.4	全部使用	中国
Stork 公路桥 [8]	61	124	部分使用	瑞士
Herning 人行桥 [8]	40	80	全部使用	丹麦
Tskuba 市人行桥 [9]	11	20	全部使用	日本
Laroin 市人行桥 [10]	110	110	全部使用	法国

　　江苏大学西山人行天桥 (图 8-1) 位于校本部西区，为连接 9~16 号学生公寓与学生食堂的人行天桥，与下穿公路呈 76.5° 斜交。本桥为独塔双索面钢筋混凝土斜拉桥，是国内首座采用 CFRP 斜拉索的试验桥。跨径布置为 (30+18.4)m，采用塔梁墩固结体系，索塔为双柱式。桥梁全宽为 6.8m，其中人行道宽为 5.0m，索塔两侧各布置 4 对斜拉索。斜拉索采用 Leadline 系列碳纤维复合材料 (CFRP) 拉索及相应配套的锚具，CFRP 筋材的标准强度为 2300MPa，允许应力取 0.35 倍的标准强度，弹性模量为 1.47×10^5MPa。CFRP 拉索外包橘红色 PVC 护套。斜拉索在主跨主梁上的索距为 6.3m，在边跨主梁上的索距为 5.8m，在索塔上的索距由上至下分别为 1.2m、1.5m、1.8m。斜拉索在主梁处设为锚固端，在塔上设为张拉端。设计人群荷载为 5.5kN/m²。全桥结构如图 8-1 所示。

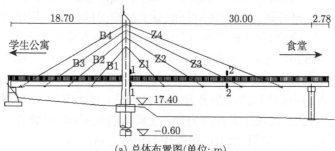

(a) 总体布置图(单位: m)

(b) 实桥外观

图 8-1　江苏大学高性能 CFRP 索斜拉桥

8.2 CFRP 索斜拉试验桥静载试验

试验荷载工况应按最不利受力状态的原则设计。在进行测试项目对应的力学参数影响线分析后，在保证试验效率的前提下，按静载等效原则设计 3~4 个荷载工况，应保证主要荷载工况[11]。

为保证试验效果，在选择试验荷载的大小和加载位置时，采用静载试验效率进行控制。

静载试验效率 η_q 可表示为

$$\eta_q = \frac{S_s}{S(1+\mu)} \tag{8-1}$$

式中，S_s 为静载试验荷载作用下控制截面内力计算值；S 为控制荷载作用下控制截面最不利内力计算值；μ 为按规范采用的冲击系数，平板挂车、履带车和重型车辆取 $\mu=0$。

η_q 值应为 0.8~1.05，当加载设备能力有限，桥梁的调查、检算工作比较完善时，η_q 值应采用低限；当缺乏桥梁计算资料，桥梁的调查、检算工作不充分，尤其是缺乏桥梁计算资料时，η_q 的值可采用高限。

在静力学荷载试验设计时，若温度变化对结构控制截面产生的不利内力影响较大，则应考虑通过适当增加静载试验效率系数弥补温度变化对结构控制截面产生的不利内力影响；否则，应选择温度稳定的季节和天气条件进行荷载试验。若试验荷载通过挂车或履带车施加，则应注意汽车荷载对应的桥面横向系数较小，为获得控制荷载作用下截面的最大应力，也应考虑通过适当增加静载试验效率系数进行试验。

静载试验加载设备有可行式车辆和重物直接加载，选择加载方式时应根据加载要求及试验现场的具体条件确定加载方式。实际静载测试常采用汽车或平板车加载重物的方式实施可行式车辆加载，也可利用施工机械车辆，重物装载考虑车辆的实际情况，以方便堆置。堆置时重物应处于稳定状态，避免行车时因堆置物晃动影响加载的实际效果。可行式车辆直接加载方式相对于重物加载方式，加载时能根据测试需要，通过车辆行进的方式灵活加载，但在测试过程中需对试验桥短暂封闭。这在桥梁结构静力学测试中是一种常见的加载方式。重物直接加载使用一种在桥面堆放重物或设置水箱的加载方式。通常，在不方便使用可行式车辆直接加载方式的情况下，采用重物直接加载方式。

一般情况下，桥梁荷载试验的各荷载应根据设计工况分级加载，通常最大控制截面内力荷载工况为 4~5 级，通过加载分级研究结构应变和变形与试验荷载的关系。分级加载的工况设计应注意加载过程中其他截面内力逐渐增加，且最大内力不应超过控制荷载作用下的最不利内力。为对加载试验过程进行控制，加载工况计算时，在等效原则的前提下，按结构弹性阶段计算的相应测点的应力应变及变形情况分析确定。

与结构动力学试验不同，静载试验在满足试验目的的前提下，测点的布置原则是宜少不宜多。任何一个测点的选择与布置应该服从结构分析的需要，即试验测点的选择依据测量目的的不同而有所不同、依据被测参数的不同而有所不同。对桥梁静载试验，测点常规的布设位置为主梁跨中挠度、支点沉降、跨中截面应变、塔顶纵桥向最大水平位移等。

试验值与理论分析值的比较结果可以用结构校验系数 η 来描述[12]，即

$$\eta = \frac{S_e}{S_s} \tag{8-2}$$

式中，S_e 为试验荷载作用下的实测值。

结构校验系数 η 是评判桥梁承载能力和工作状态的一个重要指标。若 $\eta > 1$，则说明结构设计时强度不足，结构不安全；一般情况下，η 值不大于 1，但也不宜过小。η 值过小的原因可能是材料弹性模量高出设计值较多，桥梁结构整体工作性能好，计算理论或简化计算偏于安全。资料表明：普通钢筋混凝土梁应力 $\eta=0.45\sim0.65$，挠度 $\eta=0.55\sim0.65$；预应力钢筋混凝土梁应力 $\eta=0.9\sim1.0$，挠度 $\eta=0.7\sim0.8$；下承钢桥梁应力 $\eta=0.7\sim1.0$，挠度 $\eta=0.79\sim0.85$；上承钢桥梁和钢板梁应力 $\eta=0.75\sim0.95$，挠度 $\eta=0.75\sim0.85$，斜拉桥应力和挠度 $\eta=0.8\sim1.05$。

8.2.1　CFRP 索斜拉试验桥静载试验概述

静载试验的测试内容包括：CFRP 索 (B3、B4、Z4) 的索力；边跨及主跨在中点、四分点 (包含四分之一点和四分之三点) 处的主梁挠度、主梁应变；支座沉降位移；塔顶纵桥向水平位移。各测试截面测试项目列于表 8-2。

表 8-2　静载试验测试项目

主跨			边跨			CFRP 索	塔顶
支座	跨中	四分点	支座	跨中	四分点		
支座沉降	应变、挠度	应变、挠度	支座沉降	应变、挠度	应变、挠度	索力	水平位移

经计算分析得到测试内容的影响线如图 8-2 所示。

在保证试验荷载效率 $0.8 \leqslant \eta_q \leqslant 1.05$ 的条件下，确定静载试验的荷载。因试验桥上不便行车，确定试验加载方式为重物 (水泥包) 堆载。试验堆载采用 50kg 重的水泥包，水泥包尺寸为 65cm×40cm。

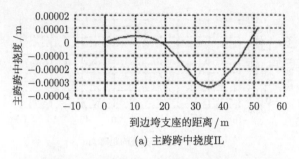

(a) 主跨跨中挠度IL

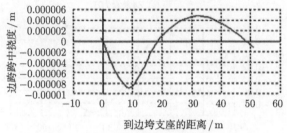

(b) 边跨跨中挠度IL

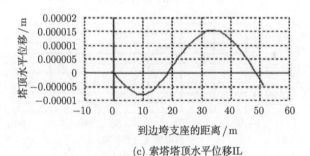

(c) 索塔塔顶水平位移IL

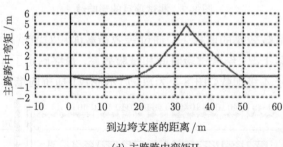

(d) 主跨跨中弯矩IL

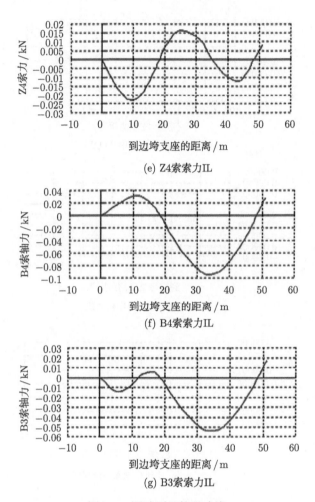

(e) Z4索索力IL

(f) B4索索力IL

(g) B3索索力IL

图 8-2　测试项目的影响线

　　在保证试验荷载效率的前提下，通过等效荷载面积对测试项目进行荷载分析后确定了 7 种试验工况，结合试验时间和试验效率，最终确定了 4 个试验工况。各试验工况均考虑分 4 级加载。图 8-3 为重物 (水泥包) 横桥向堆置位置。

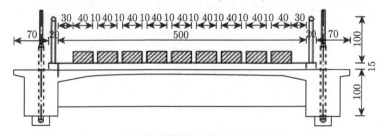

图 8-3　试验荷载横桥向堆置位置 (单位: cm)

　　第一加载工况测试的目的为边跨跨中截面挠度测试，分级加载方式为两层、一层、一层、一层。第二加载工况测试的目的为主跨跨中截面挠度和弯矩、塔顶水平位移和 B4 索索力测试，分级加载方式为两层、两层、一层、一层。第三工况测试目的为 Z4 索索力测试，分级加载方式为边跨：两层、一层、一层、一层，主跨：两层、两层、一层、一层。第四工况测试目的为 B3 索索力测试，分级加载方式为边跨：两层、一层、一层、一层，主跨：两层、两层、一层、一层。具体工况堆载顺桥向布置参见图 8-4。现场实际布载情况如图 8-5 所示。

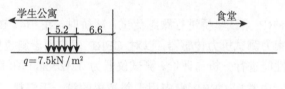

(a) 第一加载工况荷载纵桥向布置示意图

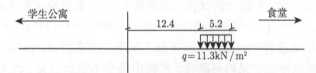

(b) 第二加载工况荷载纵桥向布置示意图

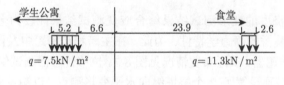

(c) 第三加载工况荷载纵桥向布置示意图

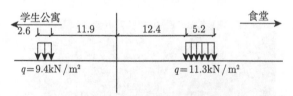

(d) 第四加载工况荷载纵桥向布置示意图

图 8-4　试验荷载的纵桥向布置 (单位：m)

图 8-5　现场实际布载情况

为长期对 CFRP 索试验桥进行跟踪测试，建桥时，在 B4、B3 和 Z4 号索上设置了永久性的索力测试压力传感器，以对 CFRP 索应用于斜拉桥的服役情况及 CFRP 索锚具的性能进行分析与评价。测试仪器为 JMZX200 型综合测试仪。

为在工程实际中掌握 CFRP 索应用于斜拉桥的第一手资料，建桥时，在索塔位置断面预埋了 8 个混凝土应变计，在主跨跨中断面，预埋了 4 个混凝土应变计，测试仪器为 JMZX200 型综合测试仪，以监测 CFRP 索斜拉试验桥索塔位置断面混凝土的应变；另外，在主梁跨中截面通过粘贴电阻应变片，进行 CFRP 索斜拉试验桥混凝土结构主梁跨中截面在试验荷载工况下的应变测试，以综合判断结构的在役状态。为确保测试结果的可靠性，在跨中每个主梁上部及下部布设共计 9 片混凝土电阻应变片，布设位置见图 8-6。混凝土应变测试仪器为 TS3860 型静态电阻应变仪。

根据主梁的挠度的变形测试结果结合应变测试结果能较为全面系统地掌握 CFRP 索斜拉试验桥的静力学特性。为此，在主跨和边跨跨中及四分点位置设置 YHD-50 型位移传感器，实际布置情况见图 8-7。位移传感器测试仪器为 DYC-4 型位移测试仪。在塔顶设置了 2 个桥塔纵向水平变形测点，以测试索塔纵桥向变位值，测试仪器为 SET2110 型全站仪。

(a) 测点布置现场

(b) 测点实况

(c) 测点分布

图 8-6 主梁应变测点布识位置

图 8-7 挠度变形测点布置图

8.2.2 静载试验结果及有限元分析

1. CFRP 索斜拉试验桥的有限元分析模型

有限元分析采用大型通用有限元软件 ANSYS 进行计算, 分析模型的尺寸按照该桥竣工图和有关设计资料输入, 按空间问题处理。考虑到 CFRP 拉索垂度效应小, 且桥梁的跨度较小, 有限元静力分析模型采用梁、壳、杆三种基本单元进行建模, 其中主塔、桥墩采用空间三维梁单元 Beam4 模拟; CFRP 拉索采用三维杆单元 Link8 模拟, 同时考虑非线性初始应力的影响; 桥面板、主梁和横梁采用壳单元 Shell63 来进行模拟; 主塔与地面固结。图 8-8 为全桥有限元模型图。全桥有限元模型计算成桥索力、设计成桥索力及实桥测试的 B3、B4 及 Z4 索索力比较见图 8-9。

图 8-8   全桥有限元模型

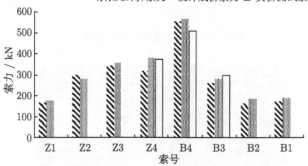

图 8-9   有限元模型计算成桥索力、设计成桥索力及实桥测试索力对比图

由图 8-9 可知, 在有限元模型上计算的各组计算索力与设计成桥索力较为接近, 且在测试的 B3、B4 及 Z4 索中, 测试索力与对应的有限元计算索力和设计成桥索力误差较小, 表明所建基于梁壳杆单元的 CFRP 索斜拉桥结构有限元静力计算模型具备较高的仿真度。试验桥 CFRP 斜拉索采用日本三菱化学株式会社 (Mitsubishi Chemical Corporation) 生产的 Leadline 系列碳纤维复合材料 (CFRP) 拉索及相应配套的锚具, CFRP 筋材的密度为 1600kg/m³, 受拉弹性模量为 147GPa, 标准强度为 2300MPa, 允许应力取 0.35 倍的标准强度, 即 805MPa, CFRP 索实测轴向拉应力最大值为 734.11MPa, 表明 CFRP 索满足工程实际对结构构件的强度要求, 同时也满足索力安全系数大于 2.9 的要求, 也表明该 CFRP 索斜拉性桥的 CFRP 索锚具系统工作状态良好。

2. 静载试验结果及有限元结果对比分析

针对各工况的加载位置, 首先计算出各测试点的活载挠度、应力和全部荷载作用下的索力增量值,并与实测的各项结果进行对比分析。限于篇幅,挠度试验结果仅给出主要工况的结果,由图 8-10、图 8-11 及表 8-3(表中 η 代表结构的校验系数,下同;字母 Z 代表主跨,字母 B 代表边跨;主梁位移值以竖直向上为正,即有限元模型中 Y 轴的正向) 给出。应变试验结果仅给出预埋测点的主要工况结果,由表 8-4(需要说明的是,表中的应变测量值由于测量仪器精度,只能精确到个位数)给出。索力试验结果由图 8-9 给出。

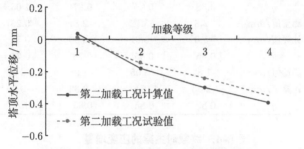

图 8-10 第二加载工况下塔顶水平位移

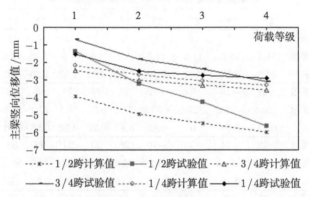

图 8-11 分级载荷下主跨主梁挠度计算值与试验值

由图 8-10 可知,第二加载工况下塔顶水平位移基本为线形,有限元计算值与实测吻合良好。由图 8-11 及表 8-3 可知,各级荷载终载时,主梁在控制截面处的竖向位移的计算值和试验值基本接近,校验系数大都在 0.85~1.05,且随着荷载等级的增加,计算值和试验值趋于一致;由图 8-12 及表 8-3 可知,主跨主梁在跨中截面最不利工况下,结构最大试验竖向位移为 5.72mm,结构刚度满足规范要求,且满载终载时沿纵桥向各控制截面处的主梁竖向位移的计算值与试验值基本接近,表明本章所建基于梁壳杆单元的 CFRP 索斜拉桥有限元计算模型具备较高的仿真度;由图 8-13 可知,CFRP 索斜拉试验桥实测最大正应力为 2.83MPa,与理论值相比较的校验系数为 0.870。终载时主梁的应变增量见表 8-4。

表 8-3　终载时主梁竖向位移　　　　　　　　　　　　(单位: mm)

测点位置		Z 1/4 跨	Z 1/2 跨	Z 3/4 跨	B 1/4 跨	B 1/2 跨
第一加载工况	测量值/mm	−1.82	−2.84	−1.52	−0.37	−0.43
	计算值/mm	−2.24	−5.34	−2.02	−0.43	−0.49
	η	0.81	0.85	0.75	0.86	0.88
第二加载工况	测量值/mm	−2.88	−5.62	−5.11	0.61	0.71
	计算值/mm	−5.28	−5.98	−5.58	0.59	0.73
	η	0.88	0.94	0.87	1.03	0.97
第三加载工况	测量值/mm	−2.8	−5.72	−2.81	0.25	0.51
	计算值/mm	−5.3	−6.01	−5.59	0.34	0.59
	η	0.85	0.95	0.78	0.74	0.86
第四加载工况	测量值/mm	−1.87	−5.05	−1.98	−0.27	−0.53
	计算值/mm	−2.33	−5.6	−2.33	−0.36	−0.64
	η	0.80	0.85	0.85	0.75	0.83

表 8-4　终载时主梁的应变增量　　　　　　　　　　(单位: $\times 10^{-6}$)

测点位置		塔梁固结处上缘				塔梁固结处下缘				主跨跨中下缘			
		1#	2#	3#	4#	1#	2#	3#	4#	1#	2#	3#	4#
第一加载工况	测量值	9	7	10	8	2	1	3	2	18	0	16	15
	计算值	11.5	11.5	11.5	11.5	1.8	1.8	1.8	1.8	15.8	15.8	15.8	15.8
	η	0.78	0.61	0.87	0.70	1.10	0.55	1.67	1.10	0.95	0	1.01	0.95
第二加载工况	测量值	−21	−19	0	−22	23	19	26	18	78	0	88	81
	计算值	−25.8	−25.8	−25.8	−25.8	27.1	27.1	27.1	27.1	85.6	85.6	85.6	85.6
	η	0.81	0.74	0	0.85	0.85	0.70	0.96	0.66	0.91	0	1.03	0.95
第三加载工况	测量值	−12	−11	−11	−10	25	23	24	22	85	0	92	81
	计算值	−14.3	−14.3	−14.3	−14.3	28.9	28.9	28.9	28.9	89.6	89.6	89.6	89.6
	η	0.84	0.77	0.77	0.70	0.86	0.79	0.83	0.76	0.95	0	1.03	0.90
第四加载工况	测量值	−10	−8	−11	−9	19	18	21	20	25	0	26	24
	计算值	−11.6	−11.6	−11.6	−11.6	22.3	22.3	22.3	22.3	27.7	27.7	27.7	27.7
	η	0.86	0.69	0.95	0.77	0.85	0.81	0.94	0.90	0.9	0	0.94	0.87

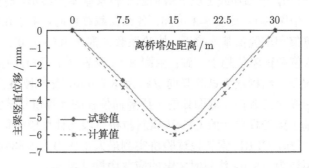

图 8-12　终载状态下纵桥向主梁挠度

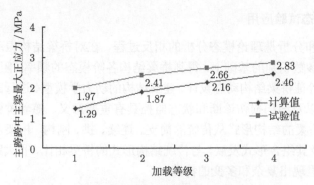

图 8-13 分级荷载作用下主跨跨中主梁最大正应力

8.3 CFRP 索斜拉试验桥模态试验及有限元分析

桥梁模态试验又称为试验模态分析。对承受以自重荷载和各种车辆荷载为主要荷载的桥梁结构[13,14]，在动力荷载作用下，桥梁结构振动是结构在服役状态下常见的性态。随时间而变化的车辆、人群、风力和地震等作用都会引起桥梁结构的振动响应，且结构的振动响应也随着时间的变化而变化，导致桥梁结构振动问题的影响因素较为复杂。相比于静载作用，动荷载产生的结构动力效应往往大于结构的静载效应[15]。在实际工程中，常通过理论分析与模态试验相结合的方式，分析研究桥梁结构系统的振动特性。

作为分析桥梁结构振动常见的手段，模态试验本质上是为确定线性振动系统的模态参数所进行的振动试验。模态参数是在频域中对振动系统固有特性的一种描述，一般包括系统的固有频率、阻尼比、振型和模态质量。

模态试验中常通过对系统进行响应信号测量，再应用模态参数识别的方法，得到系统的模态参数。常用的模态参数识别方法有频域法和时域法两种。频域法通过测试得到系统的相应信号，利用快速傅里叶变化处理后得到系统的相应函数，再经识别后得到有关的模态参数。时域法通过系统的自由衰减振动时域模型来识别系统模态参数，逐步发展成应用随机减量特征技术从系统的随机振动响应中获取随机减量特征，进而从随机减量特征函数中提取模态参数的方法。多参考点复指数法和特征系统实现算法等模态参数识别方法也逐步受到学者的重视。

模态试验动载测试目前常采用电测法。电测法具有精度高、量程大、稳定性好等特点。图 8-14 为结构模态测试系统的原理图。

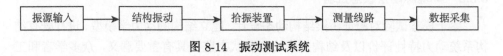

图 8-14 振动测试系统

8.3.1　桥梁模态试验应用

模态试验和分析是理论模态分析的相反过程。在对桥梁结构振动测试获得的信号处理及其参数识别的基础上，得到桥梁结构各阶模态的频率、阻尼、振型。桥梁模态试验对验证桥梁结构动态设计、建立结构的动力学模型、进行既有结构系统动力特性评价以及结构损伤诊断和状态监控具有重要意义。随着桥梁结构向长大跨方向发展，桥梁的结构形式从传统的简支、连续、拱、刚构、桁架及其组合形式向斜拉、悬索及其组合形式发展，与传统结构形式的桥梁相比，长大跨桥梁结构的整体动力行为呈现出复杂和多变的特性。

大型结构始终存在于一定的环境激励 (风和地震作用) 中，基于环境激励的模态试验方法在工程中得到广泛应用[15,16]。环境激励的动力成分受到激励的自然特性、结构的动力性能及与结构的相互作用的影响。因此在宏观和微观上，环境激励的动力成分都是随机的，其对桥梁的作用也较为复杂。从理论推导和试验结果来看，当激励满足白噪声或宽带随机谱时，基于环境激励的模态试验结果能够满足工程需要。桥梁结构的模态试验可以利用结构的对称特性，通过对半幅桥面布置测点进行模态测试来完全识别整体的振型，获得全桥的动力特性，判断桥梁结构的安全状态。

8.3.2　长大跨度斜拉桥结构振动特点

随着世界经济和科学技术的发展，桥梁结构的大型化、轻柔化成为一种明显的特征；同时，随着交通流量的快速增加，动态荷载对桥梁结构的影响加大，对桥梁结构的动态特性提出了更多、更高的要求。

斜拉桥结构随着跨度的增大，其拉索布置从单面稀索体系向双面乃至多面密索体系转变，相应的力学特征从多跨弹性受弯体系向类桁架体系转变，动力学响应特性也越来越复杂；同时，不同的支承方式对斜拉桥也存在相应的影响。对长大跨斜拉桥结构而言，其振动特点如下。

(1) 对结构动力响应特性影响较大的主要为反对称漂浮振型、一阶竖弯振型和一阶对称扭转振型，振型对应的频率大小与桥主梁的抗弯和抗扭刚度有关。

(2) 由于结构体量庞大，纵横向尺寸比大，人工激振较为困难。

(3) 正常使用条件下，自然环境激励引起的结构一般振动较小。

(4) 运营环境 (不同的车流量、载荷以及不同的风力载荷) 变化对结构振动存在较大的影响。

8.3.3　环境脉动法模态试验

鉴于模态试验对验证桥梁结构动态设计、建立结构的动力学模型、进行既有结构系统动力特性评价以及结构损伤诊断和状态监控具有重要意义，众多学者和工程技术人员对桥梁模态试验进行了研究[17-20]。陈常松等[17] 在对混凝土斜拉桥的模态参数特点研究的基础上，对桥梁模态试验的 UINO 法加以改进，提出利用互功率谱法识别模态参数的相关技术，并开发了桥梁模态试验专用软件系统 QLSYMT。通过多座大跨度混凝土斜拉桥的模态试验证明，该系统不仅能有效识别出桥梁的模态参数，而且方便易行。章献[18] 认为固有频率和振型是反映结构动力特性的主要模态参数，是评价桥梁动力性能的重要依据，以沈阳公和斜拉桥为工程背景建立独塔斜拉桥的三维空间有限元模型，分析了其动态特性，结果表明数值计算结果与动态试验结果比较吻合。张浩等[19] 利用环境激励法对一斜拉桥进行现场模态测试分析，验证利用环境激励法进行桥梁等大型结构的模态试验的可行性。王涛等[20] 在仙桃汉江公路大桥模态试验中，通过脉动法得到了该斜拉桥振动的较为正确的模态频率、阻尼及较理想振型，与有限元计算结果进行了对比。

8.3.4　脉动法原理

　　结构物的脉动是一种很微小的振动，脉动激励源来自地壳内部微小的振动、自然振源 (风、雨、海浪、火山活动、交通灯) 等频率为 0.5~20Hz 的微振动波群，结构在脉动激励作用下引起结构振幅为 $1.0 \times 10^{-7} \sim 1.0 \times 10^{-6}$m 的振动等。脉动法是利用高灵敏度的传感器、放大记录设备，借助于随机信号数据处理的技术，根据结构物的脉动响应来确定其动力特性，称为脉动试验法。对于大型柔性结构，脉动法的效果较好。

　　在进行脉动试验及其数据分析时，可进行以下 3 条假设[15,16]：

　　(1) 假设结构物的脉动是一种各态历经的随机过程。图 8-15 为某结构物脉动信号的概率密度函数图。从图上可以看出，当记录时间较短时，它的分布没有规律，而当记录时间足够长时，则表现为正态分布，符合中心极限定理。当然，为保证随机信号数据处理有一定的统计精度，也要求有足够长的记录时间。

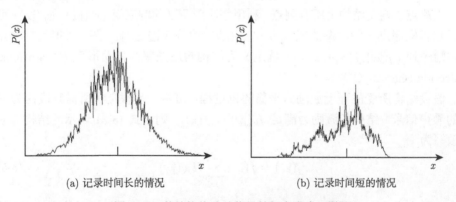

(a) 记录时间长的情况　　　　　　　　　　(b) 记录时间短的情况

图 8-15　某结构物脉动信号的概率密度函数图

(2) 对于多自由度体系, 多个激振输入时, 在共振频率附近所测得的物理坐标的位移幅值, 可以近似地认为是纯模态的振型幅值。

(3) 假设脉动源的频谱是较平坦的, 可以把它近似为有限带宽白噪声, 即脉动源的傅里叶谱或者功率谱是一个常数。根据这一假设, 输入谱在 $\omega = \omega_i \pm \Delta\omega_i/2$ 处, 在 $\Delta\omega_i$ 这个较窄的频段里, $F_i(\omega)=$ 常数 (此处 F_i 相应为广义力)。这样结构物响应的频谱就是结构物的动力特性, 不仅可以确定其固有频率, 还可以在结构物脉动信号 $x(t)$ 的傅里叶谱 $X(\omega)$ 或功率谱 $G(\omega)$ 上, 利用半功率点确定阻尼比, 也可以用地面脉动信号的谱与结构物反应信号的谱对照比较, 排除地面卓越周期的影响。半功率点处带宽 B_r 越小, 输入信号为白噪声的假设就越接近真实情况。

当桥梁跨径大而传感器数目与测试仪器通道数均有限时, 设定某一点 (预先经过计算, 保证该点在准备测试的前 n 阶振型中振幅较大) 为参考点, 其传感器位置固定, 通过多次移动测点传感器组的位置测得全桥的振动响应。具体表述[21]如下。

结构上任一点 j 的动态位移响应 $x_j(\mathrm{j}\omega)$ 可用 k 点的激励力 $f_k(\mathrm{j}\omega)$ 和结构系统的传递函数 $H_{jk}(\mathrm{j}\omega)$ 表示为

$$x_j(\mathrm{j}\omega) = \sum_{k=1}^{m} H_{jk}(\mathrm{j}\omega)f_k(\mathrm{j}\omega) \tag{8-3}$$

式中, m 为结构上激励点的数目。

如前所述, 脉动法可测得响应 $x_j(\mathrm{j}\omega)$, 但激励力 $f_k(\mathrm{j}\omega)$ 不可知, 为获得结构的模态参数, 可在结构上取一固定参考点 p, 则 p 点的响应 $x_p(\mathrm{j}\omega)$ 也可用式 (8-3) 表示。定义如下比值 (可直接测得) 为传递率:

$$a_j(\mathrm{j}\omega) = x_j(\mathrm{j}\omega)/x_p(\mathrm{j}\omega) \tag{8-4}$$

当测点 i 遍及结构上所有测点, 利用每次所测试的响应组 $(x_j(\mathrm{j}w)、x_p(\mathrm{j}\omega))$ 可以得到相应测点 i 的动态曲线 $a_j(\mathrm{j}\omega)$。由结构的响应谱 $x_j(\mathrm{j}\omega)$ 图, 可得到频率点 ω_j, 则序列 $a_j(\mathrm{j}\omega)(j = 1, 2, \cdots)$ 就定义为结构响应频率的振动形变 (Operational Deflection Shapes, ODS)。

假设结构所受的环境激励为平稳随机过程, 可进一步假定在所需频段内为平稳的噪声信号。结构各激励力满足 $f_k(\mathrm{j}\omega) = f(\mathrm{j}\omega)$, 则由式 (8-3) 表示的结构响应可改写为

$$x_j(\mathrm{j}\omega) = f(\mathrm{j}\omega) \sum_{k=1}^{m} H_{jk}(\mathrm{j}\omega) \tag{8-5}$$

一般参考点 p 应选取该点响应含结构本身动力特性的分量相对较小的点, 使

环境激励力的成分很大，式 (8-5) 可近似为

$$x_p(j\omega) \approx \beta f(j\omega) \tag{8-6}$$

式中，β 表示平稳激励力与响应之间的常系数。

将式 (8-5)、式 (8-6) 代入式 (8-4) 后，动态响应量 $a_j(j\omega)$ 可近似表示为

$$a_j(j\omega) = \frac{x_j(j\omega)}{x_p(j\omega)} \approx \frac{f(j\omega) \sum\limits_{k=1}^{m} H_{jk}(j\omega)}{\beta f(j\omega)} = \frac{1}{\beta} \sum_{k=1}^{m} H_{jk}(j\omega) \tag{8-7}$$

而单点 (第 k 点) 激励频率响应函数为

$$H_{jk}(j\omega) = \sum_{r=1}^{N} \frac{\phi_{jr}\phi_{kr}}{k_r - \omega^2 m_r + j\omega c_r} \tag{8-8}$$

式中，N 表示系统的自由度数，由于脉动试验测试结构体系的前数阶基本模态，所以在此假定 $N = m$ 满足精度要求；ϕ_{jr}、ϕ_{kr} 分别表示第 r 阶模态的第 j 和 k 点振幅；k_r、m_r、c_r 分别表示第 r 阶的模态刚度、模态质量和模态阻尼参数；ω 表示角速度或圆频率，$j\omega$ 代替拉普拉斯变换中复指数 s。对于多自由度结构体系，位移响应与激励力的关系可表述为

$$\boldsymbol{x} = \boldsymbol{HF} = \left(\frac{1}{\beta} \sum_{r=1}^{m} \frac{\phi_{rm \times 1} \phi_{r1 \times m}^{\mathrm{T}}}{k_r - \omega^2 m_r + j\omega c_r} \right) \boldsymbol{F} \tag{8-9}$$

式中，$\phi_{rm \times 1}$ 表示振型矩阵。计算时将直接测试得到量值 $a_j(j\omega)$ 近似认为是结构的传递函数 $H_{jk}(j\omega)$，进一步得到频响函数矩阵 $\boldsymbol{H}$，再利用以下模态识别方法构建频响函数矩阵 $\boldsymbol{H}$ 与模态参数之间的关系，从而得到结构的模态参数。

1. 时域方法[16]

1) 随机减量法

随机减量法是在假设环境激励是白噪声激励的条件下，通过样本平均的方法消除响应中的随机部分而获得初始激励下的自由响应，然后利用结构自由振动响应的位移、速度和加速度时域信号进行模态参数识别 (the Ibrahim Time Domain Technique)。利用结构自由振动响应的位移、速度和加速度时域信号进行模态参数识别的方法最早由 Ibrahim 提出，简称 IDT 法。

2) 环境激励法

环境激励法 (Natural Excitation Technique，NExT 法) 最早由 James 和 Carne 提出，其基本思想是白噪声环境激励下结构两点之间响应的互相关函数和脉冲响

应函数有相似的表达式,求得两点之间响应的互相关函数后,运用时域中模态识别方法进行模态参数识别。

3) 模态函数分解法

模态函数分解法是基于 NExT 法求得白噪声环境激励的响应后,利用响应与结构模态函数的固有关系进行参数识别的一种方法。该方法通过 NExT 法求得结构白噪声环境激励的响应,对其进行模态函数分解得到各阶模态函数,然后通过希尔伯特 (Hilbert) 变换得到模态参数。

2. 频域方法

1) 峰值拾取法

峰值拾取法是根据频率响应函数在固有频率附近出现峰值的原理,用随机响应的功率谱代替频率响应函数。该方法假定响应功率谱峰值仅有一个模态确定,这样系统的固有频率由功率谱的峰值得到,用工作挠度曲线近似替代系统模态振型。该方法不能识别密集模态和阻尼比,但由于操作简单、识别快,在结构模态参数识别领域经常使用。

2) 频域分解法

频域分解法是白噪声激励下的频域识别方法,是峰值拾取法的延伸,克服了峰值拾取法的缺点,主要思想是对响应的功率谱进行奇异值分解,将功率谱分解为对应多阶模态的一组单自由度系统功率谱。该方法识别精度高,有一定的抗干扰能力。

8.4　CFRP 索试验桥模态试验简介

8.4.1　概述

CFRP 索替代传统钢索成为新型缆索材料的应用已初见端倪[22,23],其进一步应用研究既是各国学者研究的热点课题,又是长大跨桥梁结构的发展趋势。对于斜拉桥等大跨结构,最方便的测试方法是使用脉动测试法,即利用结构中由外界各种因素所引起的微小而不规则的振动来确定结构的一些动力特性。该试验方法通过超低频加速度传感器拾取大桥各测量部位的环境振动响应。由于斜拉桥跨径大而加速度传感器与测试仪器通道有限,测试时一般设定某一点为参考点 (也称为基准点),该传感器固定,通过多次移动其他传感器得到全桥的振动响应。

目前,国内对 CFRP 拉索斜拉桥研究方面还局限于有限元的模拟[24],实桥试验和应用研究还很少。在现有研究的基础[25-29]上,作者采用环境脉动法对国内首座 CFRP 拉索斜拉试验桥进行现场模态试验,具体流程详见图 8-16。同时运用 ANSYS 对试验桥结构进行动力特性理论分析,将理论计算结果与实测结果进

行比较并得出一些结论，为进一步分析研究 CFRP 索斜拉桥提供理论依据和实际
参考。

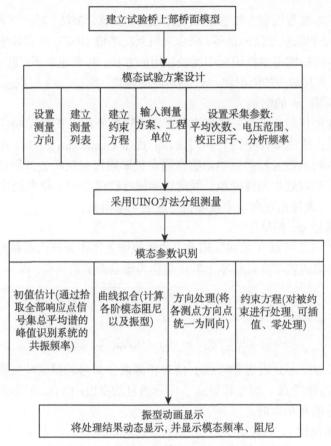

图 8-16　环境脉动法现场模态试验流程

8.4.2　CFRP 索斜拉试验桥模态试验测试

基于 CFRP 索斜拉试验桥设计、施工运营资料以及静载试验结果，为检测全
桥结构在运营阶段的实际工作状态及其在设计荷载作用下的工作性能[12]，获得试
验桥的动态特性行为，作者所在的课题组于 2008 年 11 月底对该桥进行模态试验
及研究。

1. 模态试验测试方法

模态试验测试方法采用固定参考点移动测点模态试验法 (简称 UINO 法)[30] 中
的分组测点法，它采用具有多通道的采集器，用分组成批的测量方法，即一次测量

若干个点, 每一组都包括同一个参考点。

2. 模态参数识别方法

常用的模态参数识别方法包括峰值提取法、频域分解法、时间序列法、随机减量法、NExT 法和随机子空间法等。联合采用互功率谱 (PSD) 法和峰值拾取法识别模态参数是斜拉桥模态参数识别中比较常用的方法, 其表述如下: 设 ω_r 为第 r 阶模态频率, ξ_r 为其对应的阻尼比, φ_r 为对应的振型, 且 $\varphi_r = \{\varphi_{1r}, \varphi_{2r}, \cdots, \varphi_{Nr}\}$。

1) 模态频率 ω_r 的确定

在环境激励作用下, 对采集到的所有测点和参考点 p 的振动响应通过计算机分别作双通道快速傅里叶变换 (Fast Fourier Transformation, FFT)。用随机响应自功率谱代替频响函数且根据频响函数在固有频率附近出现峰值的原理, 可知自功率谱在固有频率附近也出现峰值。假定功率谱峰值仅由一个模态确定, 则第 r 阶模态频率 ω_r 可通过拾取自功率谱峰值对应的频率得到。

2) 模态振型 φ_r 的确定

将测点 j 与参考点 p 在共振频率上的幅值谱之比作为该点的振型相对值, 将它们的互功率谱的实部在此频率上的正负作为该点振型的相位, 即

$$\left|\frac{\phi_{jr}}{\phi_{pr}}\right| = \left|\frac{B(\omega_r)}{A(\omega_r)}\right| = \sqrt{\left|\frac{B(\omega_r)\,\overline{B}(\omega_r)}{A(\omega_r)\,\overline{A}(\omega_r)}\right|} = \left|\frac{C_{jj}(\omega_r)}{C_{pp}(\omega_r)}\right| \tag{8-10}$$

$$\mathrm{signal}[\phi_{jr}/\phi_{pr}] = \mathrm{signal}[\mathrm{Real}(C_{pj}(\omega_r))] \tag{8-11}$$

式中, $A(\omega_r)$、$B(\omega_r)$ 分别为参考点 p 信号和测点 j 信号的傅里叶变换; $C_{pp}(\omega_r)$、$C_{jj}(\omega_r)$ 分别为参考点 p 信号和测点 j 信号的自功率谱; $C_{pj}(\omega_r)$ 为参考点 p 信号和测点 j 信号的互功率谱。

3) 模态阻尼比 ζ_r 的确定

各阶模态阻尼根据全部响应点信号的集总平均谱, 采用改进的半功率带宽法得到。设集总平均谱曲线上半峰点之间的带宽为 ΔB_r, 模态频率为 $\omega_r = 2\pi f_r$, 当结构阻尼较小时, 近似为

$$\zeta_r = \Delta B_r / (2f_r) \tag{8-12}$$

式中, ΔB_r 可由幅值谱曲线的半功率点取得。

3. 模态试验测试方案

依据 "粗糙有限元模型 → 模态试验方案 → 精确有限元模型" 原则, 制定本桥的模态试验测试方案如表 8-5 所示。测试中取主跨 Z2 索与主梁交接点 (41 点) 作为参考点, 移动的拾振器以横桥向的三枚作为一组, 从边跨桥台开始依次向主跨桥墩处移动测试。试验中分两次测得各个测点横向和竖向的环境振动响应信号。

表 8-5 模态试验测试方案

测量方案	分组测量, 固定参考点
采集器通道数	5
测量方向数	2(竖桥向和横桥向)
总测点数	48
分组数	16
单组测点数	3
约束点数	0
测量总自由度数	96
激励来源	环境激励

4. 模态试验测点布置

试验主要测试桥面和主梁振动情况, 为了精确获得试验桥桥面竖向振动、扭转振动、横向振动的振动形式, 将拾振器 (941-BH 和 941-BV) 布置在桥面的纵桥向轴线上和桥面两侧的 48 个测点上, 测点具体布置如图 8-17 和图 8-18 (a) 所示。

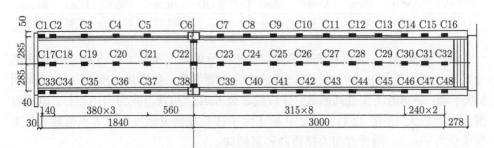

(a) 测点布置示意图(单位: mm)

(b) 测点布置实图

图 8-17 测点布置图

(a) 拾振器安放　　　　　　　　　　　(b) 测试仪器连接图

图 8-18　测试信号的采集系统

5. 模态试验测试系统

模态试验中试验桥振动信号的采集系统包括由中国地震局工程力学研究所研制的 941-B 型 6 通道超低频测振仪和 DLF-3 型两通道四合一放大器，如图 8-18(b) 所示。试验过程中使用的拾振器灵敏度如表 8-6 所示。

表 8-6　试验拾振器灵敏度

型号 (V)	V070	V078	V080	V085	型号 (H)	H028	H029	H362	H369
档 2	23.58	23.04	26.06	23.31	档 2	23.27	27.07	27.27	23.20

测试数据分析、处理系统采用南京安正信号调理仪及其 CRAS 振动及动态信号采集分析软件 (QL-SYMT)[31]。测试中的主要参数：数据块长度为 1024；采用 8 次平均；矩形时间窗处理函数；分析频率为 50Hz；触发方式为自由运行；电压范围为程控放大 16 倍 (±312.5mV)；校正因子按拾振器灵敏度乘放大系数输入；工程单位为 mm/s；测量方向为横桥向和竖桥向。

6. 模态试验测试过程

使用 941-B 型超低频测振仪前 5 通道采集每组 3 个测点的脉动响应曲线，共进行 16 组测试，依次为 $j = -5, j = -4, \cdots, j = -1, j = 1, \cdots, j = 11$，完成对除固定参考点外的 47 个测点测量，如表 8-7 和图 8-18 所示。测振仪的 3、4、5 三个通道对应于每组 3 个待测点，而 1、2 通道始终作为固定参考点 (41 点)H 向和 V 向的测试通道。测试过程中通过软件系统控制采集器和计算机完成信号采集。

表 8-7　脉动试验测试流程表

通道	测试小组组次 (第 j 次)															
	−5	−4	−3	−2	−1	1	2	3	4	5	6	7	8	9	10	11
CH3	17	18	19	20	21	22	23	24	25	26	27	28	29	30	31	32
CH4	1	2	3	4	5	6	7	8	9	10	11	12	13	14	15	16
CH5	33	34	35	36	37	38	39	40	—	42	43	44	45	46	47	48

注: 41 点为固定基准点, CH1 始终接通 41V, CH2 始终接通 41H

采用环境激励作用下的脉动法测试时，因为测量时间较短，所以可近似假设多次测量的外界环境的影响相同。

试验过程中首先在 CRAS 振动及动态信号采集分析系统 (AZ316) 中建立采集模型图，如图 8-19 所示，便于软件控制采集器进行所需数据的采集。图 8-19 中建立的桥面信号采集点与试验桥上实际测点的布置完全一致，这就保证了试验方案和实际操作的对应统一以及响应信号采集和分析的准确有效。

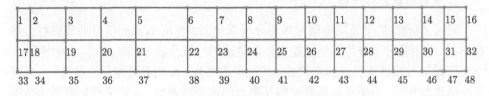

图 8-19　振动信号采集模型图

按照图 8-20 所示的测试流程分别对各测点的竖向和水平向脉动响应进行两次测试 (H 方向和 V 方向各一次)，即对各个测点的竖向 (V，即竖桥向) 和横向 (H，即横桥向) 脉动响应值分别进行测试一次。

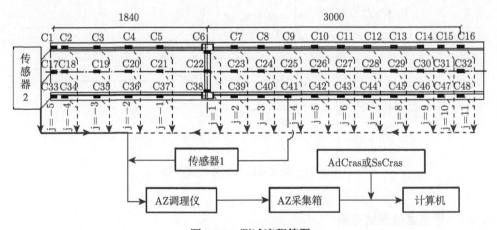

图 8-20　测试流程简图

8.4.3　CFRP 索试验桥模态测试的数据处理分析

1. 试验测试处理方法

采用频域分析方法处理试验数据，基本方法为：将各测点获得的环境振动数据通过滤波除去高、低频信号成分，然后对滤波后的数据进行功率谱和互功率谱分析，得到各测点信号的功率谱密度函数以及各测点与参考点信号之间的相干函数及相位差函数。功率谱密度与相干函数用来确定各模态的频率，功率谱密度与相位差函数用来确定各模态的振型。各阶模态的振型通过用参考点的某阶频率的功率谱幅值去除各测点对应频率的功率谱幅值，就可以得到对应某一频率各测点对于参考点归一化的振型幅值，振型位移的符号可以通过对应频率各测点与参考点之间的相位差来确定。

2. 试验数据处理过程

通过 CRAS 振动及动态信号采集分析系统 (AZ316) 对原始信号曲线进行分解和归并，利用软件本身数据处理能力提取测试的时域曲线和频域曲线。其中测试系统对原始信号曲线进行分解和归并，其过程主要为：原始五通道混合数据 → 分解为单通道数据 → 分析提取后合并得某测点的两通道数据 → 利用已有两通道数据进一步归并得四通道数据。具体处理过程详见图 8-21 并结合式 (8-6)~式 (8-10) 的表述。图 8-21 中 j 表示第 j 次测量，$j = -5, -4, \cdots, -1, 1, 2, \cdots, 11$；$c$ 表示第 c 个通道，$c=3$、4、5；k 表示被激励点；p 表示固定参考点，$p=41$；$a_{jc}(\mathrm{j}\omega)$ 相当于式 (8-7) 中的传递率 $a_j(\mathrm{j}\omega)$。

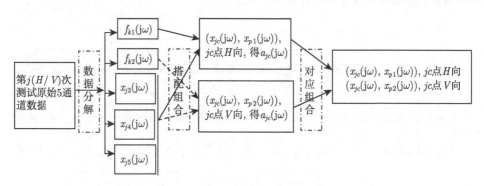

图 8-21　测试系统数据处理流程图

8.4.4　模态试验测试结果

数据处理可获得结构在环境激励作用下振动响应的时域曲线和频域曲线，分别如图 8-22、图 8-23 和图 8-24 所示。

图 8-22、图 8-23 分别表示边、主跨跨中横桥向连续 3 个测点的 5 通道信号波形图，其中 1、3 通道为参考点和被测点的竖向 (V) 信号，而 2、4 通道为参考点和被测点的横向 (H) 信号。

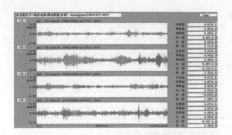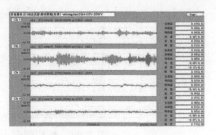

(a) 桥面边侧大梁上测点4的信号波形图　　　　　(b) 桥面中线上测点20的信号波形图

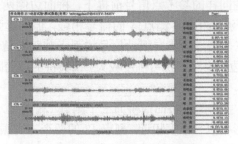

(c) 桥面边侧大梁上测点36的信号波形图

图 8-22　边跨跨中测点的信号波形图

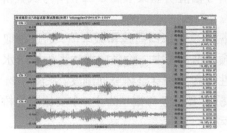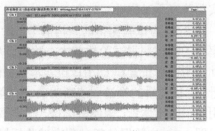

(a) 桥面边侧大梁上测点11的信号波形图　　　　　(b) 桥面中线上测点27的信号波形图

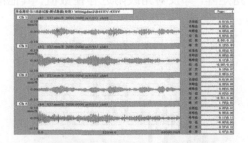

(c) 桥面边侧大梁上测点43的信号波形图

图 8-23　主跨跨中测点的信号波形图

图 8-24　结构的前十一阶自振频率测试结果

由图 8-22 知，在同样的参考点信号前提下，桥面边侧两个测点 (测点 4 和测点 36) 的横竖向信号波形相似，测点 4 的信号稍强，但均远强于桥面中线上测点 20 的信号波形；这三个测点的横向振动信号均强于其竖向信号。因此可认为在环境激励作用下，由于边跨主梁的抗弯刚度较大，试验桥的边跨跨中主要以扭转振动和水平漂动为主。

由图 8-23 可知，主跨跨中桥面横桥向三个测点 (测点 11、测点 27 和测点 43) 的横 (竖) 向信号波形相似且强度相近，测点 43 的两个方向振动信号相对稍弱，故可认为在环境激励作用下，试验桥的主跨跨中以竖向振动和水平漂动为主；主跨跨中桥面三个测点的水平向振动信号均强于其竖向信号，但是它们的竖向振动信号要远强于边跨跨中 (图 8-22) 三测点的竖向振动信号，可知主跨主梁的抗弯刚度弱于边跨的抗弯刚度。图 8-23 的第 4 通道信号幅值明显大于图 8-22 的，与试验桥两跨实际跨度不对称性相吻合。

图 8-24 为试验测得的结构前十一阶振动自功率谱曲线和频率值，通过拾取自功率谱的峰值获得试验桥前十一阶振动频率值，其中一阶竖向振动迟于一阶水平振动说明密索布置和 CFRP 拉索本身特性提高了桥身整体竖向刚度。从图 8-24 可以看出，试验桥的频谱图清晰明确，试验桥主要以竖弯振型为主，主要原因是桥身采用塔梁固结体系，限制桥梁横、纵漂振动。

图 8-25 为数据处理过程中试验桥模态振型正交性检验图，从图 8-25 可以看出，振型矩阵为反对角矩阵，即反对角线附近存在数值，其他部分近似为零，所以模态振型正交性良好。

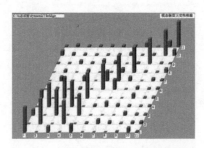

图 8-25　试验模态振型正交性检验图

8.4.5 模态试验结果与计算值的对比分析

1. 试验桥的有限元分析模型

试验桥采用塔梁固结体系，近似可认为是具有多点弹性支承的不对称悬臂梁结构[13]。基于此，作者采用有限元软件建立试验桥三维梁壳杆系计算模型，如图 8-26 所示。该模型使用四种单元形式，三种材料属性以及十个实常数，详见表 8-8，共 341 个节点和 291 个单元。

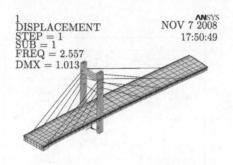

图 8-26 试验桥模态计算有限元模型

表 8-8 试验桥有限元模型信息表

桥身构件	单元类型	各个构件的实常数
桥面板	shell63	平均厚度: 0.14m
主梁	shell63	平均厚度: 0.70m
一般横梁	shell63	平均厚度: 0.22m
主塔处横梁	shell63	平均厚度: 1.20m
食堂侧墩顶横梁	shell63	平均厚度: 1.00m
主塔下部分	Beam 188	面积: $0.98m^2$ I_{zz}: 0.0400, I_{yy}: 0.1601
主塔上部分	Beam 188	面积: $0.84m^2$ I_{zz}: 0.0343, I_{yy}: 0.1008
B4 索	Link10	面积: $0.000804m^2$, 初应变: 0.004652, 实测应变: 0.004762
B3 索	Link10	面积: $0.000553m^2$, 初应变: 0.003617, 实测应变: 0.008502
B2 索	Link10	面积: $0.000302m^2$, 初应变: 0.003947, 换算应变: 0.004869
B1 索	Link10	面积: $0.000302m^2$, 初应变: 0.003993, 换算应变: 0.004925
Z1 索	Link10	面积: $0.000302m^2$, 初应变: 0.003947, 换算应变: 0.004869
Z2 索	Link10	面积: $0.000553m^2$, 初应变: 0.003371, 换算应变: 0.004159
Z3 索	Link10	面积: $0.000553m^2$, 初应变: 0.004183, 换算应变: 0.005160
Z4 索	Link10	面积: $0.000553m^2$, 初应变: 0.004466, 实测应变: 0.006447
主梁边跨端部	Beam 188	压实段长度: 3.80m
主梁边跨近端部	Beam 188	压实段长度: 1.70m
塔柱上横梁	Beam 188	面积: $0.70m^2$

2. 模态试验结果与计算值对比分析

1) 试验结果与计算结果

试验桥自振频率的实测值、计算值及两者误差比较详见图 8-27 和表 8-9，可见试验结果与计算值比较接近；图 8-28 给出本试验桥前数阶振型实测 (左) 和计算 (右) 结果，比较得出各阶振型吻合良好。图 8-28 中的实测和计算的振型差异主要是由于测试条件的限制，测点主要设置在桥面上，所以实测振型显示的是桥面振型，同时部分测点的测试数据存在缺陷，故实测结果与计算结果在整体上振型相似，但部分测点的振型存在缺陷。

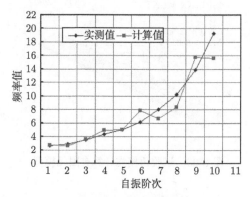

图 8-27　实测与计算频率值对比图

表 8-9　试验桥固有特性计算值与实测值对比表

振型阶次	振型特点	频率值/Hz		频率差值	频率误差/%
		实测值	计算值		
1	主、边跨桥面反对称平动	2.625	2.766	0.141	5.10
2	主跨桥面一阶竖弯	2.875	2.665	−0.210	−7.88
3	塔柱侧向弯曲	3.500	3.592	0.092	2.56
4	塔柱纵弯，两跨桥面对称竖弯	4.375	4.976	0.601	12.08
5	主、边跨桥面对称平动	5.000	5.047	0.047	0.93
6	主跨桥面一阶扭转	6.125	7.868	1.743	22.15
7	边跨桥面一阶竖弯	8.000	6.647	−1.353	−20.36
8	主跨桥面二阶竖弯	10.250	8.325	−1.925	−23.12
9	主跨桥面二阶扭转	13.875	15.797	1.922	12.17
10	主跨桥面三阶竖弯	19.250	15.598	−3.652	−23.41
11	主跨桥面三阶扭转	24.375	24.419	0.044	0.18

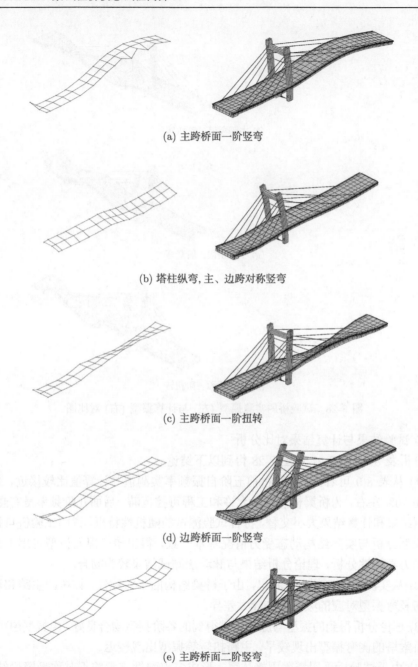

(a) 主跨桥面一阶竖弯

(b) 塔柱纵弯, 主、边跨对称竖弯

(c) 主跨桥面一阶扭转

(d) 边跨桥面一阶竖弯

(e) 主跨桥面二阶竖弯

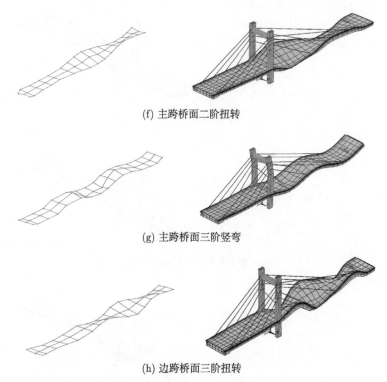

(f) 主跨桥面二阶扭转

(g) 主跨桥面三阶竖弯

(h) 边跨桥面三阶扭转

图 8-28　试验桥的实测振型 (左) 与计算振型 (右) 对比图

2) 试验结果与计算结果对比分析

分析表 8-9、图 8-27 和图 8-28 得到以下结论。

(1) 从表 8-9 可看出，试验桥前五阶自振频率实测值与计算值比较接近，最大误差在 10% 左右，为桥梁模态试验允许和工程可控范畴。后面几阶频率虽有悬差，但实测结果和计算结果大小交替，符合试验测试的随机性特点，说明试验桥自振特性的模型分析与实际结构动态受力情况基本一致，得出该有限元模型可用于试验桥的动力学特性分析，理论分析结果与脉动法测试结果较为吻合。

(2) 从实测和计算频率可看出，由于桥梁结构的不对称性，该桥的主跨和边跨纵桥向竖弯振型对应的频率存在较大差异。

(3) 理论分析得到的振型与脉动测试得到的各阶振型吻合良好。由振型图可知，试验桥索塔的侧弯振型出现较早，主跨扭转等振型出现较迟。

(4) 由于试验桥采用塔梁固接体系，形成多点弹性支承的不对称悬臂梁结构，主梁在索塔处受近似固端约束，其主、边跨间的振动耦合效应在塔梁固接处被大幅度削弱，试验桥出现明显的单跨独立的竖弯和扭转振型。

8.5 CFRP 索斜拉试验桥的动力特性与地震响应对比分析

8.5.1 钢索和 CFRP 索试验桥模型

在现有模型的基础上, 采用等轴向刚度准则[32] 进行斜拉索的替换, 其余部分不变。试验桥采用 CFRP 索的弹性模量为 147GPa, 密度为 1600kg/m³, 抗拉强度为 2300MPa, 考虑到 CFRP 索的脆性, 设计容许应力为 805MPa(安全系数约 3.0), 泊松比取 0.25。用来替代 CFRP 索的钢索弹性模量为 196GPa, 密度为 7700kg/m³, 抗拉强度为 1570MPa, 容许应力为 628MPa(安全系数约 2.5)。在静力计算满足要求的前提下, 对两种模型进行动力学特性和地震响应分析。

8.5.2 静力计算结果对比

为了减少工作量, 根据斜拉桥一般规律和试验桥本身特点, 选择的静力计算结果具有针对性, 如主跨跨中仅提取竖向位移和横桥向弯矩的静力计算值等, 这将便于建立在静力计算结果之上的地震响应时程分析。试验桥关键截面上静力计算结果详见表 8-10。

表 8-10 不同索试验桥模型的静力计算值对比

关键部位	坐标	位移 $U/10^{-3}$m		轴力 $F/10^6$N		弯矩 $M/(10^3$N·m)	
		CFRP 索	钢索	CFRP 索	钢索	CFRP 索	钢索
主跨跨中	X	—	—	—	—	−6.150	−14.938
	Y	1.5052	1.1355	—	—	—	—
	Z	—	—	—	—	—	—
边跨跨中	X	—	—	—	—	283.670	286.860
	Y	3.2779	3.3379	—	—	—	—
	Z	—	—	—	—	—	—
塔顶	X	—	—	—	—	—	—
	Y	−1.0813	−1.0848	—	—	—	—
	Z	3.0219	2.5811	—	—	—	—
塔底	X	—	—	—	—	45.402	56.553
	Y	—	—	−2.4462	−2.4568	—	—
	Z	—	—	—	—	—	—

8.5.3 动力特性计算对比

对两种计算模型进行动力特性分析, 前 10 阶振型及相应频率如表 8-11 所示。由表中可知, 用 CFRP 索替换钢索对斜拉桥自振频率有一定的提高作用, 原因在于等轴向刚度时 CFRP 索桥梁结构自重减轻。因试验桥本身刚度较大而跨度较小,拉索对斜拉桥本身影响不大，故采用 CFRP 索后自振频率提高幅度不大；但随着斜拉桥跨度增加，该效果会渐趋明显，这将有助于斜拉桥抵抗低频激励荷载。

表 8-11　CFRP 索试验桥模型的固有特性计算值对比

振型阶次	振型特点	CFRP 索模型频率/Hz	钢索模型频率/Hz	计算频率相对差值
1	主、边跨桥面反对称平动	2.766	2.765	0.03%
2	主跨桥面竖弯	2.665	2.663	0.05%
3	塔柱侧向弯曲	3.592	3.584	0.20%
4	塔柱纵弯 + 桥面对称竖弯	4.976	4.970	0.12%
5	主、边跨桥面对称平动	5.047	5.045	0.05%
6	主跨桥面扭转	7.868	7.863	0.06%
7	边跨桥面竖弯	6.647	6.644	0.05%
8	主跨桥面竖弯	8.325	8.323	0.03%
9	主跨桥面扭转	15.797	15.792	0.03%
10	主跨桥面竖弯	15.598	15.594	0.03%

8.5.4　地震响应计算对比

1. 地震波激励的输入

据试验桥的地质资料信息，其场地土为Ⅲ类，桥址地区的设防烈度为 7 度，设计地震加速度为 0.15g。地震波在地震记录 EI-Centro 波基础上进行修正调整，地震波持续时间为 10s，地震波输入形式采用纵桥向 (Z 向)＋ 竖向 (Y 向)，各自加速度峰值分别为 1.245m/s^2 和 0.678m/s^2，其中竖向地震波如图 8-29 所示。

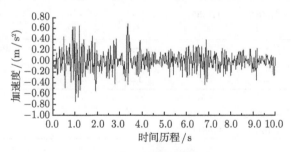

图 8-29　竖向地震波时程曲线

2. CFRP 索斜拉试验桥的地震响应对比分析

1) 地震响应时程对比

为获得两种索斜拉桥地震敏感性和响应净幅值，主梁、桥塔的各关键点地震响应时程以其静力结果作为地震响应振动的平衡点。经分析整理后，得到试验桥关键截面的地震响应时程。

图 8-30、图 8-31 分别为试验桥主、边跨跨中竖向位移和横桥向弯矩的地震响应时程曲线；图 8-32 表示塔顶纵桥向位移响应情况；图 8-33 表示塔底内力地震响应情况。

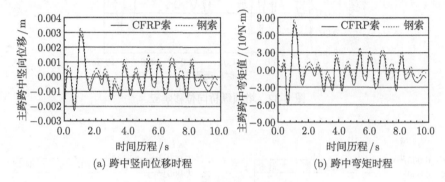

(a) 跨中竖向位移时程   (b) 跨中弯矩时程

图 8-30 主跨跨中地震响应

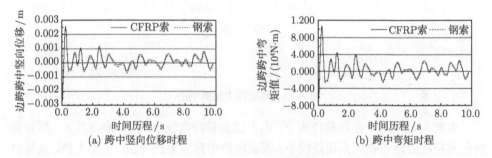

(a) 跨中竖向位移时程   (b) 跨中弯矩时程

图 8-31 边跨跨中地震响应

从图中可看出，CFRP 索试验桥的响应曲线与钢索试验桥相似，前者的峰值稍小于后者，两者衰减速度近似。原因是 CFRP 索质量轻，降低了桥身整体质量，但由于桥身跨度较小且刚度较大，拉索对斜拉桥本身影响并不明显。边跨跨中竖向位移和弯矩响应值均小于主跨跨中的响应值，这与试验桥跨度和刚度的不对称性相吻合。试验桥各个关键截面的地震响应时程曲线波形起伏较密集，且相邻波峰间的数值悬差较大，原因在于试验桥整体刚度较大，塔梁处采用刚性约束。

2) 地震响应峰值对比

重要截面的地震响应峰值决定桥体抗震设计，故综合考虑静力和地震作用，即以无载 (无静动力作用) 状态作为参考状态。

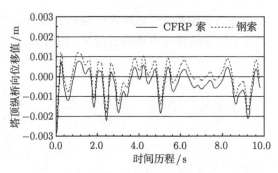

图 8-32　塔顶纵桥向位移响应

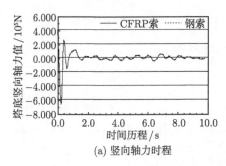

(a) 竖向轴力时程

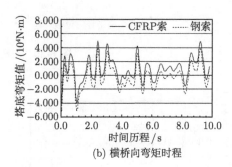

(b) 横桥向弯矩时程

图 8-33　塔底内力地震响应

　　由表 8-12 可知，在地震作用下，由于试验桥跨度较小，整体刚度较大，所以两种配索模型的地震响应值相差较小；因试验桥中预应力的施加，主梁上拱，其竖向位移响应值为正值；采用 CFRP 拉索时，主梁竖向位移和弯矩响应值稍大，原因在于等刚度换索时，钢索自重较大，其自振频率减小，与刚度很大的主梁间耦合振动较少，但这对轻柔的大跨钢索斜拉桥而言并不存在；塔顶竖向位移、塔根轴力和弯矩均小于钢索模型，主要归因于 CFRP 索斜拉桥自重减轻。

表 8-12　结构主要部位的地震响应峰值

项目	主跨主梁跨中		边跨主梁跨中		塔柱顶部		塔柱根部	
	$U_y/$	$M_x/$	$U_y/$	$M_x/$	$U_y/$	$U_z/$	$F_y/$	$M_x/$
	$(10^{-3}\mathrm{m})$	$(10^5\mathrm{N\cdot m})$	$(10^{-3}\mathrm{m})$	$(10^5\mathrm{N\cdot m})$	$(10^{-3}\mathrm{m})$	$(10^{-3}\mathrm{m\cdot m})$	$(10^6\mathrm{N})$	$(10^5\mathrm{N\cdot m})$
CFRP 索	4.340	0.695	4.551	3.907	−1.384	3.744	−3.123	0.944
钢索	4.322	0.691	4.550	3.907	−1.385	3.741	−3.127	0.948
相对差	0.42%	0.58%	0.02%	0.00%	−0.07%	0.08%	−0.13%	−0.42%

8.6 本章小结

本章首先进行 CFRP 拉索斜拉桥的模态测试试验研究,其次建立和完善以 BEAM189 单元为主的有限元计算模型,最后将实测结果、计算值对比分析,得出如下结论。

(1) 试验桥自振频率的测试值和模拟计算值比较接近,误差处在试验允许和工程可控范围,且相应的振型出现先后顺序和形状吻合良好,说明试验桥的模型分析与实际结构受力情况基本一致。

(2) 基于环境激励模态参数识别技术的桥梁模态试验专用软件 QLSYMT 能够成功地进行混凝土斜拉桥的基频测试;同时利用 BEAM189 单元取代传统 BEAM4 单元建立 CFRP 拉索斜拉桥梁壳杆系有限元动力学模型是切实可行的。

(3) 斜拉桥采用塔梁固结体系时,其桥跨扭转将以单跨独立短周期扭转振型代替其他连接体系出现的多跨耦合长周期扭转振型,提高了斜拉桥首阶扭转频率,使得扭转振动在斜拉桥结构中出现的可能性更小。

(4) 斜拉桥可视为具有多点弹性支承的连续梁结构,采用等轴向刚度原则换索时,CFRP 索斜拉桥的自振频率较钢索有一定提高,利于斜拉桥抵抗低频激励。原因在于:CFRP 索桥梁结构自重较轻;相对于钢索,CFRP 索质量轻、单索自振频率高,使得索梁、索塔耦合振动减小。因试验桥跨度较小且整体刚度较大,该效果不太明显,但在大跨斜拉桥中,CFRP 索的这一优势将得到充分发挥。

(5) CFRP 索试验桥的响应曲线与钢索试验桥的相似,前者的峰值稍小于后者,两者衰减速度近似。原因是 CFRP 索质量轻,降低了桥身整体质量,但由于桥身跨度较小且刚度较大,拉索对斜拉桥本身影响并不明显。由于试验桥整体刚度较大且塔梁处采用刚性约束,所以两种索试验桥模型响应时程曲线波形起伏较密集,且相邻波峰间的数值悬差较大。

(6) 在地震作用下,CFRP 索斜拉桥对索塔基础的抗压和抗弯要求较钢索斜拉桥有所下降,利于大跨斜拉桥塔柱基础设计。这方面还需要本课题组进行进一步研究探索,希望可为 CFRP 索斜拉桥动力特性研究和 CFRP 等新型缆索在桥梁工程中的应用提供一定的依据和参考。

参 考 文 献

[1] 高丹盈, 李趁趁, 朱海堂. 纤维增强塑料筋的性能与发展 [J]. 纤维复合材料, 2002, 19(4):37-40.

[2] 张元凯, 肖汝诚. FRP 材料在大跨度桥梁结构中的应用展望 [J]. 公路交通科技, 2004, 21(4): 59-62.

[3]　Mitsubishi Chemical Corporation.　Lead line carbon fiber rods [J]. Technical Data. Japan, 1992.

[4]　Benmokrane B, Zhang B, Chennouf A. Tensile properties and pullout behavior of AFRP and CFRP rods for grouted anchor applications [J]. Construction and Building Materials, 2000, 14(3): 157-170.

[5]　Einde L V D, Zhao L, Seible F. Use of FRP composites in civil structural applications[J]. Construction and Building Materials, 2003, 17(6-7): 389-403.

[6]　Noisterning J F. Carbon fiber composites as stay cable for bridges [J]. Applied Composite Materials, 2000, 7(2-3): 139-150.

[7]　Winkler N, Klein P. Carbon fiber products (CFP)-a construction material for the next century [J]. Proceedings of the 13th FRP Congress, 1998: 69-72.

[8]　Keller T. Recent all-composite and hybrid fiber reinforced polymer bridges and buildings[C]//Progress in Structural Engineering and Material, 2001, 3 (2):132-140.

[9]　Busel J P, Lindsay K. On the road with John Busel: a lock at the world's bridges[J]. CDA/Composite Design and Application, 1997, 1: 14-23.

[10]　邹晓文. 法国拉胡安市一座合成材料缆索斜拉桥 [J]. 中国三峡建设, 2003, 10 (12): 47.

[11]　堪润水, 胡钊芳. 公路桥梁荷载试验 [M]. 北京: 人民交通出版社, 2003.

[12]　胡大琳. 桥涵工程试验检测技术 [M]. 北京: 人民交通出版社, 2000.

[13]　刘士林, 王似舜. 斜拉桥设计 [M]. 北京: 人民交通出版社, 2006.

[14]　章关永. 桥梁结构试验 [M]. 北京: 人民交通出版社, 2002.

[15]　左鹤声, 彭玉莺. 振动试验模态分析 [M]. 北京: 中国铁道出版社, 1995.

[16]　李德葆. 振动模态分析及其应用 [M]. 北京: 宇航出版社, 1989.

[17]　陈常松, 田仲初, 郑万泔, 等. 大跨度混凝土斜拉桥模态试验技术研究 [J]. 土木工程学报, 2005, 38(10): 72-75.

[18]　章献. 独塔斜拉桥动力特性的有限元分析及试验研究 [J]. 桥梁建设, 2005, 4:13-15.

[19]　张浩, 陈应波. 大跨斜拉桥模态测试与分析 [J]. 武汉理工大学学报, 2007, 29(4):79-82.

[20]　王涛, 黄平明. 斜拉桥模态试验研究 [J]. 太原理工大学学报, 2007, 38(5): 401-404.

[21]　韩之江. 桥梁结构脉动测试分析与应用 [J]. 山西交通科技, 2002, 2: 48-50.

[22]　Jens C, Elgaard J H, Lars H, et al. Innovative cable-stayed bridge [J].Concrete (London), 1998, 32(7):32-34.

[23]　Grace N F, Navarre C. Design construction of bridge street bridge——first CFRP bridge in the United States [J]. PCI Journal, 2002, 47(5):20-35.

[24]　梅葵花, 吕志涛, 张继文, 等. 碳纤维复合材料索斜拉桥的设计与测试 [J]. 长安大学学报 (自然科学版), 2007, 27(6): 48-52.

[25]　刘荣桂, 李成绩, 蒋峰, 等. 碳纤维斜拉索的静力参数特性分析 [J]. 哈尔滨工业大学学报, 2008, 40(4): 615-619.

[26]　刘荣桂, 李成绩, 龚向华, 等. 碳纤维斜拉索的动力参数特性分析 [J]. 哈尔滨工业大学学报, 2008, 40(8): 1284-1288.

[27] 刘荣桂, 许飞, 蔡东升, 等. CFRP 拉索斜拉桥静载试验分析 [J]. 中国公路学报, 2009, 22(2):48-52.

[28] 刘荣桂, 许飞. CFRP 拉索试验桥锚具的有限元分析 [J]. 工业建筑, 2009, 39(436): 61-65.

[29] 吕志涛, 梅葵花. 国内首座 CFRP 索斜拉桥的研究 [J]. 土木工程学报, 2007, 40(1): 54-59.

[30] Rizzo P, Lanza D S F. Acoustic emission monitoring of carbon-fiber-reinforced-polymer bridge stay cables in large-scale testing [J]. Experimental Mechanics, 2001, 41(3): 282-290.

[31] 郑万泔. 振动及动态信号采集分析系统软件 CRAS-V6.1 使用说明书 [Z]. 2004.

[32] 国家交通部. 公路斜拉桥设计细则 (JTG/T D65-01—2007) [M]. 北京: 人民交通出版社, 2007.

第9章　CFRP 索长大跨斜拉桥静动力学分析

随着我国及全球经济的发展，社会对交通快捷和便利的要求越来越高，各国尤其我国在基础设施方面的投资持续得到国家政策的支持，以长大跨结构形式 (桥梁、隧道) 跨越海湾或海峡已逐步开始实施[1,2]。21 世纪后，我国拟建设的琼州海峡跨海工程全长 19.5km，修建区域的地质条件、使用环境等十分恶劣，一个在研的方案是以特大跨桥梁来实现跨越[3,4]。大量的工程实践已经证明，在长大跨桥梁结构中，传统的钢索和悬索受环境因素作用的影响较大，尤其是在海湾或海峡所处的海洋腐蚀环境下。因此，新型缆索替代材料的发展和研究成为斜拉桥结构实现更大尺度跨越的关键问题之一。其中，碳纤维增强复合材料 (CFRP) 具有轻质、高强、耐腐蚀、抗疲劳等优良性能，将 CFRP 材料用于斜拉桥的拉索既可以充分利用其高强性能，其耐腐蚀、抗疲劳的特性又能大大降低桥梁服役状态下的维护费用，在未来长大跨斜拉桥设计使用中有着良好的应用前景。本章就 CFRP 索长大跨斜拉桥的静动力特性及减震控制方法等内容进行简要介绍。

9.1　长大跨斜拉桥应用发展与研究简介

斜拉桥外形美观、结构刚度大，跨越能力强。17、18 世纪，欧洲最先采用这种桥梁建造形式应用于实际工程[5]。第二次世界大战后，由于其相比于地锚式悬索桥和拱桥，斜拉桥对结构基础要求较低，且施工较容易，因此被广泛应用。目前，在世界各地已建成达 300 余座。在中国，20 世纪 90 年代后，随着我国高强钢材生产能力的逐步提高、设计理论的逐步完善及施工技术的进步，越来越多的桥梁设计者在实际工程中选择斜拉桥这种结构形式[6,7]，且跨度也在向大跨特大跨方向发展。跨入 21 世纪后，我国建成了主跨 1088m 的苏通长江公路大桥[8,9] 和主跨 1018m 的香港昂船洲大桥，另一座主跨超过 1000m 的斜拉桥是主跨 1104m 的俄罗斯岛跨海大桥 (图 9-1)。

由于海洋大气中含有较多对钢索强度及耐久性影响较大的氯离子等有害物质，钢索在高周应力和海洋腐蚀介质 (氯离子) 共同作用下存在较严重的腐蚀现象，且应力越高，腐蚀速度越快。另外，随着结构跨径的增大，缆索材料的自重占总恒载的比例逐步增大，钢制拉索的恒载效应成为长大跨桥梁结构设计时的控制荷载，限制了长大跨斜拉桥结构的跨越能力。有研究表明，在考虑桥梁建造形式、结构因素、施工材料等主要技术因素的情况下，钢斜拉桥的极限跨度可达 2900m 左右；

预应力混凝土斜拉桥的极限跨度为 1100m 左右[10]。目前世界上跨径最大的斜拉桥是连接符拉迪沃斯托克大陆和岛屿部分海参崴俄罗斯岛跨海大桥 (Russky Island Bridge)(图 9-1(a))，该桥的中心跨度为 1104m，其牵索长 580m，距水平面高度 70m，桥墩高度 324m，于 2012 年 7 月 2 日在海参崴通车并投入使用。俄罗斯岛跨海大桥、我国主跨 1088m 的苏通长江公路大桥 (Sutong Bridge)(图 9-1(b)) 和香港主跨 1018m 的昂船洲大桥 (Stonecutters Bridge)(图 9-1(c)) 是全球仅有的三座主跨超过 1000m 的斜拉桥。另外，长大跨斜拉桥结构随着上部结构自重的增加，下部结构的造价大幅度提高，且施工难度增大。

(a) 俄罗斯岛跨海大桥　　　　(b) 苏通长江公路大桥　　　　(c) 昂船洲大桥

图 9-1　长大跨斜拉桥

21 世纪后，纤维增强聚合物高性能材料的应用成为解决上述问题的一种可行途径，尤其是 CFRP 制作斜拉桥的拉索既可以充分利用其高强性能，其耐腐蚀、抗疲劳的特性又能大大降低桥梁服役状态下的维护费用，在未来长大跨斜拉桥设计使用中有着良好的应用前景[11-14]。国内学者高丹盈等详细介绍了纤维增强塑料筋混凝土构件力学性能研究中存在的问题[15]；张元凯等[16] 分析了 FRP 材料的特点以及与传统材料相比的突出优点，特别分析了 FRP 材料用于大跨度斜拉桥或悬索桥时对极限跨径的提高问题，为一些特大跨径桥梁的设计提供了新的思路；臧华等[17] 提出未来大跨度斜拉桥应用 CFRP 具有广阔的应用前景，对 CFRP 拉索的应用与研究现状进行了概述，介绍了我国首座 CFRP 索斜拉桥的基本情况，对 CFRP 拉索的基本性能、优势进行了一定的分析，指出 CFRP 材料在应用时面临的相关问题，特别探讨了 CFRP 索的锚固体系；李晓莉[18] 分析了 CFRP 这种新型材料的特点，从力学的角度详细推导了相关公式，对斜拉索的承载效率进行了分析，对于使用 CFRP 材料斜拉索的超大跨度斜拉桥，研究了其极限跨径，可以为今后跨海大桥的建设提供新的设计思路，同时对 CFRP 材料用于斜拉桥拉索中的一些不足进行分析；梅葵花等[19] 在分析传统缆索材料局限性的基础上，概述了 CFRP 用于超大跨桥梁的必要性及目前 CFRP 的发展情况和在桥梁工程中的应用基础,最后指出 CFRP 用于超大跨桥梁尚存在的问题;Cheng[20] 对应用 CFRP 索的斜拉桥进行了动力特性和抗风稳定性分析,但分析的斜拉桥跨度只有 400 多米;Kremmidas[21] 等对 CFRP 索和应用 CFRP 索的大跨度斜拉桥的静力和动力特性进行了研究,但对其在动力 (包括风和地震等) 作用下的力学性能研究比较少;张新军等[22,23] 对 CFRP 索斜拉桥和悬索桥的抗风性能进行了研究,但对地震作用下的力学性能研究比较少;谢旭等[24-27] 对 CFRP 索大跨斜拉桥的地震和风荷载作用下力学性能及车桥耦合振动等力学性能进行了研究;梅葵花等[28,29] 对 CFRP 索的参数振动和 CFRP 索斜拉桥的静动力性能进行了相关分析,1987 年,已有专家提出在直布罗陀海峡最窄处建造 8400m CFRP 索斜拉桥的设想[30,31]。

对长大跨斜拉桥而言,在准确的静力行为分析基础上,需进一步分析其动力学行为。考虑加速度峰值和持续时间,利用时程分析法研究分析结构在地震作用下的动力学响应特性,以精确地描述结构在地震作用下的非线性特性。

刘云等[32] 用 MIDAS 软件建立了润扬大桥动态分析模型,采用单主梁模型、抗风支座用弹性单元模拟,分析计算了该桥的动力学特性;龙晓鸿等[33] 用 ANSYS 软件建立澳门澳凼第三大桥的动力学分析模型,模型采用三种基本单元 (BEAM188、BEAM4 及 SHELL63),通过子空间迭代法,分析了桩土相互作用结构及塔底固结对结构动力特性的影响;吕志涛等[34] 对国内首座 CFRP 索斜拉桥进行了设计,介绍了该桥的设计要点,分析了该桥的动力学特性;刘荣桂等[35,36] 在理论分析的基础上,结合 CFRP 索切线刚度、竖向分力、垂度静力等特性参数对 CFRP 索的静动力特性进行了分析;谢旭等[37] 通过活载作用下的最不利内力和变形、抗风性以及弹塑性稳定性、振动特性等方面的对比,对跨度 600~1400m 的斜拉桥进行了适用性和经济性研究;张新军等在拉索替换上以等强替换和等刚替换原则对跨度 1400m 长跨度钢拉索斜拉桥的静力特性、动力特性、抗风稳定性进行了分析与比较;Bruno 等[38] 通过连续函数描述桥体构件间的相互作用,考虑向心力和地球自转偏向力的影响,分析了结构的动态因素敏感性,对“A”、“H”型桥塔与相应动态行为之间的关系进行了分析。

由上述研究现状的分析可知,众多学者对传统钢索长大跨桥梁结构的动力学响应分析进行了较为全面、系统的研究,对 CFRP 索长大跨桥梁结构静动力特性也进行了一定的研究,但基于实桥结构动力学试验基础数据进行 CFRP 索长大跨斜拉桥结构的动力学特性和地震响应分析还不多见,相关内容的研究可为 CFRP 材料更快更好地应用于实际工程奠定一定的基础,因而该部分内容的研究成果具有较强的现实意义。

通过增强结构本身的抗震性能 (强度、刚度、延性等) 来抵御地震作用是较为被动的抗震对策。对结构施加减震装置系统,由减震装置与结构共同承受地震作用, 即共同储存和耗散地震能量, 以协调和减轻结构的地震反应, 成为桥梁设计的研究热点问题。相关研究现状如下。

姜增国等[39] 考虑弹性和黏滞阻尼器不同的布置方式对结构减震能力的影响, 进行了不同减震控制方案下的参数敏感性分析; 徐秀丽等[40] 对大跨斜拉桥减震结构体系中的消能减震装置参数优化进行了探讨, 对杭州湾大桥进行减震设计, 取得了理想的减震效果; 韩万水等[41] 在 Maxwell 阻尼模型的基础上分析了黏滞阻尼器设置对斜拉桥地震控制的影响, 结果表明黏滞阻尼器在斜拉桥消能减振方面有着良好的应用前景; 亓兴军等[42] 考虑地震行波效应, 对飘浮体系斜拉桥结构减震的主动、半主动和被动控制方式进行了研究, 分析结果表明, 半主动控制效果优于被动控制; 行波效应对主动、半主动和被动控制的结果影响较小。

传统钢索斜拉桥结构的减震控制研究已相对成熟, 但 CFRP 索长大跨斜拉桥结构的减震控制研究还鲜有文献可查, 虽然目前以 CFRP 作为新型缆索材料在国内外的应用已初见端倪[43,44], 且其发展也受到学者热切关注 (例如, 张新军等从力学性能角度认为长大跨度斜拉桥采用 CFRP 索是可行的, 拉索截面采用等刚度原则确定更有利; 谢旭等指出拉索的局部振动是引起碳纤维索斜拉桥的地震响应与钢索桥存在差异的根本原因; 梅葵花等在 CFRP 索试验桥施工期间进行了相关 CFRP 索的试验研究和振动分析), 但基于实桥试验而进行 CFRP 索长大跨斜拉桥地震响应特性及其控制研究的相关内容还较为少见。

9.2　CFRP 索长大跨斜拉桥非线性静力分析

CFRP 索 (筋) 应用于斜拉桥, 尤其长大跨斜拉桥具有广阔的前景, 但将 CFRP 材料实际应用于斜拉桥的拉索体系仍然局限在中小跨径试验桥, 对其应用于大跨、长大跨度的斜拉桥体系中目前仍处于理论研究阶段, 对 CFRP 索长大跨斜拉桥结构的非线性动力学行为的系统分析较为少见, 分析方法主要以有限元模型分析为主, 且相关研究仍处于探索阶段。

大跨斜拉桥作为柔性结构, 其拉索的力学特性对结构刚度和承载能力有较大的影响, 克服拉索垂度产生的不利因素以及减轻拉索腐蚀和疲劳对桥梁耐久性的影响是大跨度斜拉桥结构设计的重要课题。

为了减小拉索的垂度并提高结构的耐久性, 本来使用在航空领域的碳纤维等新材料在斜拉桥中开始了实验性的应用。与传统钢拉索相比, 碳纤维增强塑料 (CFRP) 拉索具有强度高、自重轻、抗腐蚀、抗疲劳、耐久性好等优点, 且 CFRP 徐变和松弛等重要指标均优于钢材, 弹性模量选择范围大, 温度变形小; 另外, 随着斜拉桥向特大跨和超大跨的发展, 传统钢拉索由于自重大, 拉索的等效弹性模量下降非常快, 拉索的架设难度也越来越大, 而采用 CFRP 作为拉索则可减轻拉索自重、提高桥梁跨越能力以及减小下部结构尺寸，从而对降低综合经济指标及施工技术难度具有十分重要的意义。

实际上早在 1987 年就有资深专家提出了在直布罗陀海峡最窄处建造 8400m 的全 CFRP 斜拉桥的伟大构想和理论可行性，在一些大跨斜拉桥的设计中也提出了采用 CFRP 拉索的方案。国外已有成功采用 CFRP 拉索替代钢拉索的工程实例，国内首座试验性质的 CFRP 拉索人行斜拉桥也于 2005 年 5 月在江苏大学建成。

对于大跨度斜拉桥，当采用自重及材料弹性模量均低于钢材的 CFRP 材料制作的拉索后，结构的重力刚度有所降低，其静力和动力性能都需要重新分析。本章以苏通长江公路大桥为背景，拟定了一座同等跨径的 CFRP 拉索斜拉桥，运用有限元方法对两种拉索斜拉桥的静力学性能进行分析与对比，探讨各种非线性因素对两种斜拉桥静力行为的影响及碳纤维复合材料在大跨径斜拉桥中应用的可行性。

为保证 CFRP 索斜拉桥的全桥刚度相比于钢索斜拉桥不致下降太多，在 CFRP 拉索截面积确定时，没有采用以往常见的等强度代换原则，而采用了等轴向刚度的代换准则[45]，即 $A_C \cdot E_C = A_S \cdot E_S$，其中 A_C、A_S 分别为碳纤维索和钢索的截面积，E_C、E_S 分别为碳纤维索和钢索的弹性模量。

9.2.1　算例桥梁总体布置

根据相关资料，设计了两座同跨径的双塔双索面 CFRP 索斜拉桥和钢索斜拉桥，具体跨径布置为：100+100+300+1088+300+100+100=2088m，边跨设辅助墩，总体布置如图 9-2 所示。CFRP 索面积的确定采用等轴向刚度原则代换。

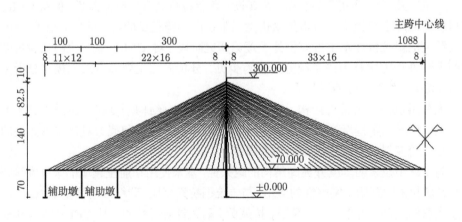

(a) 桥侧面图(半桥)

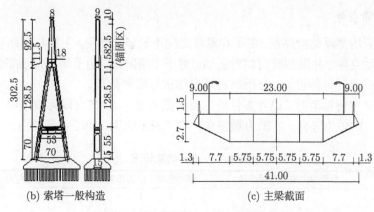

(b) 索塔一般构造   (c) 主梁截面

图 9-2   主桥基本尺寸图 (单位: m)

9.2.2   桥梁结构概况

主梁采用抗风性能好的扁平流线型钢箱梁，含风嘴全宽为 41m，中心处高度为 4.2m，实际钢箱梁按等效换算后，钢板的厚度为 50mm，纵向加肋板的厚度为 50mm，横梁厚度为 15mm。梁锚固采用锚箱式锚固，锚箱安装在主梁腹板外侧，并与其焊成一体。斜拉索采用平行钢丝斜拉索，为双斜索面，在梁上的基本索距为 16m，边跨尾索区为 12m，塔上索距为 2m，全桥共 4×34×2=272 根斜拉索。主桥索塔采用倒 Y 形，包括上塔柱、中塔柱、下塔柱和下横梁。

9.2.3   计算模型

利用大型通用有限元软件 ANSYS 建立该桥的三维有限元模型，其中钢箱主梁、主塔采用 BEAM189 单元模拟，刚性横梁采用 BEAM4 单元模拟，斜拉索采用 LINK10 单元模拟，塔梁间的纵向弹性约束及橡胶支座形成的横向弹性约束均用 COMBIN40 单元模拟。

1. 材料特性

主要构件的材料参数见表 9-1。

表 9-1   主要构件的材料参数

构件名称	材料型号	密度/(kg/m³)	泊松比	弹性模量/Pa	线膨胀系数 /(10⁻⁵℃⁻¹)
钢箱梁	Q345钢	7700	0.3	$2.1×10^{11}$	1.2
塔柱	C55号混凝土	2600	0.17	$3.55×10^{10}$	1.0
过渡墩、辅助墩	C40号混凝土	2600	0.17	$3.3×10^{10}$	1.0
CFRP 拉索	CFRP 筋	1600	0.3	$1.6×10^{11}$	0.7
钢拉索	高强钢丝	8800	0.3	$2.0×10^{11}$	1.2

2. 边界条件

全桥采用漂浮结构体系,主梁和索塔之间不设竖向支座。主梁与辅助墩之间设置纵向滑动支座,并限制横向相对运动。对于主塔基础,由于缺少地质资料,所以没有对基础进行具体设计,分析时将塔底部进行固端处理。

在建立主桥模型时,边界条件的主要参数见表 9-2。在有限元模型中,X 轴表示桥横向,Y 轴为竖向,Z 轴为顺桥向;"1"表示约束;"0"表示自由。

表 9-2　边界约束情况

自由度	主梁与主塔的相对运动	辅助墩与主梁的相对运动	塔底与地面
X	1	1	1
Y	0	1	1
Z	0	0	1
Rot-x	0	0	1
Rot-y	0	0	1
Rot-z	0	0	1

注: X 为横桥向线位移,Y 为竖向线位移,Z 为顺桥向线位移,Rot-x 为 X 向角位移;Rot-y 为 Y 向角位移;Rot-z 为 Z 向角位移

3. 边跨压重

由于结构不对称,根据多次试算结果,在密索区和辅助墩顶区布置了压重,具体分布如下:在边跨从主塔开始算起,0~72m 范围内,设计压重 40kN/m;72~300m 范围内,设计压重 60kN/m;300~400m 范围内,设计压重 80kN/m;400~500m 范围内,设计压重 120kN/m。

建立的有限元模型如图 9-3 所示。

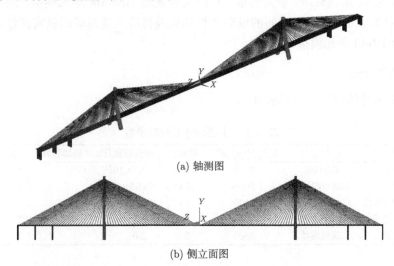

(a) 轴测图

(b) 侧立面图

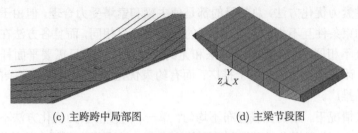

(c) 主跨跨中局部图   (d) 主梁节段图

图 9-3　主桥有限元模型图

9.2.4　合理成桥状态的确定

合理成桥状态主要包括力的状态和线型状态。力的状态包括主梁、塔、斜拉索以及墩台的受力状态，取决于结构的恒载分布、拉索索力和支座反力。线型状态主要是指主梁的成桥标高。确定合理成桥状态主要是指合理的成桥恒载受力状态，主要通过恒载分布调整和索力的调整获得。确定斜拉桥合理成桥恒载受力状态一般要满足以下原则[46,47]。

1) 索力分布

索力要分布均匀，但又有较大的灵活性。通常短索的索力小，长索的索力大，呈递增趋势，但局部地方应允许索力突变。在所有索中索力不宜太大或太小。

2) 主梁弯矩

主梁弯曲内力常是混凝土斜拉桥设计中的控制内力。在成桥状态下，主梁的恒载弯矩要控制在可行域范围内。

3) 主塔弯矩

主塔弯矩通常是大跨径钢梁斜拉桥设计中的控制内力。在恒载状态下，主塔弯矩应考虑活载和混凝土后期收缩徐变的影响。在活载作用下，主塔往河跨侧的弯矩一般比岸侧大，并且混凝土后期收缩徐变的影响往往使塔侧偏。因此，在成桥恒载状态下，塔宜向岸侧有一定的预弯矩，并根据塔的徐变侧偏量设置反向预偏量。

4) 边墩和辅助墩支座反力

边墩和辅助墩的支座反力在恒载作用下应有足够的压力储备，最好在活载下不出现负反力。

斜拉桥是高次超静定结构，索力的大小决定了斜拉桥的内力分布和线型。因此，在不改变结构参数的前提下，斜拉桥恒载状态分析就转化为斜拉索索力的优化问题。目前成桥索力优化方法较多，主要可分为三类：一是指定受力状态法，如刚性支承连续梁法、零位移法、内力平衡法、应力平衡法等；二是无约束优化法，如弯曲能量最小法、弯矩最小法等；三是有约束优化法，如索量最小法、最小徐变准则法、影响矩阵法等[48-55]。

各种索力优化方法，总的目的都是使主梁和索塔受力合理，但由于各自的目标函数和约束条件互不相同，所以所得的结果也不尽相同，而且各方法在使用上的繁简性也互不相同，指定受力状态法和无约束优化法一般只需要平面杆系程序就可以运行，计算相对方便，易于推广；而有约束优化法则需要建立复杂的数学模型，相对不易推广。

多数情况下，结构恒载分布不均匀，单一、简便的索力优化方法不能获得理想的成桥状态。本章将在保证控制截面的内力和位移在指定范围内的前提下，结合内力平衡法和弯曲能量最小法来确定成桥恒载状态，然后局部调整过大或过小的索力，从而最终确定成桥索力。

9.2.5 成桥状态分析

桥梁结构非线性主要有材料非线性和几何非线性两种。对正常使用阶段的斜拉桥，一般不允许出现塑性变形，在施工和正常使用阶段，结构仅在几何非线性状态工作[56]。因此，本章对非线性因素的考虑主要以几何非线性为主，忽略材料非线性对结构的影响。

此处，以初始索力和结构自重作用下的成桥状态作为结构初始应力，计算分析采用非线性计算理论，考虑主梁、塔以及拉索单元的几何非线性影响，下面对两种拉索斜拉桥的成桥状态下的计算结果进行分析。

成桥状态下，两种拉索斜拉桥拉索的有效弹性模量比重如图 9-4 所示 (其中 E 为考虑非线性因素后的拉索弹性模量，E_0 为初始拉索弹性模量)，由图中可以看出，随着拉索的长度变长，钢拉索的有效弹性模量下降很多，在更大跨斜拉桥中，这势必会造成材料的浪费；而 CFRP 索在拉索很长时，也依然保持着较高的水平，相对于钢索，其材料利用率更高。由图 9-5 可以看出，在成桥状态下 CFRP 索斜拉桥索力均小于钢索斜拉桥相应位置的索力。

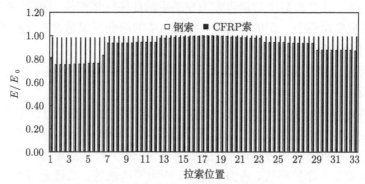

图 9-4 两种拉索斜拉桥的等效弹性模量比重 (半桥)

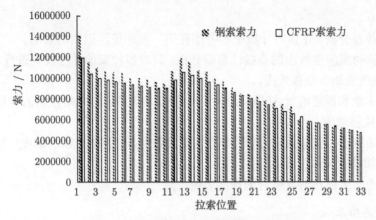

图 9-5 两种拉索斜拉桥主跨索力 (半桥)

斜拉桥的主梁以轴力方式传递拉索的水平分力，索塔处主梁轴力最大，过大的主梁轴向压力也是限制斜拉桥跨径的主要因素。成桥状态下，两种拉索斜拉桥的主梁轴力对比如图 9-6 所示，由图可以看出，CFRP 索斜拉桥主梁轴力相比于钢索斜拉桥的值明显要小，这在一定程度上可以减小主梁的负担。

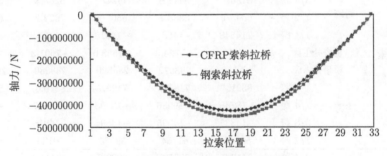

图 9-6 两种斜拉桥主梁的轴力 (半桥)

此外，成桥状态下，CFRP 索斜拉桥塔根处轴力为 1336560kN，而钢索斜拉桥塔根处轴力为 1376100kN，后者比前者大 2.9% 左右；CFRP 索斜拉桥塔根处弯矩值为 289074kN·m，而钢索斜拉桥塔根处为 343930kN·m，后者比前者大 19% 左右。这就说明当采用 CFRP 拉索后，桥梁上部结构自重得到了明显减轻，从而使主塔底部所受轴力和弯矩减小，同时上部自重降低也可以使下部结构的造价得到降低。

9.2.6 非线性影响因素的分析

1. 分析内容

为分析比较各种非线性因素对结构的影响，选择一些典型位置的内力和位移进行比较，并与线性计算结果进行比较，从而做出定量分析。共设计了如下 5 种情况。

Ⅰ：线性分析，在该项分析中不考虑任何一种非线性因素的影响。

Ⅱ：斜拉索垂度效应的非线性影响分析，只对斜拉索的弹性模量进行修正，但忽略梁-柱效应和大位移效应。

Ⅲ：主梁和桥塔的梁-柱效应分析，考虑梁-柱效应，但忽略拉索的垂度效应和结构的大位移效应。

Ⅳ：结构的大位移效应分析，考虑大位移效应，但忽略拉索的垂度效应及主梁和桥塔的梁-柱效应。

Ⅴ：考虑全部几何非线性因素的影响。

2. 计算结果

1) 弯矩计算结果

两种斜拉桥弯矩计算结果如表 9-3 所示。

表 9-3　　两种斜拉桥弯矩计算结果　　　　　（单位：10^3N·m）

分析内容			Ⅰ	Ⅱ	Ⅲ	Ⅳ	Ⅴ
CFRP 索	边跨	3/4 跨	3186.1	3411.6	5247	5260.3	3399.3
		1/2 跨	6045.1	6388.7	6506.2	7922.2	6488.6
		1/4 跨	−14548	−14687	−14618	−14674	−14756
	桥塔处主梁		−7652	−7724.3	−7683.6	−7691.3	−7743
	桥塔处塔底		288150	288972	288590	288680	2889030
	主跨	1/8 跨	8381.4	7181.4	7123.7	8370.6	8488.3
		1/4 跨	−18765	−19986	−19593	−19847	−20336
		3/8 跨	−14325	−14995	−14895	−14916	−15195
		1/2 跨	56844	61754	59923	60123	61964
钢索	边跨	3/4 跨	7413.8	8755.3	8392.8	8441	8808.6
		1/2 跨	16940	20506	18640	19750	20653
		1/4 跨	−5185.8	−5576.9	−5079	−5520.9	−5673.7
	桥塔处主梁		−3369	−3585.6	−3495	−3549.8	−3696.8
	桥塔处塔底		341034	343250	342010	342543	343930
	主跨	1/8 跨	11295	12239	11985	12125	12432
		1/4 跨	−1914	−2284	−2101	−2172.1	−2321.2
		3/8 跨	−11802	−14095	−13285	−13895	−14191
		1/2 跨	−2972	−3605.1	−3355.6	−3519	−3657.7

2) 索力计算结果

两种斜拉桥索力计算结果如表 9-4 所示。

表 9-4　两种斜拉桥索力计算结果　(单位: 10^4N)

分析内容			I	II	III	IV	V
CFRP 索	边跨	3/4 跨	8782.4	8794.6	8775.4	8789.9	8813.9
		1/2 跨	8776.5	8811.5	8796.2	8805.1	8812.2
		1/4 跨	6432.5	6441.8	6435.7	6427.9	6451.2
	桥塔处		4648	4655.8	4647	4646.4	4658.2
	主跨	1/8 跨	5867.4	5890.2	5868.1	5866.2	5888.5
		1/4 跨	7839.8	7842.3	7858.1	7872.9	7858.3
		3/8 跨	9699.5	9729.8	9706.4	9713.8	9733.7
		1/2 跨	12097	12135	12105	12122	12146
钢索索	边跨	3/4 跨	9345.8	9367.7	9412.5	9445.8	9400.1
		1/2 跨	9305.8	9340.5	9325.6	9333.6	9349.4
		1/4 跨	6495.6	6506	6529.1	6526.4	6501.1
	桥塔处		4709.6	4709.8	4686.5	4686.4	4709.9
	主跨	1/8 跨	5942.6	5953.5	5975	5962.8	5944.4
		1/4 跨	8175.5	8181	8206.4	8207.8	8185.2
		3/8 跨	10437	10488	10453	104574	10494
		1/2 跨	12801	12867	12838	12845	12876

3) 主梁轴力计算结果

两种斜拉桥轴力计算结果如表 9-5 所示。

表 9-5　两种斜拉桥轴力计算结果　(单位: 10^4N)

分析内容		I	I	III	IV	V
CFRP 索	桥塔处主梁	−42562	−42698	−42665	−42685	−42704
	桥塔底部	−133280	−133626	−133450	−133500	−133656
钢索	桥塔处主梁	−44955	−45124	−45106	−45115	−45137
	桥塔底部	−137180	−137585	−137405	−137430	−137610

4) 位移计算结果

两种斜拉桥位移计算结果如表 9-6 所示。

表 9-6　两种斜拉桥位移计算结果　(单位: m)

分析内容			I	II	III	IV	V
CFRP 索	主跨	1/8 跨	0.0161	0.0163	0.0162	0.0164	0.0165
		1/4 跨	0.0315	0.0326	0.0318	0.0321	0.0327
		3/8 跨	0.1135	0.1197	0.1075	0.1037	0.1198
		1/2 跨	0.2325	0.2416	0.2342	0.2331	0.2436
	塔顶 (水平)		0.2385	0.2308	0.2337	0.2378	0.2285

续表

	分析内容		I	II	III	IV	V
钢索	主跨	1/8 跨	−0.0401	−0.0423	−0.0408	−0.0415	−0.0427
		1/4 跨	−0.1045	−0.1115	−0.1091	−0.1108	−0.1124
		3/8 跨	−0.1612	−0.1731	−0.1687	−0.1697	−0.1741
		1/2 跨	−0.2201	−0.2454	−0.2327	−0.2392	−0.2513
	塔顶 (水平)		0.3165	0.3461	0.3324	0.3381	0.3505

注: 主梁位移值以竖直向上为正, 即有限元模型中 Y 轴的正向

5) 成桥状态线性与非线性结果比较

两种斜拉桥线性与非线性结果比较如表 9-7 所示。

表 9-7　两种斜拉桥线性与非线性结果比较

比较内容		II / I		III / I		IV / I		V / I	
		钢索	CFRP 索	钢索	CFRP 索	钢索	CFRP 索	钢索	CFRP 索
边跨跨中	主梁弯矩	1.211	1.057	1.100	1.076	1.166	1.311	1.219	1.073
	拉索索力	1.004	1.003	1.001	1.001	1.002	1.001	1.006	1.004
桥塔处	塔顶位移	1.094	0.970	1.050	0.980	1.068	0.990	1.107	0.960
	塔底弯矩	1.006	1.003	1.002	1.001	1.004	1.002	1.008	1.003
	塔底轴力	1.003	1.003	1.002	1.001	1.002	1.002	1.003	1.003
	主梁轴力	1.004	1.003	1.003	1.002	1.004	1.003	1.004	1.003
主跨跨中	主梁位移	1.115	1.039	1.057	1.007	1.086	1.003	1.142	1.048
	主梁弯矩	1.213	1.086	1.129	1.054	1.184	1.057	1.231	1.090
	拉索索力	1.005	1.003	1.003	1.000	1.003	1.002	1.006	1.004

3. 结果分析

1) 斜拉索垂度效应的影响

比较工况 II 与工况 I 的结果可以发现, 考虑斜拉索垂度效应后, 两种斜拉桥的位移值都出现了较大偏差, 其中 CFRP 索斜拉桥的塔顶水平位移和主跨跨中主梁竖向位移分别达到了 3.2% 和 3.9%, 而钢索斜拉桥偏差更大, 分别达到了 9.4% 和 11.49%; 两种斜拉桥的弯矩值计算结果中, 塔底弯矩值偏差较小, 而主跨跨中弯矩值的偏差则很大, 其中 CFRP 索斜拉桥达到了 8.6%, 钢索斜拉桥更高达 21.3%; 斜拉桥的轴力和索力值偏差较小, 其中 CFRP 索斜拉桥主塔处主梁轴力和主跨跨中索力的偏差分别仅为 0.32% 和 0.3%, 钢索斜拉桥也分别仅有 0.37% 和 0.5%。以上结果说明, 考虑斜拉索垂度效应后, 钢索和 CFRP 索的拉索的刚度有所减小, 所以结构总体刚度降低, 由此导致位移与弯矩增大, 但钢索的有效弹性模量相比 CFRP 索要低很多, 所以 CFRP 拉索的垂度效应比钢索斜拉桥要小, 而钢拉索的垂度效应较大, 这是导致斜拉桥几何非线性的主要因素; 同时可以发现斜拉索垂度效应对

两种桥的弯矩、位移计算结果的影响比对两种桥的轴力、索力等计算结果的影响要大。

2) 梁-柱效应的影响

比较工况III与工况 I 的结果可以发现，考虑梁-柱效应后，两种斜拉桥的位移值偏差较小，其中 CFRP 索斜拉桥的塔顶水平位移和主跨跨中主梁竖向位移偏差分别为 0.3% 和 0.7%，而钢索斜拉桥也分别仅有 5.0% 和 5.7%；两种斜拉桥主跨跨中弯矩值偏差稍大，其中 CFRP 索斜拉桥为 5.4%，钢索斜拉桥为 12.9%；两种斜拉桥的主塔处主梁轴力和主跨跨中索力值偏差很小，CFRP 索斜拉桥分别为 0.24% 和 0.01%，钢索斜拉桥分别为 0.33% 和 0.29%。以上结果说明，成桥状态下梁-柱效应对两种斜拉桥除对弯矩计算结果有明显影响外，对位移、轴力、索力等的影响都较小，且梁-柱效应对 CFRP 索斜拉桥的影响值要小于对钢索斜拉桥的影响值。

3) 大位移效应的影响

比较工况IV与工况 I 的结果可以发现，考虑大位移效应后，钢索斜拉桥的位移值偏差较大，其中塔顶水平位移和主跨跨中主梁竖向位移偏差分别达到了 6.8% 和 8.7%，而 CFRP 索斜拉桥的位移值偏差较小，塔顶水平位移和主跨跨中主梁竖向位移偏差分别仅为 0.2% 和 0.7%；主跨跨中弯矩值的偏差较大，CFRP 索斜拉桥为 5.8%，钢索斜拉桥为 18.4%；主塔处主梁轴力和主跨跨中索力值偏差都很小，CFRP 索斜拉桥分别为 0.3% 和 0.2%，钢索斜拉桥分别为 0.4% 和 0.3%。以上结果说明，成桥状态下大位移效应对两种斜拉桥的弯矩计算结果影响都较大，对钢索的位移计算结果也有一定影响，但对两种斜拉桥轴力、索力的计算结果影响不大，且大位移效应对 CFRP 索斜拉桥的影响远小于对钢索斜拉桥的影响。

4) 非线性因素组合效应的影响

比较工况 V 与工况 I 的结果可以发现，考虑全部非线性因素后，成桥状态下钢索斜拉桥的非线性效应非常显著，其中主跨跨中主梁竖向位移、主跨跨中弯矩偏差较大，分别达到了 14.2%、23.1%，CFRP 索斜拉桥分别为 4.8%、9.0%，相对较小。相比其他工况中单个非线性因素单独作用时，非线性因素组合效应较各单独非线性因素的影响更大，所以设计时必须同时考虑所有非线性因素，否则结构将偏于不安全。从以上所有比较结果可以看出，成桥状态下斜拉索垂度效应产生的非线性是导致大跨度斜拉桥结构几何非线性的主要因素，结构大位移效应次之，梁柱效应最小。这是因为大跨斜拉桥成桥后的刚度是有保证的，所以梁柱效应和大变形效应在成桥后无太大影响，梁柱效应和大变形效应主要影响大跨斜拉桥合拢前的安全性，所以应当对全桥进行全过程的跟踪分析。当考虑全部几何非线性因素后，CFRP 索斜拉桥所受非线性因素的影响比钢索斜拉桥要小得多，预计当跨度更大后，钢索斜拉桥所受到的非线性影响会更大，此时应用 CFRP 材料作为斜拉桥的拉索将更具优势。

9.3　CFRP 索长大跨斜拉桥动力特性与地震响应分析

动力学响应分析可通过激励的输入信号和响应的输出信号，进行系统的频率响应分析，确定系统对信号的传递特性 (幅频特性和相频特性)。系统对信号的传递特性由系统自身的动力学特性 (频率、阻尼、振型) 决定，而与激励无关，一般而言，一阶对称竖弯振型和一阶对称扭转振型对长大跨桥梁结构的抗风设计较为重要，纵飘振型和一阶对称竖弯振型则对长大跨桥梁结构抗震设计影响较大。几何非线性、材料非线性及双非线性因素是进行长大跨桥梁结构非线性动力学特性分析及地震响应分析中不能忽略的问题，分析中应根据结构形式、结构的重要性及地震激励的特点综合考虑上述非线性因素。由于在一定的地震作用下，桥梁结构的几何形状大变形效应对结构的影响较大，所以几何非线性是桥梁结构非线性动力学特性分析及地震响应分析时必须考虑的非线性因素。

由第 1 章可知，CFRP 索长大跨斜拉桥结构动力学特性及响应的研究并不多见，本章在结合国内首座 CFRP 斜拉试验桥静动力学试验的相关数据和相关学者研究成果的基础上[57-59]，以苏通长江公路大桥为参考对象，建立考虑结构几何非线性因素影响的 CFRP 索长大跨斜拉桥的非线性动力学分析模型，通过与同跨度的钢索斜拉桥的动力学特性及地震响应对比分析，研究 CFRP 索长大跨斜拉桥的动力学性能及地震响应的特点和规律，探讨影响 CFRP 索长大跨斜拉桥结构动力学特性及响应的主要因素。

9.3.1　CFRP 索长大跨斜拉桥动力学特性

1. 斜拉桥结构动力学特性分析原理

CFRP 索长大跨斜拉桥结构宏观动力学特征为长柔结构振动系统，在外部激励 (地震、风荷载、地球脉动) 作用下，产生结构动力学响应。随着自振频率的增大，长大跨斜拉桥结构的模态表现出较为独特的动力学特性，模态特征趋于基本振型多向耦合的空间形式，从振型形状上表现为由基本振型趋向基本振型耦合的状态。斜拉桥结构的缆索系统的动力学特性与整桥主体存在较大的差异。建立合理的三维空间动力学分析模型是进行结构自振特性及外部激励作用下结构响应特性分析的基础。斜拉桥结构的动力学特性分析包括结构的自振频率及对应的振型分析和可能发生的索桥参数共振分析。理论上，根据有限元分析理论，结构的质量是连续的空间函数，结构的运动方程为含有空间坐标和时间的偏微分方程，对于长大跨斜拉桥结构，在工程动力学分析中将结构离散化为有限自由度的数学模型后，在载荷特征确定的情况下，导出模型的运动方程，运用数值分析方法求解[60,61]。

2. 结构动力学特性分析理论

结构离散化的方法主要有集聚质量法、广义位移法和有限元法三种。集聚质量法通过把结构的分布质量集聚于一系列离散的质点或块，把结构本身看作仅具有弹性性能的无质量系统，仅质点或块产生惯性力，以质点或块的位移和转动作为自由度建立离散系统的运动方程，对于大部分质量集中在若干离散点上的结构，这种方法较为有效。广义位移法 (即瑞利-里茨法) 是假定结构在振动时的位形 (偏离平衡位置的位移形态) 可用一系列满足约束条件及结构内部位移的连续性条件的容许位移函数之和表示，离散系统的运动方程以广义坐标作为自由度。对于质量分布比较均匀、形状规则且边界条件易于处理的结构，这种方法较为有效。有限元法可看作分区的瑞利-里茨法，其要点是先把结构划分成适当数量的区域 (称为单元)，然后对每一单元施行瑞利-里茨法。通常取单元边界上 (有时也包括单元内部) 若干个几何特征点 (如三角形的顶点、边中点等) 处的广义位移作为广义坐标，并对每个广义坐标取相应的插值函数作为单元内部的位移函数 (或称为形状函数)。在有限元数学模型中，要求形状函数的组合在相邻单元的公共边界上满足位移连续条件。有限元法是最灵活有效的离散化方法，有限元法能提供方便、可靠的理想化模型，适合于用计算机进行分析，是目前最为流行的方法，故本章主要介绍有限元数值分析法。

1) 动力分析基本理论[62]

利用有限元数值分析法进行结构自振特性分析时，通过将结构划分成适当数量的单元后，对单元的基本力学特性进行分析后建立单元刚度矩阵；根据结构和单元间约束条件及结构内部位移的连续性条件建立有限元分析总体刚度矩阵。整体结构分析时的平衡方程考虑结构的惯性力和阻尼力，建立动力学平衡方程。

定义 ρ 为单元质量密度，δ 为时间 t 的位移函数，$\dot{\delta}$ 为速度向量，$\ddot{\delta}$ 为加速度向量，$-\mu\dot{\delta}$ 为黏性阻尼力，$\rho\ddot{\delta}$ 为分布的惯性力，N 为单元的形函数，有限元分析中，$\delta\dot{\delta}\ddot{\delta}$ 的形函数相同，假定 δ^e 为节点位移向量，$\delta = N\delta^e$，p_v 为体积分布力。

体积力的等效节点力为

$$\iiint N^{\mathrm{T}} \left(p_v - \mu\dot{\delta} - p\ddot{\delta} \right) \mathrm{d}v \qquad (9\text{-}1)$$

速度向量 $\dot{\delta}$，$\ddot{\delta}$ 为加速度向量，即

$$\dot{\delta} = N\dot{\delta}^e, \quad \ddot{\delta} = N\ddot{\delta}^e \qquad (9\text{-}2)$$

结构的阻尼矩阵和质量矩阵为

$$
\left.
\begin{aligned}
c &= \iiint \boldsymbol{N}^{\mathrm{T}} \mu \boldsymbol{N} \mathrm{d}v \\
m &= \iiint \boldsymbol{N}^{\mathrm{T}} \rho \boldsymbol{N} \mathrm{d}v
\end{aligned}
\right\}
\tag{9-3}
$$

由单元的平衡方程可得

$$
\boldsymbol{M}\ddot{\boldsymbol{\delta}}^{e} + \boldsymbol{C}\dot{\boldsymbol{\delta}}^{e} + \boldsymbol{K}\boldsymbol{\delta}^{e} = \boldsymbol{F}^{e}
\tag{9-4}
$$

根据结构和单元间约束条件及结构内部位移的连续性条件建立结构动力平衡方程为

$$
\boldsymbol{M}\ddot{\boldsymbol{\delta}} + \boldsymbol{C}\dot{\boldsymbol{\delta}} + \boldsymbol{K}\boldsymbol{\delta} = \boldsymbol{F}
\tag{9-5}
$$

式中,$\boldsymbol{M}$ 为结构的质量矩阵;$\boldsymbol{C}$ 为结构的阻尼矩阵;$\boldsymbol{K}$ 为结构的刚度矩阵;$\{\dot{\boldsymbol{\delta}}\}$ 为有限元集合体的速度向量;$\ddot{\boldsymbol{\delta}}$ 为加速度向量。

当 $\boldsymbol{F}=0$、$\boldsymbol{C}=0$ 时,即为结构的无阻尼自由振动方程:

$$
\boldsymbol{M}\ddot{\boldsymbol{\delta}} + \boldsymbol{K}\boldsymbol{\delta} = \boldsymbol{0}
\tag{9-6}
$$

令 $\boldsymbol{\delta} = \phi\sin(\omega t + \alpha)$,代入式 (9-6) 可得

$$
\left(\boldsymbol{K} - \omega^2 \boldsymbol{M}\right)\phi = \boldsymbol{0}
\tag{9-7}
$$

式中,ω 为结构的自振频率;ϕ 为对应于自振频率的固有振型,要求式 (9-7) 的非零解,则

$$
\det\left(\boldsymbol{K} - \omega^2 \boldsymbol{M}\right) = 0
\tag{9-8}
$$

由式 (9-8) 可求得结构无阻尼自由振动情况下结构的自振特性。

2) 子空间迭代法

在结构动力学特性分析问题中,理论上有限元法建立的动力学分析方程的自由度数等于结构的自振频率数和振型数,对实际工程而言,参与分析的自振频率数和振型数越多,计算得到的响应结果越准确,但计算效率降低。如前所述,在实际工程中,通过分析前若干阶结构固有频率及其对应的主振型对结构进行响应分析,可满足工程精度需要。子空间迭代法是在里茨 (Ritz) 法的基础上,通过缩减系统自由度求得前若干阶结构固有频率及其对应的主振型,进行结构的动力学特性及响应分析,该方法是目前大型复杂结构振动分析较为有效的方法之一。

子空间迭代法通过 p 维子空间 (p 为进行结构响应分析所需计算的自由度数,一般为响应分析所需的自由度数的 2 倍,但较结构实际的自由度数 n 要小得多) 迭代求解结构的前 p 阶频率和振型,子空间迭代法需满足的特征方程为

$$
\boldsymbol{K}\phi = \boldsymbol{M}\phi\boldsymbol{\lambda}
\tag{9-9}
$$

式中，$\boldsymbol{\lambda}=\mathrm{diag}(\lambda_i=\omega_i^2)$；$\boldsymbol{\phi}=[\boldsymbol{\phi}_1,\boldsymbol{\phi}_2,\cdots,\boldsymbol{\phi}_p]$ 为振型矩阵。

由振动分析基本理论可知，振型正交性条件为

$$\boldsymbol{\phi}^{\mathrm{T}}\boldsymbol{K}\boldsymbol{\phi}=0 \tag{9-10}$$

$$\boldsymbol{\phi}^{\mathrm{T}}\boldsymbol{M}\boldsymbol{\phi}=0 \tag{9-11}$$

子空间迭代通过 p 个以 M 为权的正交特征矢量，在满足式 (9-10) 和式 (9-11) 的情况下，构建对 K 和 M 的基，称为 p 维子空间 (E_∞)。求解时，对 p 个线性无关的矢量进行迭代的过程称为子空间迭代。初始 p 维子空间 E_0 由 p 个初始试探矢量构成，对初始试探矢量迭代 k 次后，$E_k \approx E_\infty$ 时，迭代过程终止。

设定试探矢量 q，$q > p$。试探矢量用上标 "(0)" 表示，位移为

$$\boldsymbol{q}^{(0)}=\boldsymbol{\varphi}^{(0)}\boldsymbol{z}^{(0)}=\boldsymbol{\varphi}^{(0)}\boldsymbol{1} \tag{9-12}$$

初始广义坐标矢量为

$$\boldsymbol{\varphi}^{(1)}=\boldsymbol{K}^{-1}\boldsymbol{M}\boldsymbol{\varphi}^{(0)} \tag{9-13}$$

则

$$\overline{\boldsymbol{\psi}}^{(1)}=\boldsymbol{K}^{-1}\boldsymbol{M}\boldsymbol{\varphi}^{(0)} \tag{9-14}$$

规格化和正交化 $\overline{\boldsymbol{\psi}}^{(1)}$ 后，广义的刚度和质量矩阵为

$$\overline{\boldsymbol{K}}_1=\boldsymbol{\varphi}^{(1)\mathrm{T}}\boldsymbol{K}\overline{\boldsymbol{\psi}}^{(1)}=\overline{\boldsymbol{\psi}}^{(1)\mathrm{T}}\boldsymbol{M}\boldsymbol{\varphi}^{(0)} \tag{9-15}$$

$$\overline{\boldsymbol{M}}_1=\boldsymbol{\varphi}^{(1)\mathrm{T}}\boldsymbol{M}\overline{\boldsymbol{\varphi}}^{(1)\mathrm{T}} \tag{9-16}$$

式中，$\overline{\boldsymbol{K}}_1$ 和 $\overline{\boldsymbol{M}}_1$ 的下标 "1" 代表第一轮循环。求解特征值问题，得到广义坐标振型 $\overline{\boldsymbol{z}}^{(1)}$ 和频率 $\boldsymbol{\lambda}_1$ 的关系为

$$\overline{\boldsymbol{K}}_1\overline{\boldsymbol{z}}^{(1)}=\overline{\boldsymbol{M}}_1\overline{\boldsymbol{z}}^{(1)}\boldsymbol{\lambda}_1 \tag{9-17}$$

$$\overline{\boldsymbol{z}}^{(1)\mathrm{T}}\overline{\boldsymbol{M}}_1\overline{\boldsymbol{z}}^{(1)}=0 \tag{9-18}$$

令

$$\boldsymbol{\varphi}^{(1)}=\overline{\boldsymbol{\psi}}^{(1)}\overline{\boldsymbol{z}}^{(1)} \tag{9-19}$$

为改进的试探矢量。$\boldsymbol{\varphi}^{(1)}$ 满足对 M 的正交条件，即

$$\boldsymbol{\varphi}^{(1)\mathrm{T}}\boldsymbol{M}\boldsymbol{\varphi}^{(1)}=\overline{\boldsymbol{z}}^{(1)\mathrm{T}}\overline{\boldsymbol{\psi}}^{(1)\mathrm{T}}\boldsymbol{M}\overline{\boldsymbol{\psi}}^{(1)}\overline{\boldsymbol{z}}^{(1)}=\overline{\boldsymbol{z}}^{(1)\mathrm{T}}\overline{\boldsymbol{M}}_1\overline{\boldsymbol{z}}^{(1)}=1$$

式 (9-14) 中的 $\varphi^{(0)}$ 用 $\varphi^{(1)}$ 代替，得 $\overline{\psi}^{(2)}$ 后重复式 (9-15)~式 (9-19) 可得到 $\varphi^{(2)} = \overline{\psi}^{(2)}\overline{z}^{(2)}$，直到迭代收敛于

$$\lim_{s\to\infty} \psi^{(s)} = \phi \text{和} \lim_{s\to\infty} \lambda_s = \lambda \tag{9-20}$$

满足式 (9-9)~式 (9-11) 为子空间迭代法迭代终止的条件，迭代过程中，一般低阶振型较快收敛，经 k 次迭代循环后得到 $E_k \approx E_\infty$ 为止。实践表明，q 的取值范围为 $q = \min\{2p, p+8\}$ 时，可满足试探矢量数目与收敛迭代循环次数的平衡关系。

9.3.2   CFRP 索长大跨斜拉桥动力学特性

1. 动力学特性分析模型

为研究 CFRP 索长大跨斜拉桥的动力学特性，本章以苏通长江公路大桥[63] (简称苏通大桥) 为工程背景，建立 CFRP 索长大跨斜拉桥的动力学分析有限元模型。苏通大桥路线全长 32.4km，主要由跨江大桥和南、北岸接线三部分组成。其中跨江大桥长 8146m，北接线长约 15.1km，南接线长约 9.2km。跨江大桥由主跨 1088m 双塔双索面斜拉桥及辅桥和引桥组成，边跨各设置 3 个桥墩，跨径为 2088m。主桥主孔通航净空高 62m，宽 891m，满足 5 万吨级集装箱货轮和 4.8 万吨级船队通航需要。工程于 2003 年 6 月 27 日开工，于 2008 年 6 月 30 日建成通车。苏通大桥斜拉索塔身锚固点间距为 2.30~2.70m，箱梁锚固标准间距为 16m，边跨尾索区箱梁锚固间距为 12m；材料采用钢丝索，抗拉强度为 1770MPa，最大规格为 PES7-313，单索最大重量为 59t，全桥共 4×34×2=272 根斜拉索。大桥主梁下设置下横梁，主梁为扁平流线型钢箱梁，含风嘴全宽 41m，中心处高度 5.2m，等效换算后，模型中取钢板厚度为 50mm，纵向加肋板的厚度 50mm，横梁厚度 15mm。桥塔为倒 Y 形，塔柱为空心箱形断面，桥面以上高度为 230.41m，高跨比为 0.212，总高 300.4m (图 9-7)。

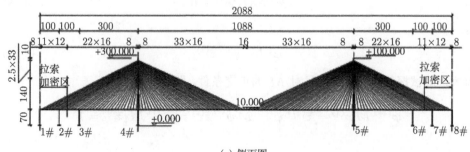

(a) 侧面图

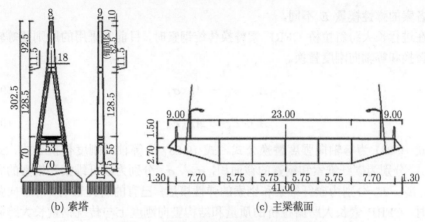

(b) 索塔　　　　　　　　(c) 主梁截面

图 9-7　苏通大桥结构形式 (单位：m)

本章所建结构动力学分析模型为全飘结构体系，模型中距离塔柱中心最近的拉索间距为 8m，该索为最短索，水平倾角最大，边跨尾索区箱梁锚固间距为 12m；主梁与塔墩处设置竖向支承和横向抗风支座，纵向设非线性黏滞阻尼器。

作为斜拉桥结构体系中最具标志性的特征，斜拉索将主梁及桥面重量直接传递到桥塔上，对主梁起弹性支承作用，影响着结构的刚度，是结构的主要承重构件。目前，斜拉桥的拉索材料通常为钢索，如前所述，CFRP 索的弹性模量为钢索的 0.8，密度为钢索的 0.2，抗拉强度则是钢索的 1.5 倍，容许应力为钢索的 1.28 倍，且 CFRP 材料具有良好的抗疲劳性能、耐久性和良好的抗腐蚀性，具备替代传统钢索的优良特性。但将 CFRP 索应用于斜拉桥结构目前仍处于探索阶段，为建立合理的 CFRP 索长大跨斜拉桥动力学分析模型，CFRP 索在力学模型中采用何种原则替换传统钢索，是建立 CFRP 索长大跨斜拉桥动力学分析模型首先需要解决的问题。由苏通大桥相关资料可知，苏通大桥斜拉索为高强钢丝索，抗拉强度为 1570MPa，容许应力为 628MPa，弹性模量为 200GPa，密度为 8000kg/m³，泊松比为 0.30，材料阻尼系数为 0.003，线膨胀系数为 1.2×10^{-5}℃$^{-1}$；CFRP 索抗拉强度为 2300MPa，容许应力为 805MPa，弹性模量为 160GPa，密度为 1600kg/m³，泊松比为 0.25，材料阻尼系数为 0.005，线膨胀系数为 7×10^{-7}℃$^{-1}$。CFRP 索考虑垂度效应影响的弹性模量 E 可用 Ernst 公式计算。

$$E = \frac{E_0}{1 + \dfrac{(\gamma l)^2}{12\sigma^3}E_0} \tag{9-21}$$

式中，E_0 为 CFRP 索的弹性模量；γ 为 CFRP 索材料比重；l 为 CFRP 索的水平投影长度；σ 为 CFRP 索的轴向应力。由于斜拉桥拉索的索力、材料比重引起的垂度效应、拉索水平投影长度不尽相同，CFRP 索长大跨斜拉桥有限元动力学分析模型中各索的弹性模量 E 不同。

在进行长大跨斜拉桥 CFRP 索替换传统钢索时，目前常采用的原则是等轴向强度替换和等轴向刚度替换。

$$A_C \cdot \boldsymbol{\sigma}_C = A_s \cdot \boldsymbol{\sigma}_s \tag{9-22}$$

$$A_C \cdot E_C = A_s \cdot E_s \tag{9-23}$$

式 (9-22) 为等轴向强度替换公式，式 (9-23) 为等轴向刚度替换公式，式中 A_C、A_s 分别为碳纤维索和钢索的截面积，$\boldsymbol{\sigma}_C$、$\boldsymbol{\sigma}_s$ 分别为碳纤维索和钢索的容许应力，E_C、E_s 分别为碳纤维索和钢索的弹性模量。已有的研究表明，等轴向强度替换时，CFRP 索长大跨斜拉桥的质量和结构竖向刚度上与传统钢索长大跨斜拉桥相差较大，即 CFRP 索长大跨斜拉桥和钢索长大跨斜拉桥在强度承载能力上差异不大，但 CFRP 索长大跨斜拉桥的竖向位移及其弯矩与钢索长大跨斜拉桥存在较大差异，相关动力学特性分析结果可比性较低，不利于对比分析 CFRP 索长大跨斜拉桥动力学特性的一般规律和特点。等刚度替换时，CFRP 索的截面要比等强度替换大，考虑到 CFRP 索长、轻、柔的特性，为对比分析 CFRP 索长大跨斜拉桥动力学特性的一般规律和特点，本章在建模时采用等轴向刚度替换原则建立 CFRP 索单元的相关参数。CFRP 索长大跨斜拉桥动力学分析模型中，其他主要构件的材料参数见表 9-8，边跨压重分布情况参见图 9-8。分析模型中的边界条件为横桥向和竖向的线位移约束 u_x、u_y，墩、塔底部固结。结合前述相关结论，建立的 CFRP 索长大跨斜拉桥有限元动力学分析模型见图 9-9，模型为梁杆系模型，用 BEAM189 单元模拟主次梁和墩柱，仅受拉 LINK10 单元模拟拉索，COMBIN14 单元模拟塔梁连接及塔墩基础边界。

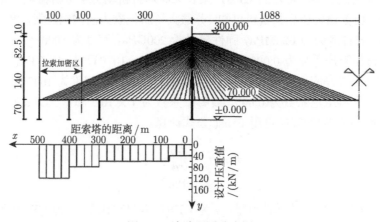

图 9-8　边跨压重分布图

表 9-8 主要构件的材料参数

构件名称	材料型号	密度/(kg/m³)	泊松比	弹性模量/GPa	材料阻尼系数	线膨胀系数/(10^{-5}℃$^{-1}$)
钢箱梁	Q345	7800	0.3	200	0.008	1.2
索塔柱	C55	2600	0.17	35.5	0.06	1.0
边墩柱	C40	2600	0.17	33.5	0.06	1.0

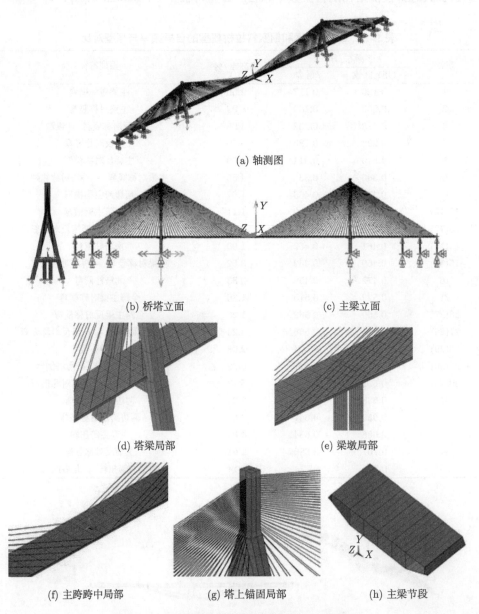

(a) 轴测图

(b) 桥塔立面   (c) 主梁立面

(d) 塔梁局部   (e) 梁墩局部

(f) 主跨跨中局部   (g) 塔上锚固局部   (h) 主梁节段

图 9-9 CFRP 索长大跨斜拉桥动力学分析模型

2. CFRP 索长大跨斜拉桥动力学特性计算结果

对上述长大跨斜拉桥动力学分析模型进行基于子空间迭代法的 CFRP 索和钢索长大跨斜拉桥结构动力学特性分析。为对比分析,本章提取前 35 阶 CFRP 索和钢索长大跨斜拉桥结构的自振频率和相应振型特征 (表 9-9 和图 9-10)。

表 9-9　CFRP 索和钢索斜拉桥模型的自振频率与振型对比

阶次	频率/Hz		提高率/%	振型特征
	CFRP 索	钢索		
1	0.120	0.117	2.56	主梁对称横弯
2	0.206	0.189	8.99	主梁对称竖弯
3	0.212	0.202	4.95	主梁反对称竖弯 + 纵漂
4	0.298	0.283	5.30	主梁反对称竖弯
5	0.319	0.314	1.59	主梁反对称横弯
6	0.345	0.330	4.55	主梁对称竖弯 + 桥塔对称纵弯
11	0.440	0.433	1.62	南边跨主梁横弯
12(13)	0.454	0.449	1.11	北边跨主梁横弯
13(12)	0.455	0.441	3.17	主梁反对称竖弯 + 桥塔反对称纵弯
14(15)	0.461	0.452	1.99	南塔柱侧弯
15(14)	0.469	0.452	3.62	主梁对称竖弯 + 桥塔对称纵弯
16	0.472	0.459	2.83	北塔柱侧弯
21	0.522	0.515	1.36	全跨主梁对称横弯
26(27)	0.569	0.562	1.25	全跨主梁反对称横弯
27(26)	0.574	0.556	3.24	主梁反对称竖弯 + 桥塔反对称纵弯
28(29)	0.622	0.604	2.98	主梁对称竖弯
29(30)	0.623	0.621	0.32	南边跨主梁横弯 + 南塔侧弯
30(28)	0.631	0.600	5.17	主梁主跨扭转 + 主梁对称横弯
31	0.638	0.624	2.24	两边跨对称竖弯
32	0.659	0.641	2.81	两边跨反对称竖弯
33	0.686	0.654	4.89	主梁主跨扭转
34	0.707	0.689	2.61	主梁反对称竖弯
35	0.715	0.714	0.14	主梁主跨扭转 + 北塔侧弯

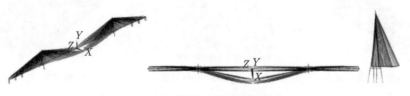

(a) 振型1 (主梁主跨横弯)

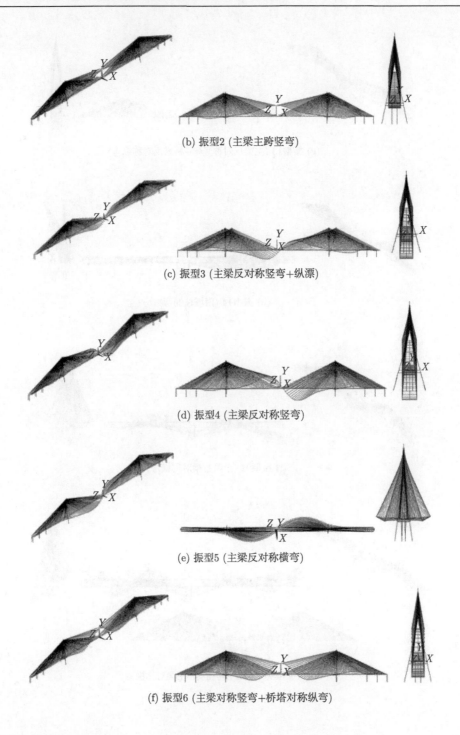

(b) 振型2 (主梁主跨竖弯)

(c) 振型3 (主梁反对称竖弯+纵漂)

(d) 振型4 (主梁反对称竖弯)

(e) 振型5 (主梁反对称横弯)

(f) 振型6 (主梁对称竖弯+桥塔对称纵弯)

(g) 振型13 (主梁反对称竖弯+桥塔反对称纵弯)

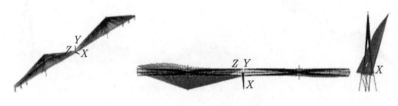

(h) 振型14 (南塔柱侧弯)

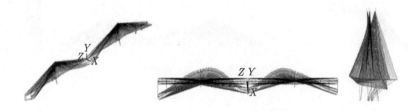

(i) 振型21 (全跨主梁对称横弯)

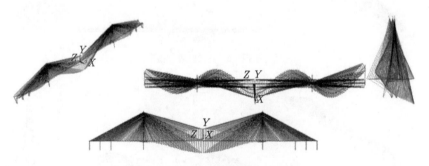

(j) 振型30 (主梁主跨扭转+主梁对称横弯)

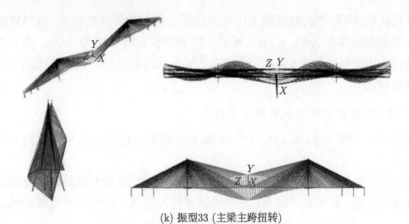

(k) 振型33 (主梁主跨扭转)

图 9-10 CFRP 索斜拉桥的典型振型图

1) 频率对比

由表 9-9 可知,长大跨斜拉桥体现出典型的长周期、频率密集型振型耦合的动力学特征,各阶自振频率间隔较小,符合长大跨斜拉桥轻、柔的特性;CFRP 索长大跨斜拉桥在竖弯和纵漂振型中对应的自振频率高于钢索斜拉桥,有利于结构抵抗低频外部激励。

由规范给出的双塔斜拉桥竖向基频和扭转基频的估算公式[64,65] 求得的竖向基频和扭转基频分别为 0.14Hz 和 0.64Hz,在上述长大跨斜拉桥动力学分析模型上计算得到的竖向基频和扭转基频分别为 0.189Hz 和 0.654Hz,规范结果与有限元分析结果差异较小,表明该 CFRP 索长大跨斜拉桥结构动力学分析模型的动力学特性计算结果具有良好的适用性。

2) 振型对比

由图 9-10 可知,CFRP 索长大跨斜拉桥在基本振动性态上包括横向对称弯曲、竖向对称弯曲、反对称竖弯加纵漂等形式。塔根处设置纵向限位阻尼器约束桥面的纵向位移,桥面主梁纵漂振型较横向对称弯曲、竖向对称弯曲、反对称竖弯加纵漂振型出现晚。其原因是该模型为全漂体系,但在每个塔根处设置的纵向限位阻尼器约束桥面的纵向位移,避免了桥面产生较大纵向位移。前三阶振型自振频率相差较小,说明对 CFRP 索长大跨斜拉桥而言,整个桥面体系刚度较小,频率值低,对降低结构在地震作用下的响应起到有利作用。

随着频率的增大,CFRP 索长大跨斜拉桥基本振型耦合成为常态。由于 CFRP 索长大跨斜拉桥具有长、柔的特点,耦合性态呈现多样化。第 3 阶振型为主梁反对称竖弯与桥面纵漂耦合,第 13 阶振型为桥面本身竖弯和桥塔纵向弯曲的耦合,第 30 阶振型为主梁扭转与横弯的耦合。

在抗风设计中，扭转基频的大小与斜拉桥的颤振临界风速有关，临界风速基本上与扭转基频呈线性关系，CFRP 索长大跨斜拉桥扭转频率为 0.686，高于钢索长大跨斜拉桥扭转频率为 0.654，表明 CFRP 索长大跨斜拉桥的抗风性能优于同跨度钢索斜拉桥。

3. CFRP 索长大跨斜拉桥动力学特性

由表 9-9 和图 9-10 可得到 CFRP 索长大跨斜拉桥的动力学特性的一般规律如下：

(1) 与常规土木工程结构相比，半飘体系 CFRP 索长大跨斜拉桥结构动力学特性表现为低频、长周期的特点，对应的钢索长大跨斜拉桥结构呈现类似的动力学特征。

(2) CFRP 索长大跨斜拉桥自振特性具有模态密集型的特征，在地震等外部激励下，进行 CFRP 索长大跨斜拉桥地震响应分析时，应选取较多振型参与分析计算。

(3) 由于 CFRP 索长大跨斜拉桥具有长、柔的特点，随着频率的增大，CFRP 索长大跨斜拉桥基本振型耦合成为常态，耦合性态呈现多样化。

(4) 基于等轴向刚度原则替换的 CFRP 索长大跨斜拉桥自振频率高于钢索长大跨斜拉桥，表明 CFRP 索对主梁整体刚度有一定的提高作用，对 CFRP 索长大跨斜拉桥抵抗低频激励更为有利。

(5) CFRP 索长大跨斜拉桥的扭转基率高于钢索长大跨斜拉桥，颤振临界风速高，抗风能力优于同跨度的钢索长大跨斜拉桥。

(6) CFRP 索材料弹性模量为钢索的 80%，但质量远低于钢索，有利于 CFRP 索长大跨斜拉桥避免索桥耦合振动。

(7) CFRP 索和钢索长大跨斜拉桥的动力学特性存在一定差异，现有适用于 CFRP 索长大跨斜拉桥动力特性分析的规范需进一步完善。

9.3.3　CFRP 索长大跨斜拉桥地震响应

1. 长大跨斜拉桥地震响应分析

1) 地震活动与桥梁

地震的时间、空间分布特点和地震频度、地震强度的变化构成一定区域内一定时期的地震活动特性。我国是全球大陆地区中较为活跃的地震区之一，地震活动分布范围广，具有频度高、强度大、震源浅的特点。几乎所有省、自治区、直辖市都发生过 6 级以上强震。20 世纪以来，全球 7 级以上强震之中，中国约占 35%。现有的经验表明，地震活动具有一定的周期性特征，我国自从有地震记录以来，经历了 5 个地震活跃期[66]，抗震设计成为现代工程结构设计的必需工作。

作为一种常见的地质现象, 据不完全统计, 每年全世界发生地震近 500 万次, 对工程结构而言, 绝大部分是不具备破坏性的小地震, 具备强烈破坏性的地震每年有十几次左右。作为交通疏导的生命线工程, 桥梁结构在具有强烈破坏性地震作用下, 根据地震灾害统计, 桥梁工程在地震中的破坏情况较为严重, 使得灾区内部与外部的交通运输中断, 因交通引发的次生灾害现象严重, 间接经济和社会损失巨大。

对桥梁震害进行调查研究后发现, 桥梁结构受震破坏的主要表现形式有墩台开裂、倾斜、折断或下沉, 桥梁上部结构和下部结构间相对位移, 支座弯扭、断裂、倾倒或脱落, 落梁落拱等。以顺桥向破坏的情况最为多见, 其原因主要包括以下几个方面: 盖梁宽度不足导致落梁引起破坏; 梁体相互碰撞引起破坏; 地基土地震液化放大了结构的振动反应; 支座破坏; 构造措施不足和连接不当导致的破坏; 材料缺陷; 桥梁下部结构强度; 河岸滑移导致的破坏等。为尽可能减小地震作用对作为生命线的桥梁的影响, 提高桥梁抗震能力成为众多研究者关心的问题。目前, 在实际工程中主要通过桥址选择、结构选型、控制施工质量、较为完善的模型抗震及地震台模拟振动分析等措施来控制。

2) 抗震设计方法的发展

随着人类对地震的认识的深入、科学技术水平的提高, 通过对地震中遭到破坏和幸存的桥梁进行系统、深入的分析、调查研究, 完善结构抗震设计的基本理论和方法, 目前, 抗震设计方法由基于强度的设计方法和基于延性的设计方法向基于全寿命期耐久性和性能的抗震设计方法发展 [67-70]。

现行规范的抗震设计方法采用基于强度的抗震设计方法, 将地震力当作静荷载进行结构分析, 以结构构件的强度或刚度是否达到特定的极限状态作为结构失效的准则。该方法设防目标将保证结构安全为单一目标, 实践证明不能有效地控制地震造成的损失。结合桥梁结构弹塑性破坏的特点, 基于反应谱的延性抗震设计方法随后被一些学者提出。该方法通过地震力修正系数调整反应谱加速度或弹性分析的地震内力, 来反映不同结构的延性需求。例如, 美国美国国家公路与交通运输协会 (AASHTO) 桥梁设计规范就针对桥墩、基础、支座等构件, 采用不同的地震反应修正系数 R 对弹性地震力进行折减, 得到设计地震力。

20 世纪 90 年代初美国学者提出基于性能的抗震设计理论 (performance based seismic design), 该方法根据地震作用的不确定性 (发生时间、强度和持时等) 以及结构抗力的不确定性, 对不同风险水平的地震作用, 使结构满足不同的功能要求, 即设计的结构要求在未来的地震灾害下, 结构能够维持所要求的性能水平。作为一种更合理的设计理念, 基于性能的抗震设计代表了未来结构抗震设计的发展方向, 引起了各国广泛的重视。

美国应用技术委员会 ATC-33(1992) 率先将基于位移的设计思想引入服役结构

的抗震加固中；NEHRP 提出了服役结构基于位移的抗震评估及加固方法，于 1997 年出版了《房屋抗震加固指南》(FEMA273/274)；ATC-40(1996) 和加州结构工程师协会于 1995 年公布的 SEAOC2000 都引入了基于位移的抗震设计方法；美国国际规范委员会 (International Code Council, ICC) 于 1997 年出版的《国际建筑规范 2000(草案)》(IBC2000(*Draft*)) 强调了与结构位移设计有关的内容。2003 年美国 ICC 发布了《建筑物及设施的性能规范》。

日本自 1995 年开始进行了为期 3 年的"建筑结构的新设计框架开发"研究项目，并在研究报告《基于性能的建筑结构设计》中总结了研究成果。2000 年 6 月实行了新的基于性能的建筑基准法 (building standard law)。

1998 年，欧洲 CEB 出版了《钢筋混凝土结构控制弹塑性反应的抗震设计：设计概念及规范的新进展》，提出了用基于位移的方法评估服役结构的抗震性能和进行抗震加固设计，将构件塑性铰区的曲率转化为对混凝土极限压应变的要求，以此设计塑性铰区的约束箍筋，避免纵筋压屈并保证混凝土有能力达到要求的极限压应变。欧洲混凝土协会 (CEB) 于 2003 年出版了《钢筋混凝土建筑结构基于位移的抗震设计》报告。

澳大利亚则在基于性能设计的整体框架以及建筑防火性能设计等方面做了许多研究，提出了相应的建筑规范 (BCA 1996)。

中国国家自然科学基金"八五"重大项目"城市与工程减灾基础研究"的有关专题就开始涉及这方面的研究。国家自然科学基金"九五"重大项目"大型复杂结构体系的关键科学问题和设计理论"的一些专题包含了这方面的部分内容。中国建筑科学研究院工程抗震研究所联合国内部分高校和研究所开展了"我国 2000 年工程抗震设计模式规范"的研究；中国工程建设标准化协会标准《建筑工程抗震性态设计通则》(CECS—160—2004)，现行国家标准《建筑抗震设计规范》、《混凝土结构设计规范》已纳入基于性能的抗震设计方法。

3) 长大跨桥梁地震波输入

目前，地震波输入以加速度时程输入为主。在不考虑土、结构共同作用的问题中，该加速度时程是固定基底的加速度、时间曲线；考虑土、结构共同作用的问题中，这一加速度时程是基岩运动的加速度、时间关系。不同的地震波输入位置都可以称为地震波输入面。实质上，在地震动力响应问题中，地震波的时程曲线是地震输入面的运动约束条件。从数理方程的角度看，这一条件是一个边界条件。结合目前常用的加速度时程，这一条件可以表述为：地震波输入面上各点运动的加速度等于地震波加速度时程对应时刻的值。引入达朗贝尔原理后，在非惯性系上适用牛顿运动定理。以地震输入面为参照系，需要在结构上施加相应的惯性力，以保证牛顿定理的适用性。因此，实际上输入的惯性力并不存在。从数学上看，这一方法实质上是把运动边界条件换为固定边界条件。

根据固定边界条件地震波激励各点输入振幅和相位振动是否一致，地震响应分析可分为一致激励法和非一致激励法。一致激励法对纵横向尺度比不大的结构较为常用，在进行新型复杂结构动力学响应特性对比定性分析时也可采用该方法。非一致激励法对固定边界特性差异较大或纵横向尺度比大的结构较为常用。

对长大跨桥梁地震响应分析进行地震波输入时，与抗震设防目标相对应的地震加速度时程对应，因此，需要对实际地震记录或已有人工地震波进行调整，调整时一般应考虑结构所在场地的场地特性和地震分区实际情况，并基本拟合规范反应谱。

目前，大质量法和相对运动法是分析结构的多点激励和行波激励时常采用的方法。通过对质量矩阵主对角元充大数时大质量法的基本原理，大质量法数学表达式较为简单且具备清晰的物理概念，得到较为准确的结果，但在求解时可能会出现异常解，故在大型复杂结构动力学响应分析时应用相对运动法，相对运动法的基本原理是将位移分为动力位移和拟静力位移，代入动力学方程进行求解。

地震响应分析是结构在地震作用下的结构反应情况。对长大跨桥梁，准确的结构建模和合理的外部输入是进行地震响应分析的关键[71]。准确的建模即建立准确的结构系统是进行结构地震响应分析的基础，合理的外部输入是结构地震响应分析结果可参考的关键。众多学者对长大跨斜拉桥结构的地震响应问题进行了较多深入的研究，尤其是传统钢索斜拉桥结构[72-77]，相关研究分析为我国长大跨斜拉桥结构的应用奠定了坚实的基础。对于 CFRP 索长大跨斜拉桥结构，一些学者也已开展了相关动力学特性及地震响应的分析。相关研究成果表明，对 CFRP 索长大跨斜拉桥结构的地震响应结论并不完全一致[78]，其原因是对 CFRP 索长大跨斜拉桥结构自身动力学特性及地震响应分析还较少，研究者的研究对象和研究方法缺乏可比性。

为探讨 CFRP 索长大跨斜拉桥结构地震响应的一般特性，定性、对比分析 CFRP 索长大跨斜拉桥结构与钢索长大跨斜拉桥结构的地震响应差异，本章利用一致激励分析法，在 9.3.2 节模型的基础上进行了 CFRP 索长大跨斜拉桥结构与钢索长大跨斜拉桥结构的地震响应分析。

分析采用动态时程分析法，地震波选择 EI-Centro 波，输入模型前进行强度和场地修正，输入方向为桥纵向和竖向，以加速度时程形式双向输入，考虑桩-土共同作用对结构的影响。

2. 长大跨斜拉桥地震响应分析理论

1) 一致激励结构随机振动分析方法[74]

多自由度体系在加速度 $\ddot{u}_g(t)$ 的地面运动作用下，经典形式运动方程为

$$M\ddot{Y}(t) + C\dot{Y}(t) + KY(t) = -ME\ddot{u}_g(t) \tag{9-24}$$

式中, M、C 和 K 含义与式 (9-5) 中的 M、C、K 相同; $Y(t)$ 为结构体系的动态相对位移; $\ddot{u}_g(t)$ 为加速度。对于大型复杂结构, 方程 (9-24) 为多阶耦合方程, 进行地震响应分析需通过振型叠加降阶, 令

$$Y = \Phi x = \sum_{j=i}^{q} \phi_j x_j \tag{9-25}$$

式中, Φ 为前 q 阶振型矩阵 $(q < n)$; x 为广义坐标向量; ϕ_j 为第 j 阶振型向量; x_j 为第 j 阶广义坐标。

比例阻尼矩阵假设下, 对式 (9-24) 解耦, 可得

$$\ddot{x}_j + 2\xi_j\omega_j\dot{x}_j + \omega_j^2 x_j = -\gamma_j\ddot{u}_g(t) \tag{9-26}$$

式中, $\gamma_j = \dfrac{\varphi_j^T M E}{\varphi_j^T M \varphi_j}$; ξ_j 为第 j 阶振型的阻尼比; ω_j 为第 j 阶特征频率。

在 $\ddot{u}_g(t)$ 对应的自功率谱密度 $S_{\ddot{u}_g}(\omega)$ 已知的情况下, 式 (9-24) 解向量 Y 的功率谱矩阵为

$$S_{yy} = \sum_{i=1}^{q}\sum_{j=1}^{q} \gamma_i\gamma_j H_i^* H_j \varphi_i \varphi_j^T S_{\ddot{u}_g} \tag{9-27}$$

$$H_j = \frac{1}{\omega_j^2 - \omega^2 + i2\xi_j\omega_j\omega} \tag{9-28}$$

式中, φ_i 为第 i 阶振型向量; φ_j 为第 j 阶振型向量; γ_i 为第 i 阶振型参与系数; γ_j 为第 j 阶振型参与系数; S_{yy} 对角线值为解向量 Y 中自功率谱密度函数值。

对于线弹性结构, 假设激励形式为 $x = Ae^{i\omega t}$, 则响应为 $y = Be^{i(\omega t + \varphi)}$。由随机理论, x 和 y 及其功率谱密度满足:

$$y = H(i\omega) \cdot x \tag{9-29}$$

$$S_{yy}(\omega) = H^*(i\omega) S_{xx}(\omega) H(i\omega) \tag{9-30}$$

对已知功率谱矩阵的稳态随机激励, 令

$$x(t) = \sqrt{S_{xx}(\omega)}e^{i\omega t} \tag{9-31}$$

响应量为

$$y(t) = \sqrt{S_{xx}(\omega)}H(i\omega)e^{i\omega t} \tag{9-32}$$

构造虚拟激励 $\tilde{x}(t) = \sqrt{S_{xx}(\omega)}e^{i\omega t}$, 则

$$\tilde{y}^*\tilde{y} = H^*(\omega)\sqrt{S_{xx}(\omega)}e^{-i\omega t} \cdot H(\omega)\sqrt{S_{xx}(\omega)}e^{i\omega t} = |H(\omega)|^2 S_{xx}(\omega) = S_{yy}(\omega)$$

$$\tilde{x}^*\tilde{y} = \sqrt{S_{xx}(\omega)}e^{-i\omega t} \cdot H(\omega)\sqrt{S_{xx}(\omega)}e^{i\omega t} = H(\omega)S_{xx}(\omega) = S_{xy}(\omega)$$

$$\tilde{y}^*\tilde{x} = H^*(\omega)\sqrt{S_{xx}(\omega)}e^{-i\omega t} \cdot \sqrt{S_{xx}(\omega)}e^{i\omega t} = H^*(\omega)S_{xx}(\omega) = S_{yx}(\omega)$$

由上述可知，对于线性单自由度系统，在单点平稳随机激励情况下，可通过虚拟激励和虚拟响应表示自谱和互谱密度。在线性多自由度系统多点平稳随机激励情况下，有

$$\left.\begin{array}{l} \boldsymbol{S_{yy}}(\omega) = \tilde{\boldsymbol{y}}^* \tilde{\boldsymbol{y}}^{\mathrm{T}} \\ \boldsymbol{S_{xy}}(\omega) = \tilde{\boldsymbol{x}}^* \tilde{\boldsymbol{y}}^{\mathrm{T}} \\ \boldsymbol{S_{yx}}(\omega) = \tilde{\boldsymbol{y}}^* \tilde{\boldsymbol{x}}^{\mathrm{T}} \end{array}\right\} \tag{9-33}$$

由式 (9-29)~式 (9-33) 可知，由虚拟激励求出虚拟响应后，则可确定虚拟激励计算谱密度。上述过程称为随机振动的虚拟激励法。虚拟激励法的特点是将平稳随机振动分析转化为简谐振动分析，将非平稳随机振动分析转化为确定性时间历程分析。在长大跨桥梁地震响应分析中，虚拟激励法能较好地解决计算精度和计算效率的问题，该方法由林家浩教授提出，是目前常用的抗震分析方法。一致激励下虚拟激励法的理论如下。

$\ddot{x}_g(t)$ 为地面的水平加速度零均值平稳随机激励，若 $S_{\ddot{x}_g}(\omega)$ 已知，则利用振型分解法得

$$\ddot{u}_j + 2\xi_j\omega_j\dot{u}_j + \omega_j^2 u_j = -\gamma_j\ddot{x}_g(t) \quad (j = 1, 2, \cdots, n) \tag{9-34}$$

构造虚拟激励 $\tilde{\ddot{x}}_g(t) = \sqrt{S_{\ddot{x}_g}(\omega)}\mathrm{e}^{\mathrm{i}\omega t}$，代替式 (9-34) 中的 $\ddot{x}_g(t)$ 得

$$\tilde{\ddot{u}}_j + 2\xi_j\omega_j\tilde{\dot{u}}_j + \omega_j^2\tilde{u}_j = -\gamma_j\sqrt{S_{\ddot{x}_g}(\omega)}\mathrm{e}^{\mathrm{i}\omega t} \quad (j = 1, 2, \cdots, n) \tag{9-35}$$

由频响函数的概念，式 (9-35) 的稳态解为

$$\tilde{u}_j = -\gamma_j H_j(\omega)\sqrt{S_{\ddot{x}_g}(\omega)}\mathrm{e}^{\mathrm{i}\omega t} \tag{9-36}$$

式中，$H_j(\omega)$ 为对应于第 j 阶振型的圆频率 ω_j 和阻尼比 ξ_j 的频响函数，其虚拟位移向量为

$$\tilde{\boldsymbol{y}}(t) = \sum_{j=1}^q \boldsymbol{\phi}_j\tilde{u}_j = -\sum_{j=1}^q \gamma_j H_j(\omega)\boldsymbol{\phi}_j\sqrt{S_{\ddot{x}}(\omega)}\mathrm{e}^{\mathrm{i}\omega t} \tag{9-37}$$

将式 (9-37) 代入式 (9-33)，可得位移响应的谱密度矩阵为

$$\begin{aligned} \boldsymbol{S_{yy}}(\omega) = \tilde{\boldsymbol{y}}^*\tilde{\boldsymbol{y}}^{\mathrm{T}} &= \left(-\sum_{j=1}^q \gamma_j H_j^*(\omega)\boldsymbol{\phi}_j\sqrt{S_{\ddot{x}_g}(\omega)}\mathrm{e}^{-\mathrm{i}\omega t}\right) \cdot \left(-\sum_{j=1}^q \gamma_j H_j(\omega)\boldsymbol{\phi}_j^{\mathrm{T}}\sqrt{S_{\ddot{x}_g}(\omega)}\mathrm{e}^{\mathrm{i}\omega t}\right) \\ &= \left(-\sum_{j=1}^q \gamma_j H_j^*(\omega)\boldsymbol{\phi}_j\sqrt{S_{\ddot{x}_g}(\omega)}\right) \cdot \left(-\sum_{j=1}^q \gamma_j H_j(\omega)\boldsymbol{\phi}_j^{\mathrm{T}}\sqrt{S_{\ddot{x}_g}(\omega)}\right) \end{aligned} \tag{9-38}$$

2) 斜拉桥地震响应分析理论

在地震作用下，结构弹塑性工作阶段后，弹性反应谱法不再适用，非线性动力时程分析方法[79] 受到了相关学者的关注，但非线性动力时程法因分析过程复杂且计算效率较低，在实际工程地震响应分析时不常采用。静力弹塑性分析基于结构在预先假定的分布侧向力作用下，考虑结构中的各种非线性因素，逐步增加结构的受力，直到在结构中形成塑性铰机构。静力弹塑性分析法的整个分析过程可近似反映结构在地震作用下某一瞬间的动力响应。考虑了地面运动和结构的动力特性，求解结构的最大地震反应。

地震力公式为

$$F = M \cdot \ddot{x}_g = \frac{W}{g} \cdot \ddot{x}_g = k \cdot \ddot{x}_g \tag{9-39}$$

地震作用下，单质点体系的最大地震力为

$$P = M \left| \ddot{x}_g + \ddot{x} \right|_{\max} = M \cdot g \cdot \frac{\left| \ddot{x}_g \right|_{\max}}{g} \cdot \frac{\left| \ddot{x}_g + \ddot{x} \right|_{\max}}{\left| \ddot{x}_g \right|_{\max}} = k_H \cdot \beta \cdot W \tag{9-40}$$

式中，g 为重力加速度；W 为质点总质量；$k_H = \dfrac{\left| \ddot{x}_g \right|_{\max}}{g}$ 为水平地震系数；$\beta = \dfrac{\left| \ddot{x}_g + \ddot{x} \right|_{\max}}{\left| \ddot{x}_g \right|_{\max}}$ 为动力放大系数。

地震中，构件进入塑性阶段，通过结构的延性起到耗能减震作用。在桥梁抗震设计规范中，引入综合影响系数 C_z 反映结构的延性耗能作用，式 (9-40) 可表达为

$$P = C_z \cdot k_H \cdot \beta \cdot W \tag{9-41}$$

对多质点体系，地震动方程为

$$\boldsymbol{M}\ddot{\boldsymbol{x}} + \boldsymbol{C}\dot{\boldsymbol{x}} + \boldsymbol{K}\boldsymbol{x} = -\boldsymbol{M}\boldsymbol{I}\ddot{x}_g(t) \tag{9-42}$$

利用振型正交性，若阻尼矩阵为比例阻尼，式 (9-42) 可分解为各个振型的独立振动，通过单质点体系的反应谱来计算振型的最大反应。

设位移列向量 $\boldsymbol{x}(t)$ 为

$$\boldsymbol{x}(t) = \sum_{i=1}^{n} \phi_i Y(t)_i = \boldsymbol{\Phi}\boldsymbol{Y}(t) \tag{9-43}$$

式中，$\boldsymbol{\Phi} = [\phi_1, \phi_2, \cdots, \phi_n]$ 为振型矩阵；ϕ_i 为第 i 阶振型列向量；$\boldsymbol{Y}(t) = \{Y_1(t), Y_2(t), \cdots, Y_n(t)\}^{\mathrm{T}}$，$Y_i(t)$ 是不同的时间函数，称为振型坐标，为广义坐标。

利用振型的正交性条件，可得

$$\ddot{Y}_i(t) + 2\xi_i\omega_i\dot{Y}_i(t) + \omega_i^2 Y_i(t) = -\gamma_i\ddot{x}_g(t) \tag{9-44}$$

式中，$\gamma_i = \dfrac{\phi_i^{\mathrm{T}} M I}{\phi_i^{\mathrm{T}} M \phi_i}$，定义为第 i 阶振型的振型参与系数。

将 $x_{ji}(t) = \phi_{ji} Y_i(t)$ 代入式 (9-42) 得

$$\ddot{x}_{ji}(t) + 2\xi_i\omega_i\dot{x}_{ji}(t) + \omega_i^2 x_{ji}(t) = -\gamma_i\phi_{ji}\ddot{x}_g(t) \tag{9-45}$$

式中，ϕ_{ji} 为第 j 质点的第 i 阶振型坐标，则第 j 质点纵桥向由第 i 阶振型引起的最大地震力为

$$P_{ji} = C_z k_H \beta \gamma_i \phi_{ji} W_j \tag{9-46}$$

由式 (9-45) 求出结构各振型的地震反应，采用 CQC 方法，考虑不同振型最大反应值的组合可得

$$R_{\max} = \sqrt{\sum_{i=1}^{n}\sum_{j=1}^{n}\rho_{ij} R_{i,\max} R_{j,\max}} \tag{9-47}$$

式中，ρ_{ij} 为振型组合系数，$\rho_{ij} = \dfrac{8\sqrt{\xi_i\xi_j}(\xi_i + \gamma\xi_j)\gamma^{3/2}}{(1+\gamma^2)^2 + 4\xi_i\xi_j\gamma(1+\gamma^2) + 4(\xi_i^2 + \xi_j^2)\gamma^2}$，$\gamma = \omega_j/\omega_i$。考虑长大跨斜拉桥结构主要构件的振型可得到符合工程需要精度的反应谱分析结果。

动态时程分析法在结构动力平衡方程的基础上，考虑持时要素，能较客观地反映长大跨桥梁的地震响应情况。动态时程分析法通过选定合适的地震动输入，采用多节点、多自由度的结构有限元动力计算模型建立振动方程，利用数值算法对方程进行求解，计算地震过程中每一瞬间结构的位移、速度和加速度反应，分析出结构地震作用下弹性和非弹性阶段的内力变化以及构件逐步开裂、损坏直至倒塌的全过程。

单自由度体系的运动方程的初始条件为 $u_0 = u(0)$，$\dot{u}_0 = \dot{u}(0)$，设体系为线性黏滞阻尼，有

$$m\ddot{u} + c\dot{u} + f_s(u,\dot{u}) = -m\ddot{u}_g(t) \tag{9-48}$$

离散时间段对应于时间点 t_i，质点的运动方程为

$$m\ddot{u}_i + c\dot{u}_i + (f_s)_i = p_i \tag{9-49}$$

对于线性体系，$(f_s)_i$ 为时间点 t_i 时体系的侧向抗力；对于非线性体系，$(f_s)_i$ 为 t_i 时的位移和速度的函数。

将后一时刻单自由度体系的地震反应值用前一时刻的反应值表示，代入式 (9-48)，利用中心差分法、Newmark-β 法、Wilson-θ 法或随机振动方法中的一种进行重复循环计算。

等时间间隔时，$\Delta t_i = \Delta t$，在 $i - \frac{1}{2}$ 和 $i + \frac{1}{2}$ 时，速度和加速度的中心差分格式为

$$\left.\begin{array}{l} \dot{u}_{i-\frac{1}{2}} = \dfrac{u_i - u_{i-1}}{\Delta t}, \ \dot{u}_{i+\frac{1}{2}} = \dfrac{u_{i+1} - u_i}{\Delta t} \\[3mm] \ddot{u}_i = \dfrac{\dot{u}_{i+\frac{1}{2}} - \dot{u}_{i-\frac{1}{2}}}{\Delta t} = \dfrac{u_{i+1} - 2u_i + u_{i-1}}{\Delta t^2} \end{array}\right\} \tag{9-50}$$

时刻 $t + \Delta t$ 的速度和位移用 Newmark-β 法可表示为

$$\left.\begin{array}{l} u_{t+\Delta t} = u_t + \displaystyle\int_t^{t+\Delta t} \dot{u}(\tau)\mathrm{d}\tau \\[3mm] \dot{u}_{t+\Delta t} = \dot{u}_t + \displaystyle\int_t^{t+\Delta t} \ddot{u}(\tau)\mathrm{d}\tau \end{array}\right\} \tag{9-51}$$

式中，u_t 为 t 时刻的位移；$u_{t+\Delta t}$ 为 $t + \Delta t$ 时刻的位移；它们的一阶导数为相应时刻的速度。

Wilson-θ 法假定反应的加速度在 t 到 $t + \theta\Delta t$ 时间段内，加速度呈线性变化，即

$$\left.\begin{array}{l} u(t + \theta\Delta t) = u(t) + \theta\Delta t\dot{u}(t) + \dfrac{(\theta\Delta t)^2}{3}\ddot{u}(t) + \dfrac{(\theta\Delta t)^2}{6}\ddot{u}(t + \theta\Delta t) \\[3mm] \dot{u}(t + \theta\Delta t) = \dot{u}(t) + \theta\Delta t\dfrac{\ddot{u}(t) + \ddot{u}(t + \theta\Delta t)}{2} \end{array}\right\} \tag{9-52}$$

式 (9-52) 联立 $m\ddot{u}(t + \theta\Delta t) + c\dot{u}(t + \theta\Delta t) + ku(t + \theta\Delta t) = p(t + \theta\Delta t)$ 求得 $\ddot{u}(t + \theta\Delta t)$，再内插求 $\ddot{u}(t + \Delta t)$，然后代入 $u(t + \Delta t) = u(t) + \Delta t\dot{u}(t) + \dfrac{(\Delta t)^2}{3}\ddot{u}(t) + \dfrac{(\Delta t)^2}{6}\ddot{u}(t + \Delta t)$ 和 $\dot{u}(t + \Delta t) = \dot{u}(t) + \Delta t\dfrac{\ddot{u}(t) + \ddot{u}(t + \Delta t)}{2}$，可求得 $u(t + \Delta t)$ 和 $\dot{u}(t + \Delta t)$。

由上述内容可知，进行结构地震响应分析时，静力理论输入的地震动为忽略地震动的场地变化特性和结构本身的动力特性，仅考虑历史震害估计的地震动最大加速度，对可视为刚体的桥梁结构的地震响应分析较为有效。反应谱分析法能反映地震动的频谱特性，但忽略地震动的持时特性，根据规范规定的场地条件确定平均反应谱值，考虑地震动的最大加速度，对中小跨度桥梁的地震响应分析较为适用。时程分析法等动力理论考虑结构地震反应的全过程，激励方式可为一致或非一致

激励,同时不忽略结构的非线性,能够反映地震动振幅、持时和频谱特性,地震波的输入为考虑场地情况、概率函数含义的加速度时间函数,对于复杂、大跨的桥梁体系,当振型密集时,振型耦合现象会产生强烈非线性反应行为。

3. CFRP 索长大跨斜拉桥地震响应分析

1) 工程背景

苏通长江公路大桥工程背景可参见"动力学特性分析模型"的内容。苏通长江公路大桥抗震设防标准见表 9-10,基本烈度为Ⅵ度。设计地震动参数见江苏省地震工程研究院提交的《苏通长江公路大桥施工图设计地震动工程参数研究报告》。

表 9-10　主桥抗震设防标准

设防地震概率水平	结构性能要求	结构校核目标
P1: 100 年 10%(重现期 950 年)	主要结构处于正常 使用极限状态	主要结构 校核应力
P2: 100 年 4%(重现期 2450 年)	主要结构处于承载能力极限 状态,控制位移或变形	主要结构校核极限承载能力 或考虑延性校核极限承载能力; 校核位移和变形

2) CFRP 索长大跨地震响应分析模型

地震响应分析模型是根据地震响应分析的相关理论,在 CFRP 索长大跨动力学分析模型的基础上适当改进后得到,具体参见图 9-11 和图 9-12。

墩底桩基等效刚度系数如表 9-11 所示。

表 9-11　墩底桩基等效刚度系数

墩号	K_X/(kN/m)	K_Y/(kN/m)	K_Z/(kN/m)	K_{Rot-X} /(kN·m/rad)	K_{Rot-Y} /(kN·m/rad)	K_{Rot-Z} /(kN·m/rad)
1#	1.06×10^6	6.55×10^7	1.11×10^6	7.81×10^8	7.81×10^9	3.11×10^8
2#	7.59×10^5	6.40×10^7	7.92×10^5	6.71×10^8	6.71×10^9	1.67×10^8
3#	1.27×10^6	1.20×10^8	1.29×10^6	1.57×10^9	1.57×10^{10}	6.28×10^8
4#	2.63×10^6	5.13×10^8	2.82×10^6	2.90×10^{10}	6.20×10^{11}	6.24×10^{10}
5#	1.30×10^7	3.36×10^8	2.28×10^7	5.61×10^{10}	5.30×10^{11}	5.38×10^{10}
6#	6.24×10^6	9.55×10^7	6.47×10^6	2.11×10^9	2.10×10^{10}	8.45×10^8
7#	9.51×10^5	5.83×10^7	1.02×10^6	5.32×10^8	5.32×10^9	1.33×10^8
8#	2.98×10^6	5.04×10^7	3.31×10^6	8.35×10^8	8.34×10^9	3.28×10^8

注: 模型中 X 轴为横桥向; Y 轴为竖桥向; Z 轴为顺桥向; Rot-X 为沿 X 轴扭转方向; Rot-Y 为沿 Y 轴扭转方向; Rot-Z 为沿 Z 轴扭转方向

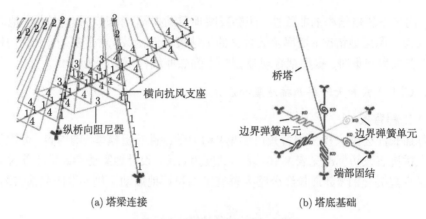

(a) 塔梁连接　　　　　　　　　　　　　(b) 塔底基础

图 9-11　改进后主桥模型局部

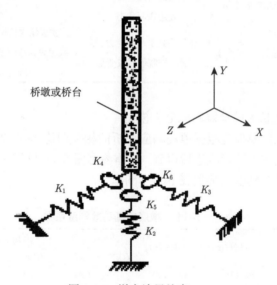

图 9-12　墩台边界约束

3) CFRP 索长大跨地震响应分析

地震波采用 EI-Centro 波，并根据设防烈度和场地类别进行地震波强度修正。其中水平向设计基本地震动加速度峰值 a_H 取 0.15g，竖向加速度 a_V 取 $a_H/2$。地震波的设防烈度的修正如下：在提高设防烈度 7 度对应最大水平加速度 $a_H=0.15g=980\times0.15=147.0\mathrm{cm/s^2}=1.47\,\mathrm{m/s^2}$，最大竖向加速度 $a_V=a_H/2=0.735\mathrm{m/s^2}$。EI-Centro 波最大水平向加速为 $3.417\mathrm{m/s^2}$，所以水平向加速度地震烈度修正系数为 $\Pi_H=1.470/3.417\approx0.43$。EI-Centro 波最大竖向加速度为 $2.063\mathrm{m/s^2}$，所以竖向加速度地

震烈度修正系数为 $\Pi_V = 0.735/2.063 \approx 0.36$。根据地震波烈度峰值修正系数 Π，对所选的 EI-Centro 地震波所有数据均作烈度修正。

地震波以加速度时程形式输入，方向为沿桥纵向 + 竖向输入。因主桥结构基本周期约为 8.5s，而地震波持时一般至少取为结构基本周期的 5~10 倍，故地震波持时取 100s。两向地震波加速度时程曲线如图 9-13 所示。

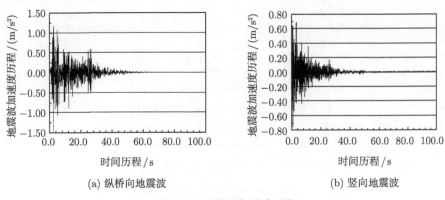

(a) 纵桥向地震波   (b) 竖向地震波

图 9-13 地震波加速度时程

在上述 CFRP 索长大跨斜拉桥动力学分析模型和地震波输入的基础上，对 CFRP 索和钢索长大跨斜拉桥主跨、边跨主梁及桥塔的位移、内力进行了地震响应计算，并与钢索长大跨斜拉桥地震响应结果进行比较，相关计算分析结果如图 9-14 所示。

由图 9-14 (a) 可知，CFRP 索长大跨斜拉桥主梁主跨跨中竖向位移响应峰值明显小于对应的钢索长大跨斜拉桥，且响应发生的时间滞后，响应衰减速度较钢索斜拉桥快。由图 9-14 (b) 可知，CFRP 索和钢索长大跨斜拉桥主梁主跨跨中纵桥向位移响应初始值及响应峰值差异较近似，考虑地震持时效应，在响应时程曲线 $t = 24\text{s}$ 处，钢索斜拉桥主跨跨中纵桥向位移效应开始滞后于 CFRP 索斜拉桥主跨跨中纵桥向位移效应，且随着 t 的增大，滞后效应更加明显。由图 9-14 (c) 可知，CFRP 索长大跨斜拉桥主跨跨中纵向弯矩响应峰值为钢索长大跨斜拉桥的 67%，且在响应时程曲线多数时刻的效应小于钢索斜拉桥的响应效应，响应时程较钢索斜拉桥有一定滞后。

由图 9-14 综合可知，在主梁主跨跨中地震响应特性的响应峰值和响应衰减速度上，CFRP 索长大跨斜拉桥较钢索斜拉桥有一定的优势。

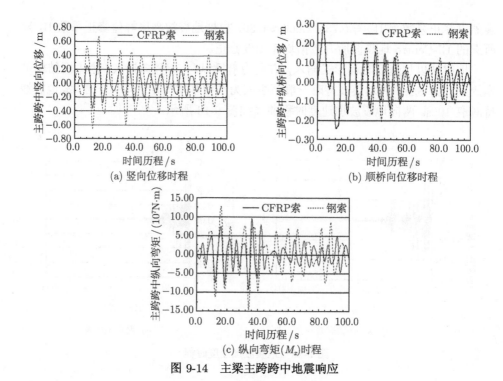

图 9-14　主梁主跨跨中地震响应

图 9-15 为 CFRP 索和钢索长大跨斜拉桥主梁南边跨跨中位移和弯矩地震响应时程曲线对比图，图 9-16 为北边跨跨中位移和弯矩地震响应时程曲线对比图。由图 9-15(a) 、图 9-16(a) 及图 9-15(c)、图 9-16(c) 可知，CFRP 索长大跨斜拉桥的竖向位移和弯矩响应峰值及对应时间点的竖向位移和弯矩响应值比钢索斜拉桥小，且响应衰减速度较快，这表明对 CFRP 索长大跨斜拉桥而言，其边跨主梁变形和弯矩内力设计控制值上，其地震响应结果较钢索长大跨斜拉桥小，进行抗震设计时，CFRP 索长大跨斜拉桥在主梁截面设计上的刚度要求较低。由图 9-15(b)、图 9-16(b) 可知，与主梁主跨跨中地震响应结论类似，对于边跨主梁纵桥向位移时程，CFRP 索和钢索长大跨斜拉桥差异较小，相对而言，CFRP 索斜拉桥的响应衰减速度较快。

由图 9-15(a) 和图 9-16(a) 对比可知，考虑实际场地的变化，塔、墩基础对 CFRP 索和钢索长大跨斜拉桥的地震响应存在一定的影响，具体表现为南边跨跨中的竖向位移响应时程峰值大于北边跨；南边跨跨中主梁竖向位移在 $t = 20 \sim 100\mathrm{s}$ 时，北边跨跨中主梁竖向位移在 $t = 0 \sim 20\mathrm{s}$ 和 $t = 70 \sim 100\mathrm{s}$ 时，CFRP 索和钢索长大跨斜拉桥产生较大差异现象。由图 9-15(c) 和图 9-16(c) 可知，CFRP 索和钢索长大跨斜拉桥的南、北边跨跨中弯矩响应值响应特征为，$t = 0 \sim 10\mathrm{s}$ 区间，北边跨跨中弯矩响应的绝对值大于南边跨跨中弯矩响应的绝对值；在 100s 内，南边跨跨中弯矩响应峰值的绝对值大于北边跨跨中弯矩响应峰值的绝对值；$t = 0 \sim 20\mathrm{s}$ 区间，CFRP

索和钢索长大跨斜拉桥北边跨响应值差异较大；$t = 20 \sim 40s$ 区间，南边跨响应值差异较大。

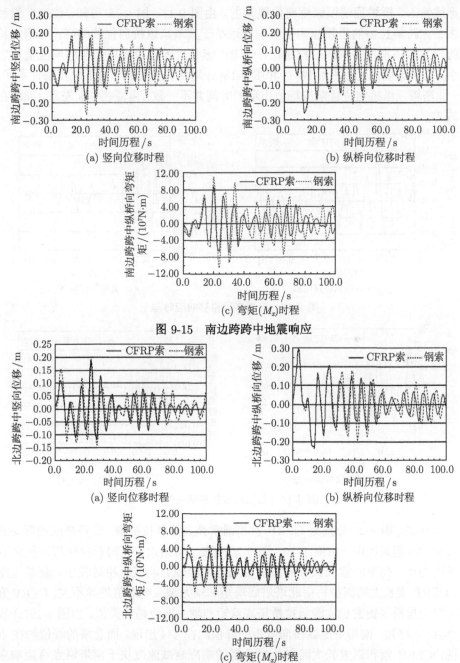

(a) 竖向位移时程

(b) 纵桥向位移时程

(c) 弯矩(M_x)时程

图 9-15 南边跨跨中地震响应

(a) 竖向位移时程

(b) 纵桥向位移时程

(c) 弯矩(M_x)时程

图 9-16 北边跨跨中地震响应

　　图 9-17、图 9-18 分别为 CFRP 索和钢索长大跨斜拉桥南、北塔的塔顶纵桥向和竖向位移响应时程对比图。因计算模型为全漂体系，地震波以纵桥向和竖向的形式输入，桥塔顶端以纵桥向位移为主。由图 9-17、图 9-18 可知，CFRP 索和钢索长大跨斜拉桥的塔顶竖向位移响应远小于其塔顶纵桥向位移响应；与钢索长大跨斜拉桥塔顶位移响应时程相比，CFRP 索长大跨斜拉桥塔顶位移响应值相对较小，衰减速度快。由图 9-17(a) 和图 9-18(a) 对比分析可知，由于地基条件不同，南、北塔塔顶纵桥向位移响应峰值出现的时间并不一致，南塔在 25s 左右，北塔在 5s 左右。

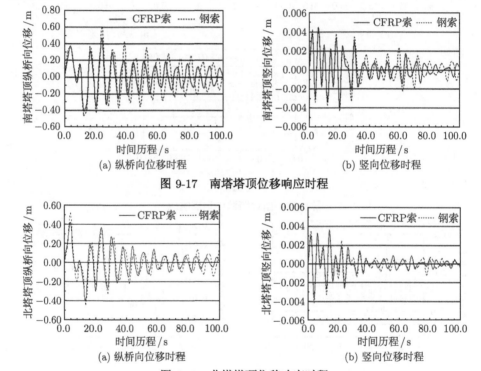

图 9-17　南塔塔顶位移响应时程

图 9-18　北塔塔顶位移响应时程

　　图 9-19、图 9-20 分别为 CFRP 索和钢索长大跨斜拉桥南、北塔塔底的弯矩和轴力响应时程对比图。由图 9-19、图 9-20 可知，与钢索长大跨斜拉桥塔顶位移响应时程相比，CFRP 索长大跨斜拉桥塔底弯矩和轴力响应值相对较小，衰减速度快。CFRP 索长大跨斜拉桥南北塔塔底弯矩和轴力响应绝对值差异不大，CFRP 索长大跨斜拉桥与钢索长大跨斜拉桥塔底弯矩和轴力响应趋势类似。由图 9-19(a) 和图 9-20(a) 可知，南塔塔底纵桥向弯矩的峰值约在 14s 出现，而北塔的峰值约在 4s 出现，CFRP 索和钢索长大跨斜拉桥北塔的响应衰减速度快于南塔塔底弯矩响应衰减速度。在响应时程曲线的前 20s，CFRP 索和钢索长大跨斜拉桥塔底轴力响应

敏感度比弯矩响应要高。

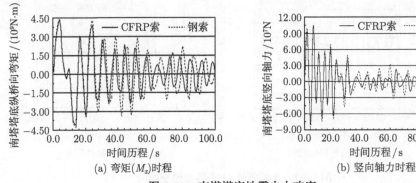

图 9-19 南塔塔底地震内力响应

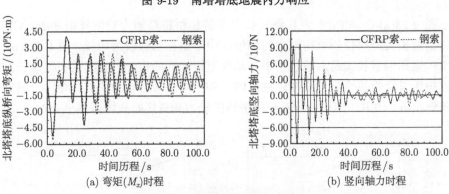

图 9-20 北塔塔底地震内力响应

图 9-21、图 9-22 分别为南、北塔塔柱"Y"结点的弯矩和轴力响应比较图,可见 CFRP 索长大跨斜拉桥的内力响应大部分较钢索的小,且衰减速度整体上较快;两种索斜拉桥的"Y"结点轴力对地震波激励较弯矩响应更为敏感,时程曲线波动频率较大,主要集中在响应时程曲线的前 20s。

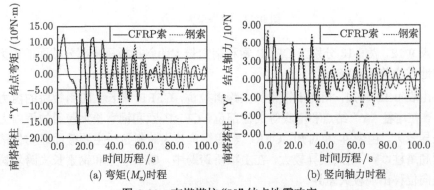

图 9-21 南塔塔柱"Y"结点地震响应

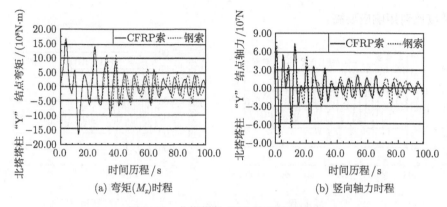

(a) 弯矩(M_z)时程　　　　　　　(b) 竖向轴力时程

图 9-22　北塔塔柱 "Y" 结点地震响应

图 9-23(a) 为 CFRP 索和钢索长大跨斜拉桥桥塔轴力响应峰值曲线，CFRP 索和钢索长大跨斜拉桥桥塔轴力的峰值在中下塔柱部分较为明显，图 9-23 (b) 为 CFRP 索和钢索长大跨斜拉桥桥塔各截面弯矩响应峰值，CFRP 索和钢索长大跨斜拉桥桥塔弯矩的峰值差别在塔柱锚固区和中塔柱部分较为明显。相比于钢索长大跨斜拉桥，CFRP 索长大跨斜拉桥桥塔的轴力和弯矩响应峰值要小。

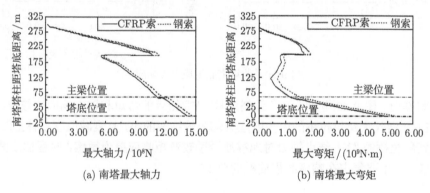

(a) 南塔最大轴力　　　　　　　(b) 南塔最大弯矩

图 9-23　南塔最大内力

表 9-12、表 9-13 分别为 CFRP 索和钢索长大跨斜拉桥桥身部分截面的内力峰值和地震位移响应峰值。

由表 9-12 可知，相比于钢索长大跨斜拉桥，CFRP 索长大跨斜拉桥的内力峰值小，在塔柱 "Y" 结点和塔底等关键部位，CFRP 索和钢索长大跨斜拉桥内力峰值差异较大。由表 9-13 可知，CFRP 索和钢索长大跨斜拉桥主要截面纵向位移在塔顶和塔柱 "Y" 结点差异较大，在主梁桥跨跨中，CFRP 索和钢索长大跨斜拉桥的竖向位移出现较大差异。

表 9-12　　重要截面的内力峰值

截面位置	弯矩/(10^7 N·m)		轴力/10^7 N	
	钢索	CFRP 索	钢索	CFRP 索
主跨跨中	15.57	15.14	6.95	6.78
南跨跨中	11.47	8.05	48.95	45.94
北跨跨中	8.05	6.92	49.12	45.38
南塔塔底	537.58	495.17	145.78	139.82
北塔塔底	668.45	602.89	147.57	142.50
P1 墩底	10.98	10.98	7.55	7.54
P2 墩底	13.36	13.34	7.82	7.64
P3 墩底	10.61	10.61	8.12	7.91
P6 墩底	10.70	10.70	7.52	7.58
P7 墩底	15.38	15.36	7.39	7.40
P8 墩底	10.63	10.63	7.32	7.29
南塔 "Y" 结点	201.32	175.55	111.29	105.70
北塔 "Y" 结点	235.99	223.35	112.21	105.10

表 9-13　　重要截面的位移峰值

截面位置	纵桥向位移/m		竖向位移/m	
	钢索	CFRP 索	钢索	CFRP 索
主跨跨中	0.29	0.27	0.854	0.576
南跨跨中	0.40	0.40	0.27	0.198
北跨跨中	0.45	0.42	0.203	0.178
南塔塔顶	0.80	0.63	0.068	0.066
北塔塔顶	0.86	0.64	0.059	0.057
南塔 "Y" 结点	0.49	0.42	0.056	0.055
北塔 "Y" 结点	0.57	0.46	0.047	0.046
南跨主梁端	0.47	0.46	0.003	0.003
北跨主梁端	0.52	0.49	0.003	0.003

综上所述，CFRP 索长大跨斜拉桥结构与传统钢索长大跨斜拉桥地震响应存在一定差异，作者认为，产生差异的原因如下。

(1) 等刚度原则下，鉴于 CFRP 材料的质量仅为传统钢索质量的 1/5，CFRP 索长大跨斜拉桥质量矩阵与钢索长大跨斜拉桥质量矩阵不同，CFRP 索斜拉桥结构的整体自重较小；同时，由于钢索的垂度效应较 CFRP 索要大，等刚度原则下其等效弹性模量对应的钢索初应变大，钢索斜拉桥结构的整体刚度矩阵与 CFRP 索长大跨斜拉桥存在差异，致使 CFRP 索和钢索长大跨斜拉桥结构的自振特性及其地震响应出现差异。由分析结果综合可知，CFRP 索长大跨斜拉桥结构刚度与质量比大于钢索长大跨斜拉桥结构的刚度与质量比。

(2) 辅助墩设置及主跨边跨对应索长差异对钢索长大跨斜拉桥结构的地震响应放大的影响高于 CFRP 索长大跨斜拉桥结构，CFRP 索长大跨斜拉桥设计时，需考虑桥塔两侧构件自重的均衡性。

(3) 总体来看，同一地震波作用下，CFRP 索长大跨斜拉桥在主梁、桥塔、关键截面内力和位移的地震响应值上要小于对应的钢索长大跨斜拉桥结构的地震响应值，响应衰减速度快于钢索斜拉桥的响应衰减速度。

(4) 对表 9-12、表 9-13 进行永久作用效应与地震响应效应进行极限承载力效应组合分析，弯矩和位移效应组合时，以地震作用效应控制；轴力效应组合时，以永久荷载效应控制，对北塔塔底和北塔"Y"结点纵向弯矩、竖向轴力进行地震效应组合，对北塔塔顶纵桥向位移和主跨跨中竖向位移进行地震效应组合的结果参见表 9-14。

表 9-14　　地震效应组合

项目	北塔塔底		北塔"Y"结点		北塔塔顶纵桥向位移/m	主跨跨中竖向位移/m
	纵向弯矩/$(10^8 N \cdot m)$	竖向轴力/$(10^8 N)$	纵向弯矩/$(10^8 N \cdot m)$	竖向轴力/$(10^8 N)$		
CFRP 索	95.91	22.18	35.69	16.36	0.98	0.87
钢索	105.91	22.97	36.07	17.47	1.31	1.33
比值	0.906	0.966	0.989	0.936	0.748	0.654

由表 9-14 可知，在输入的地震波作用下，塔柱控制截面均满足极限承载力要求；桥身关键部位的位移值在规范要求限值以内，CFRP 索和钢索长大跨斜拉桥的抗震性能均满足强度和刚度要求。

9.3.4　主要结论

本节首先对长大跨斜拉桥结构的研究内容和分析理论进行了系统的阐述，结合课题组研究成果，在 CFRP 索斜拉试验桥静动态的基础上，以苏通长江公路大桥为工程背景，建立 CFRP 索长大跨斜拉桥有限元动力学特性及地震响应分析模型，对 CFRP 索和钢索长大跨斜拉桥结构动力特性分析及地震响应进行了对比分析，探讨了 CFRP 索长大跨斜拉桥动力学特性的一般规律及地震响应特点。主要结论如下。

(1) 主跨千米级的 CFRP 索长大跨斜拉桥和钢索长大跨斜拉桥，振型形态类似，但出现顺序存在差异。在 CFRP 索刚度与钢索刚度相同的情况下，对应于同一种振型，CFRP 索斜拉桥自振频率要高于同跨度的钢索斜拉桥；长大跨 CFRP 索斜拉桥的扭转频率值比同跨度钢索斜拉桥大；CFRP 索的动力学特性与 CFRP 索长大跨斜拉桥结构的动力学特性差异较大，即对 CFRP 索长大跨斜拉桥结构，索桥耦合振动现象发生的可能性小于同跨度的钢索斜拉桥。

(2) 在相同的地震波作用下，与钢索长大跨斜拉桥相比，CFRP 索长大跨斜拉桥内力及位移响应值较低，在同样的抗震设防标准下，CFRP 索长大跨斜拉桥承载能力优于同跨度的钢索斜拉桥。CFRP 索长大跨斜拉桥在地震作用下的位移响应值小于同跨度的钢索斜拉桥，且衰减速度快于同跨度的钢索斜拉桥。

总体来看，地震作用下，在抗震性能方面，相比于钢索长大跨斜拉桥，CFRP 索长大跨斜拉桥具有一定的优势。

本节阐述了斜拉桥结构动力分析和研究的现状、主要内容及常用方法，在课题组已有的研究成果和试验基础之上，进一步建立和完善主跨千米级的 CFRP 索斜拉桥和钢索斜拉桥有限元计算模型，进行了桥身结构动力特性和地震响应两大部分内容的探讨和研究。

9.4 CFRP 索长大跨斜拉桥减震控制分析

为抵御地震作用，传统的桥梁结构抗震方式是通过结构自身的强度、刚度及延性来抵抗地震能量。为能更好地抵抗地震作用，桥梁抗震设计方法逐渐从传统的加强结构抗力向改善结构动力学特性或增加耗散减震装置转变。一种可行的方法是在结构上施加减震装置，在地震作用时，减震装置随地震作用产生效应，改变结构的动力学特性以达到抗震减震的目的。目前，减震控制的类型有被动控制、主动控制、半主动控制、智能控制和混合控制等多种控制形式[80]，根据装置是否需要外部能量输入而定。其中，被动耗能减隔震理论和技术中，通过增加结构阻尼来调整和改变结构动力特性、协调和减轻结构的地震响应的方法，被众多学者关注。

作为一种在工程实际中常用的方法，对结构施加被动耗能减震装置实现抗震减震的设计思想[81] 是：在地震作用下，斜拉桥结构处于弹性状态，利用耗能装置的非线性特征，在不同的地震强度下，耗能装置作动改变结构的动力学特性，避免共振现象，但可能会导致结构特征点的位移过大，影响结构的使用。寻求位移和内力控制的平衡点成为被动耗能减震的关键[82]。

如前所述，CFRP 索应用于长大跨斜拉桥结构仍处于应用研究的探索阶段，相关抗震性能分析和减震控制研究较为鲜见，本节就被动耗能控制方法在 CFRP 索长大跨斜拉桥结构中的减震控制原理及方法进行一定的研究。

9.4.1 结构耗能减震控制原理及方法

通过在结构上设置耗能构件或装置，地震作用时，耗能构件或装置中的附加耗能构件产生滞回耗能行为，消耗地震输入能量，减轻地震作用。附加耗能构件的主要作用是形成地震作用下的耗能机制，通过与结构速度方向相反的阻尼力实现结构地震反应的衰减[83,84]。目前常用的耗能构件或装置主要包括摩擦耗能构件、非线性耗能构件和利用材料塑性滞回变形的耗能构件。

1. 耗能构件耗能机理

耗能构件或装置通过耗能材料的变形进行地震能量的消耗，变形过程中材料通过变形的行为储存能量，实现对结构地震响应的衰减。耗能构件或装置的耗能特性可由储能模量 G'、耗能模量 G'' 和耗能因子 η 衡量。储能模量 G'、耗能模量 G'' 和耗能因子 η 之间的关系为

$$\eta = \frac{G''}{G'} = \tan\delta \tag{9-53}$$

式中，δ 为材料应力和应变在地震作用时响应的相位差。

2. 结构振动理论

结构在地震作用下的动力学平衡方程为

$$M\ddot{x} + C\dot{x} + Kx = -F_g \tag{9-54}$$

考虑设置减震装置后，式 (9-54) 右端增加减震装置在地震作用下的影响量 F_D，可得

$$M\ddot{x} + C\dot{x} + Kx = -F_g + F_D \tag{9-55}$$

式中，M 为结构的质量矩阵；C 为结构阻尼矩阵；K 为结构刚度矩阵；x 为结构位移向量；$-F_g$ 为地震激振力向量，$F_g = MI\ddot{x}_g(t)$，I 为单位列阵，$\ddot{x}_g(t)$ 为地震时地面运动加速度时程；F_D 为地震作用下减震装置反向力向量，对于非线性黏滞阻尼器，$F_D = CV^\alpha$。

式 (9-55) 的增量形式为

$$M\Delta\ddot{x} + C\Delta\dot{x} + K\Delta x = -\Delta F_g + \Delta F_D \tag{9-56}$$

3. 非线性黏滞阻尼器耗能减震原理

建筑、桥梁工程上常用的黏滞阻尼器属于非线性阻尼器，非线性黏滞阻尼器的阻尼特性是实现结构振动衰减的根本原因。不同阻尼参数的黏滞阻尼器有不同的适用范围，弹性和非线性黏滞阻尼器适用于建筑、桥梁结构地震或风振作用下的耗能减震。超线性阻尼器强调振动能量的传递，常用于管道设备的保护。因此本节分析的是线性黏滞阻尼器和非线性黏滞阻尼器，其基本耗能减震原理是在地震作用下，考虑阻尼器附加给结构的阻尼与结构本身的阻尼一致，结构中设置的阻尼器产生与振动方向相反的阻尼力，通过对振动能量的吸耗，实现对地震作用的耗能减震。

以单质点体系为例，非线性黏滞阻尼器的振动方程由式 (9-54) 可写为

$$m\ddot{x}(t) + c\dot{x}(t) + kx(t) = f(t) \tag{9-57}$$

或

$$\ddot{x}(t) + 2\xi\omega\dot{x}(t) + \omega^2 x(t) = \frac{f(t)}{m} \tag{9-58}$$

式中，m 为质点的质量；c 为阻尼系数；k 为刚度；$x(t)$ 为质点位移；$f(t)$ 为外力，$f(t) = -f_g(t) + f_D(t)$，$f_g(t)$ 为作用在结构上的地震作用，$f_D(t)$ 为作用在结构上的阻尼力；ω 为体系的自振频率，$\omega = \sqrt{\dfrac{k}{m}}$；$\xi$ 为阻尼比，$\xi = \dfrac{c}{2m\omega}$。

若 $f(t) = f_0\sin(\theta t)$，由式 (9-57) 可解得

$$x(t) = \frac{f_0}{k}\beta\sin(\theta t - \varphi) \tag{9-59}$$

式中，$\dfrac{f_0}{k}$ 为外力幅值 f_0 作用下体系的静位移；$\varphi = \arctan\dfrac{2m\omega}{\omega^2 - \theta^2}$；$\beta$ 为体系的动力放大系数。

$$\beta = \frac{1}{\sqrt{\left(1 - \dfrac{\theta^2}{\omega^2}\right)^2 + 4\xi^2\dfrac{\theta^2}{\omega^2}}} = \frac{1}{\sqrt{(1 - \lambda^2)^2 + 4\xi^2\lambda^2}} \tag{9-60}$$

式中，$\lambda = \dfrac{\theta}{\omega}$ 为频率比。

由式 (9-59) 可知，$\beta > 1$ 时，$x(t) > x_0(t) = \dfrac{f_0}{k}\sin(\theta t - \varphi)$，结构振动为放大效应；$\beta < 1$ 时，$x(t) < x_0(t)$，结构振动为衰减效应。

对 λ 求导，令 $\lambda' = 0$，可得 β 的极值 β_m 和对应的频率值 λ_p。$\xi < \dfrac{1}{\sqrt{2}}$ 时，可得

$$\begin{cases} \lambda_p = \sqrt{1 - 2\xi^2} \\[3mm] \beta_m = \dfrac{1}{2\xi\sqrt{1 - \xi^2}} \end{cases} \tag{9-61}$$

$\xi \ll 1$ 时，可得 $\lambda_p \approx 1, \beta_m = \dfrac{1}{2\xi}$。

由式 (9-60) 和式 (9-61) 可知，β、ξ 和 $\lambda = \dfrac{\theta}{\omega}$ 的关系如下。

(1) $\lambda = \dfrac{\theta}{\omega} \leqslant 1.5$ 时，ξ 较大，则 $\beta < 1$，结构的振动形式为衰减效应；ξ 较小，则 $\beta > 1$，结构的振动形式为放大效应；$\xi > 0.3$，衰减效应下降。

(2) $\theta = \omega$ 时, 阻尼比使得结构呈现明显的减震效果; θ 远离 ω 时, 减震效果降低。阻尼比相同的情况下, θ 远离 ω 时, β 明显减小。

(3) $\xi > \dfrac{1}{\sqrt{2}}$ 时, β 减小。

由上述分析可知, 在一定的阻尼比下, 结构的减震效果与地震波的激励频率和结构的固有频率是否相近有关。在结构抗震减震分析过程中, 需考虑不同的地震波作用对结构的影响。

4. 非线性黏滞阻尼器阻尼力设计

非线性黏滞阻尼器为无刚度的速度相关型阻尼器。如图 9-24 所示, 流体在外力作用下产生运动, 通过节流孔时产生黏滞阻尼力。

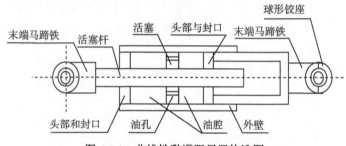

图 9-24 非线性黏滞阻尼器构造图

目前适用于大跨度桥梁结构使用的非线性黏滞阻尼器阻尼力的常用表达方式由 Taylor Devices, Inc. 给出, 即

$$F = CV^{\alpha} \tag{9-62}$$

式中, F 为阻尼力; C 为阻尼系数; V 为相对速度; α 为速度指数, $\alpha=1$, 阻尼器为线性黏滞阻尼器, $\alpha < 1$, 阻尼器为非线性黏滞阻尼器, $\alpha > 1$, 阻尼器为超线性黏滞阻尼器。

在实际工程中应用的非线性黏滞阻尼器, 其滞回曲线近似为矩形-椭圆, 在较低的相对速度下, 能输出较大的阻尼力, 具有较强的耗能能力。对以低频高幅振动为主要振动形态的长大跨斜拉桥减震控制而言, 非线性黏滞阻尼器有其独特的优势。

5. 非线性黏滞阻尼器恢复力模型

确立非线性黏滞阻尼器的恢复力模型, 是分析设置非线性黏滞阻尼器长大跨桥梁结构抗震性能的关键。对于构建非线性黏滞阻尼器的恢复力力学计算模型, 目前的方法主要有两种: 一是通过物理测试的方法确定非线性黏滞阻尼器单元的力学特征，建立其恢复力力学计算模型；二是在流体和非线性黏滞阻尼器的几何特征分析的基础上，通过理论分析来构建。国内外研究者对此进行了大量的研究，提出的非线性黏滞阻尼器的恢复力模型有线性模型、Maxwell 模型、Kelvin 模型、分数导数模型等。

本节以 Maxwell 模型[82]（图 9-25）模拟非线性黏滞阻尼器。设阻尼单元位移为 $u_1(t)$，弹簧单元位移为 $u_2(t)$，则

$$u_1(t) + u_2(t) = u(t) \tag{9-63}$$

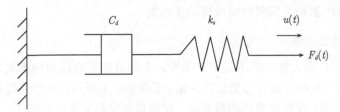

图 9-25 Maxwell 模型

Maxwell 模型中的阻尼单元和弹簧单元为串联形式，结合式 (9-62) 可得

$$F_d(t) = C_d\dot{u}_1(t) = k_s u_2(t) \tag{9-64}$$

由式 (9-63) 和式 (9-64) 可得

$$F_d(t) + \lambda\dot{F}_d(t) = C_d\dot{u}(t) \tag{9-65}$$

式中，$F_d(t)$ 为阻尼器的抗力；C_d 为线性阻尼系数；k_s 为刚度系数；$\lambda = C_d/k_s$ 为放松时间系数。

将式 (9-65) 改写为 F、u、$\dot{u}$、t 的函数后可得

$$\dot{F}_d(t) = f(F, u, \dot{u}, t) = -\frac{1}{\lambda}F_d(t) + \frac{C_d}{\lambda}\dot{u}(t) \tag{9-66}$$

对式 (9-66) 进行傅里叶变换后，由欧拉公式可得

$$u(\omega) = u_1(\omega) + u_2(\omega) \tag{9-67}$$

$$k_s^*(\omega)u(\omega) = \mathrm{i}C_d\omega u_1(\omega) = k_s u_2(\omega) \tag{9-68}$$

联立式 (9-67) 和式 (9-68) 可解得

$$k_s^*(\omega) = k_s\frac{\mathrm{i}C_d\omega}{k_s + \mathrm{i}C_d\omega} = \frac{\mathrm{i}k_s^2 C_d\omega + k_s C_d^2\omega^2}{k_s^2 + C_d\omega^2} \tag{9-69}$$

$$k_s^*(\omega) = \frac{(C_d^2\omega^2/k_s) + \mathrm{i}C_d\omega}{1 + \lambda^2\omega^2} = \frac{\lambda C_d\omega^2}{1 + \lambda^2\omega^2} + \mathrm{i}\frac{C_d\omega}{1 + \lambda^2\omega^2} \tag{9-70}$$

将 $\lambda = C_d/k_s$ 代入式 (9-70)，Maxwell 非线性黏滞阻尼器的模型储能刚度和耗能刚度分别为

$$k_{s1}(\omega) = \frac{\lambda C_d \omega^2}{1 + \lambda^2 \omega^2} = \frac{k\lambda^2 \omega^2}{1 + \lambda^2 \omega^2} \tag{9-71}$$

$$k_{s2}(\omega) = \frac{C_d \omega}{1 + \lambda^2 \omega^2} \tag{9-72}$$

阻尼系数为

$$C(\omega) = \frac{k_{s2}(\omega)}{\omega} = \frac{C_d}{1 + \lambda^2 \omega^2} \tag{9-73}$$

9.4.2　CFRP 索长大跨斜拉桥地震响应控制

1. 计算模型概述

苏通长江公路大桥主梁下设置下横梁，主梁为扁平流线型钢箱梁，桥塔为倒 "Y" 形，总高 300.4m。结合苏通长江公路大桥实际，主梁与过渡墩及辅助墩之间设置纵向滑动支座，并限制横向相对运动。索塔与主梁间设置水平横向抗风支座，纵桥向设置带限位功能 (额定行程为 750mm) 的非线性黏滞阻尼器，全漂结构体系。具体设置为 8 个纵桥向非线性黏滞阻尼器各半设置在塔梁连接处。每个非线性黏滞阻尼器阻尼系数为 $3750\text{kN}/(\text{m/s})^{0.4}$，纵桥向总阻尼系数 $C = 30000\text{kN}/(\text{m/s})^{0.4}$，速度指数 $\alpha = 0.4$。桥塔的设计非线性黏滞阻尼器限位力为 $26.32 \times 10^3\text{kN}$，限位刚度为 $400 \times 10^3\text{kN/m}$。非线性黏滞阻尼器具体设计参数见表 9-15，分析主桥结构模型约束情况参见表 9-16。

表 9-15　单个非线性黏滞阻尼器设计参数

分类	名称	设计参数值
动力阻尼参数	力与速度函数	$F = CV^\alpha$
	速度指数	0.4
	阻尼力/kN	3025
	地震反应计算冲程/mm	±290
	阻尼系数 $C/(\text{kN}/(\text{m/s})^{0.4})$	3750
	最大反应速度/(m/s)	0.58
静力限位参数	两个方向的限位刚度/(MN/m)	100
	限位位移量/mm	100
	额定最大行程/mm	±750
	静力限位力/kN	6580
	温度变形最大阻力/kN	$< 3025 \times 5\% = 151$
	限位系统正常使用极限状态安全系数	1.5
	阻尼系统正常使用极限状态安全系数	2
	阻尼器水平转动/(°)	2

表 9-16 主桥结构模型约束情况

约束方向	过渡墩	远塔辅助墩	近塔辅助墩	塔梁连接处
顺桥向	滑动	滑动	滑动	动力阻尼额定行程限位
横桥向	主从约束	主从约束	主从约束	约束
垂向	约束	约束	约束	—

分析模型中，非线性黏滞阻尼器力学模型为

$$F_{dij}(t) = C_{di} \dot{u}(t)^{\alpha_j} = k_{sij}(t)u(t) \tag{9-74}$$

弹簧单元刚度为

$$k_{sij}(t) = C_{di} \dot{u}(t)^{\alpha_j} \cdot u(t)^{-1} \tag{9-75}$$

式中，C_{di} 为阻尼器第 i 次非线性黏滞阻尼系数取值；α_j 为非线性黏滞阻尼器第 j 次速度指数取值，C_{di} 和 α_j 构成非线性黏滞阻尼器设计参数矩阵 $[\boldsymbol{C}_{di}, \boldsymbol{\alpha}_j]$；$F_{dij}(t)$ 为 (C_{di}, α_j) 对应的非线性黏滞阻尼力，构成非线性黏滞阻尼力向量 $\boldsymbol{F}_d$；由非线性黏滞阻尼器位移 $u(t)$ 变化，可得到与 (C_{di}, α_j) 对应的弹簧刚度系数 $k_{sij}(t)$，$k_{sij}(t)$ 构成弹簧单元刚度矩阵 $\boldsymbol{k}_s$，将随速度变化的非线性黏滞阻尼力转变为随速度和位移变化的弹簧刚度系数。长大跨斜拉桥结构有限元动力学分析模型中非线性黏滞阻尼器模拟为 COMBIN 单元，$k_{sij}(t)$ 和 C_{di} 为对应 COMBIN 单元的设计参数，单元中设置 $t = 0 \sim 100\text{s}$，$\Delta t = 0.02\text{s}$。

在本节所建力学模型的基础上，建立设置上述参数的非线性黏滞阻尼器的梁杆系计算模型如图 9-26(a) 所示。模型中用 BEAM189 单元模拟梁、墩、塔，仅受拉的 LINK10 单元模拟 CFRP 索和钢索，分别建立 CFRP 索和钢索长大跨斜

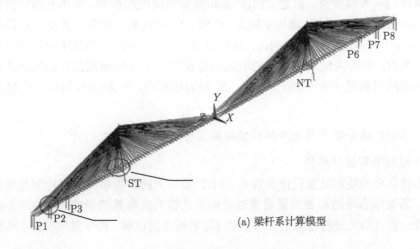

(a) 梁杆系计算模型

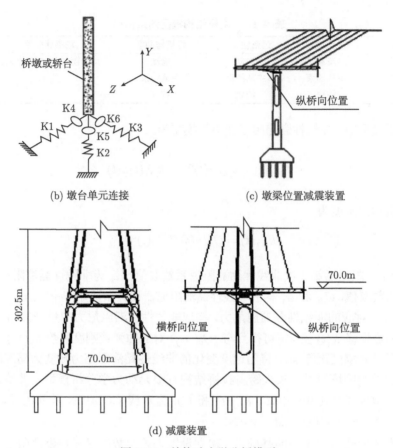

(b) 墩台单元连接　　　　　　(c) 墩梁位置减震装置

(d) 减震装置

图 9-26　结构动力学分析模型

拉桥，为对比分析 CFRP 索和钢索长大跨斜拉桥在设置非线性黏滞阻尼器作用下的抗震性能和减震效果，假定 CFRP 索和钢索轴向刚度相同，索单元弹性模量采用 Ernst 公式换算；辅助墩与主梁为 X 向、Y 向约束，利用边界单元模拟基础 (图 9-26(b))，等效刚度为 K1~K6，分别为 Z、Y、X 方向上的拉压和抗扭弹簧等效刚度系数；桥跨两侧过渡墩处的墩梁间各设置 2 个纵向带限位功能的非线性黏滞阻尼器减震装置 (图 9-26(c)、(d))，X 轴为横桥向，Y 轴为竖桥向，Z 轴为顺桥向。

2. CFRP 索和钢索长大跨斜拉桥的减震控制分析与比较

1) 减震装置设计参数

选择合理的减震装置设计参数是 CFRP 索长大跨斜拉桥的减震控制效果的关键[85]，需要综合考虑减震装置设置对结构的关键响应参数的影响。结构的关键响应参数一般包括关键特征点的位移控制 (如梁端竖向位移、跨中竖向位移、塔顶顺桥向位移、塔底弯矩等)。在实际工程中，利用弹性装置和非线性黏滞阻尼器对长大跨桥梁结构实施响应控制是目前较为成熟的方法[82,86]，对弹性减震装置，其主要的设计参数为弹性连接刚度 k。对非线性黏滞阻尼器，主要设计的参数为阻尼系数 C 和速度指数 α[87]。在这两种类型中，非线性黏滞阻尼器的应用相对较多，在研究其对结构的控制效果时，本章的研究思路见图 9-27。

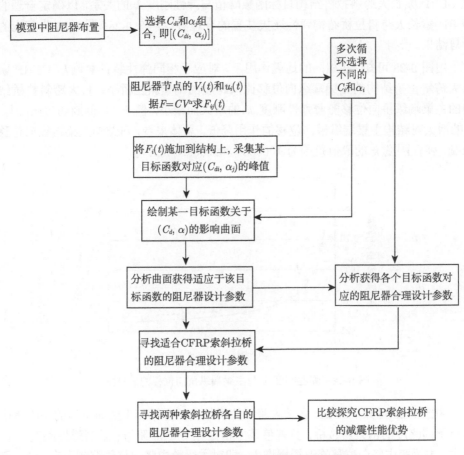

图 9-27　非线性黏滞阻尼器减震控制分析流程

2) 弹性连接地震响应控制

在长大跨斜拉桥地震响应控制中，利用弹性连接装置实现对结构的减震是一种较为成熟的方法。鉴于长大跨斜拉桥结构纵漂振型参与系数较大，该方法通过在结构的合理位置设置合理的弹性连接装置，在地震作用下，利用装置的变形调整斜拉桥主梁的局部刚度，通过改变结构主梁刚度达到提高结构基频的目的，以避开激励的频率，实现抗震减震的目的。其主要的研究思路为：在静动力学分析的基础上，初步选定弹性装置的弹性刚度 k 的取值范围, 设定目标函数 (如梁端竖向位移、跨中竖向位移、塔顶顺桥向位移、塔底弯矩等), 利用时程分析法获得目标函数的峰值, 通过参数 k 灵敏度分析, 获得目标函数与 k 的关系曲线, 确定相对最优弹性刚度 k。

依据现有的资料, 设定弹性刚度 k 取值的取值范围为 $25000 \sim 700000 \mathrm{kN/m}$, 研究 CFRP 索长大跨斜拉桥结构目标函数峰值与弹性刚度 k 的关系, 以确定合理的 CFRP 索长大跨斜拉桥结构弹性连接装置的合理参数。图 9-28～图 9-33 为相应的计算结果。

由图 9-28 可知, 在相同的地震作用下, 对应于相同弹性装置参数 k, CFRP 索长大跨斜拉桥结构的主梁端纵向位移比同跨度的钢索斜拉桥小; 长大跨斜拉桥结构的主梁端纵桥向位移随着弹性刚度 k 的增大而减小, 但 k 为 $300000\mathrm{kN/m}$ 时, k 的增大对结构主梁端纵桥向位移的作用降低。总体来看, 对结构主梁端纵向位移控制, 弹性刚度 k 的取值范围为 $100000 \sim 300000 \mathrm{kN/m}$。

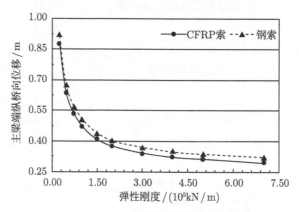

图 9-28　弹性刚度 k 与主梁端纵桥向位移的关系图

由图 9-29 可知, CFRP 索长大跨斜拉桥结构的主梁跨中竖向位移的响应值明显小于同跨度的钢索斜拉桥, 且差值基本恒定在 $0.24\mathrm{m}$ 附近; 随着弹性刚度 k 的增大, 主梁跨中竖向位移峰值缓慢增大, 即对主梁跨中竖向位移控制而言, 弹性刚度 k 作用较小。结合图 9-28 和图 9-29 可知, 以结构主梁端纵向位移和主梁跨中竖向位移为目标函数控制的弹性刚度 k 的合理取值范围为 $100000 \sim 200000 \mathrm{kN/m}$。

由图 9-30 可知, 对应于相同弹性装置参数 k, CFRP 索长大跨斜拉桥结构的塔底弯矩比同跨度的钢索斜拉桥小; 弹性刚度 k 在 $0 \sim 75000 \mathrm{kN/m}$ 范围内时, CFRP 索和钢索长大跨斜拉桥塔底弯矩随弹性刚度 k 的增大趋于减小, $k = 75000 \mathrm{kN/m}$ 时取得极值, 即千米级长大跨斜拉桥结构以塔底弯矩为控制目标函数时, 合理的弹性刚度 k 为 $75000 \mathrm{kN/m}$。

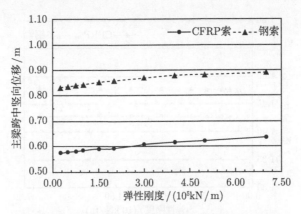

图 9-29 弹性刚度 k 与主梁跨中竖向位移的关系图

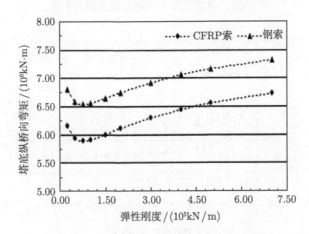

图 9-30 弹性刚度 k 与塔底弯矩的关系图

由图 9-31 可知,对应于相同弹性装置参数 k,CFRP 索长大跨斜拉桥结构的塔底轴力比同跨度的钢索斜拉桥小;对塔底轴力控制而言,弹性刚度 k 作用较小。

由图 9-32 可知,对应于相同弹性装置参数 k,CFRP 索长大跨斜拉桥结构的塔顶纵桥向位移比同跨度的钢索斜拉桥小;弹性刚度 k 越大,塔顶纵桥向位移越小,当 k 大于 150000kN/m 后,弹性装置对塔顶纵桥向位移控制效果降低。

由图 9-28~图 9-32 综合可知,考虑斜拉桥主梁及桥塔减震,对应的弹性装置的弹性刚度 k 的合理取值范围为 75000~150000kN/m。

由图 9-33 可知,对 CFRP 索和钢索长大跨斜拉桥,弹性刚度 k 对应的弹性装置内力和变形差异较小;k 值越大,弹性装置内力越大,弹性装置变形越小,但内力增大及变形较小的速度趋于平缓。

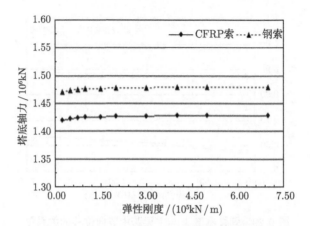

图 9-31　弹性刚度 k 与塔底轴力的关系图

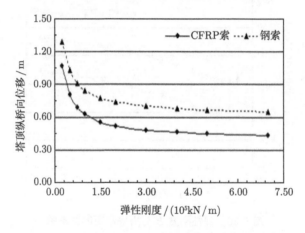

图 9-32　弹性刚度 k 与塔顶纵桥向位移的关系图

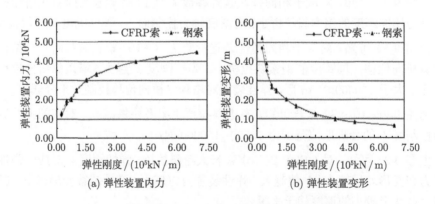

(a) 弹性装置内力　　　　　　　　(b) 弹性装置变形

图 9-33　弹性刚度 k 与弹性装置内力和变形的关系图

由图 9-28~图 9-33 综合可知，在考虑斜拉桥结构减震及装置内力和变形的情况下，弹性装置的弹性刚度 k 的合理取值范围为 $75000 \sim 150000\mathrm{kN/m}$；在相同的减震目标下，CFRP 索长大跨斜拉桥对弹性刚度 k 的取值可比同跨度的钢索斜拉桥略低。

3) 设置非线性黏滞阻尼器地震响应控制

对于非线性黏滞阻尼器，设计参数主要有速度指数 α 和阻尼系数 C。工程中，α 取值一般为 0.3~1.0，阻尼系数 C 根据桥梁结构形式的实际情况确定。本节对速度指数 α 和阻尼系数 C 取值的范围为 $\alpha[0.2、0.3、0.4、0.6、0.9]$，$C[1000、2500、5000、7500、10000、15000、20000、25000]$。

为确定合理的非线性黏滞阻尼器参数，以 CFRP 索与钢索长大跨斜拉桥的梁端位移、跨中竖向位移、塔底弯矩及塔顶位移和阻尼器的轴力及变形为目标函数，建立非线性黏滞阻尼器参数矩阵 $[\boldsymbol{C}_{di}, \boldsymbol{\alpha}_j]$，对各设计参数 (C_{di}, α_j) 对应的目标函数峰值进行分析计算，提取对应的目标函数峰值，绘制成参数-目标函数峰值关系曲面，确定对应控制目标函数的最优阻尼器设计参数 (C_{di}, α_j)，以综合确定能满足 CFRP 索长大跨斜拉桥地震响应控制的非线性黏滞阻尼器合理参数 (C_d, α)。

建立 8×6 的阻尼器速度指数 α 和阻尼系数 C 设计参数矩阵见式 (9-76)。

$$[\boldsymbol{C}_{di}, \boldsymbol{\alpha}_j] = \begin{bmatrix} (1000, 0.2) & (1000, 0.3) & (1000, 0.4) & (1000, 0.6) & (1000, 0.9) \\ (2500, 0.2) & (2500, 0.3) & (2500, 0.4) & (2500, 0.6) & (2500, 0.9) \\ (5000, 0.2) & (5000, 0.3) & (5000, 0.4) & (5000, 0.6) & (5000, 0.9) \\ (7500, 0.2) & (7500, 0.3) & (7500, 0.4) & (7500, 0.6) & (7500, 0.9) \\ (10000, 0.2) & (10000, 0.3) & (10000, 0.4) & (10000, 0.6) & (10000, 0.9) \\ (15000, 0.2) & (15000, 0.3) & (15000, 0.4) & (15000, 0.6) & (15000, 0.9) \\ (20000, 0.2) & (20000, 0.3) & (20000, 0.4) & (20000, 0.6) & (20000, 0.9) \\ (25000, 0.2) & (25000, 0.3) & (25000, 0.4) & (25000, 0.6) & (25000, 0.9) \end{bmatrix}$$
$$(9\text{-}76)$$

对参数矩阵进行对应于 CFRP 索与钢索长大跨斜拉桥的梁端位移、跨中竖向位移、塔底弯矩及塔顶位移和阻尼器的轴力及变形为目标函数的峰值关系分析，结果见图 9-34~图 9-39。

由图 9-34 可知，对 CFRP 索与钢索长大跨斜拉桥，阻尼系数 C 一定时，随着速度指数 α 的增大，梁端位移呈上升的趋势，且上升位移梯度趋大；速度指数 α 一定时，随着阻尼系数 C 的增大，梁端位移呈下降的趋势，下降位移梯度趋缓。对应于阻尼器参数矩阵 $[\boldsymbol{C}_{di}, \boldsymbol{\alpha}_j]$：阻尼系数 C 越大，速度指数 α 越小，对 CFRP 索与钢索斜拉桥梁端位移的控制效果越好。总体来看，在配置相同的阻尼器参数矩阵 $[\boldsymbol{C}_{di}, \boldsymbol{\alpha}_j]$ 的情况下，CFRP 索长大跨斜拉桥梁端位移的响应值与同跨度的钢索长大跨斜拉桥差异较小；综合考虑梁端位移及位移梯度的关系，对于 CFRP 索长大跨斜拉桥结构，合理的阻尼器参数矩阵 $[C_{di}, \alpha_j]$：阻尼系数 C 为 $[100000, 20000\text{kN} / (\text{m/s})^\alpha]$，速度指数 α 为 $[0.3, 0.6]$。

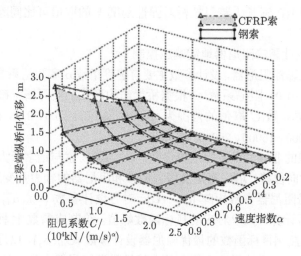

图 9-34　梁端位移与 $[C_{di}, \alpha_j]$ 关系图

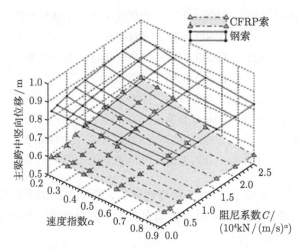

图 9-35　跨中位移与 $[C_{di}, \alpha_j]$ 关系图

由图 9-35 可明显地看出，在配置相同的阻尼器参数矩阵 $[C_{di}, \alpha_j]$ 的情况下，CFRP 索长大跨斜拉桥的主梁跨中竖向位移响应峰值明显小于同跨度的钢索斜拉桥。C 一定时，α 越大，主梁跨中竖向位移响应峰值减小，位移梯度趋缓。α 一定时，C 越大，主梁跨中竖向位移响应峰值增大，但位移梯度趋缓。综合考虑主梁跨中竖向位移响应峰值与位移梯度的关系，对于 CFRP 索长大跨斜拉桥结构，合

理的阻尼器参数矩阵 $[C_{di}, \alpha_j]$：阻尼系数 C 为 $[100000, 15000\text{kN}/(\text{m/s})^\alpha]$，速度指数 α 为 $[0.3, 0.5]$。

由图 9-36、图 9-37 综合来看，在配置相同的阻尼器参数矩阵 $[C_{di}, \alpha_j]$ 的情况下，CFRP 索长大跨斜拉桥的塔底弯矩、塔顶位移响应峰值小于同跨度的钢索斜拉桥。C 一定时，α 越大，塔底弯矩、塔顶位移响应峰值增大；α 一定时，C 越大，塔底弯矩、塔顶位移响应峰值减小，梯度趋缓。综合考虑塔底弯矩、塔顶位移响应峰值及梯度的关系，合理的阻尼器参数矩阵 $[C_{di}, \alpha_j]$：阻尼系数 C 为 $[10000, 25000\text{kN}/(\text{m/s})^\alpha]$，速度指数 α 为 $[0.2, 0.5]$。

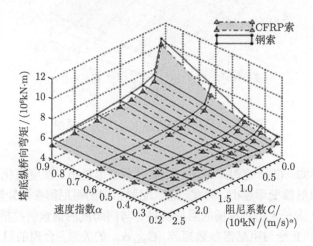

图 9-36 塔底弯矩与 $[C_{di}, \alpha_j]$ 关系图

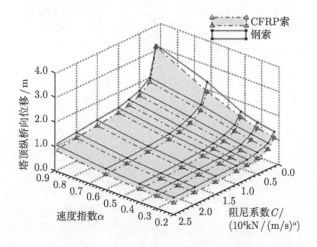

图 9-37 塔顶位移与 $[C_{di}, \alpha_j]$ 关系图

由图 9-38 可知，C 一定时，α 越大，阻尼器轴力减小，梯度趋缓；α 一定时，C 越大，阻尼器轴力增大。在配置相同的阻尼器参数矩阵 $[\boldsymbol{C}_{di}, \boldsymbol{\alpha}_j]$ 的情况下，CFRP 索长大跨斜拉桥的阻尼器轴力小于同跨度的钢索斜拉桥。

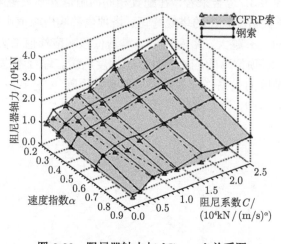

图 9-38　阻尼器轴力与 $[\boldsymbol{C}_{di}, \boldsymbol{\alpha}_j]$ 关系图

由图 9-39 知，C 一定时，α 越小，阻尼器变形越小，梯度变化不大；α 一定时，C 越大，阻尼器变形越小，梯度趋缓。配置相同的阻尼器参数矩阵 $[\boldsymbol{C}_{di}, \boldsymbol{\alpha}_j]$ 的情况下，CFRP 索长大跨斜拉桥的阻尼器轴力与同跨度的钢索斜拉桥差异较小。综合阻尼器内力和变形与阻尼器参数矩阵 $[\boldsymbol{C}_{di}, \boldsymbol{\alpha}_j]$ 的关系，合理的阻尼器参数矩阵 $[\boldsymbol{C}_{di}, \boldsymbol{\alpha}_j]$：阻尼系数 C 为 $[5000, 15000\text{kN}/(\text{m/s})^\alpha]$，速度指数 α 为 $[0.3, 0.5]$。

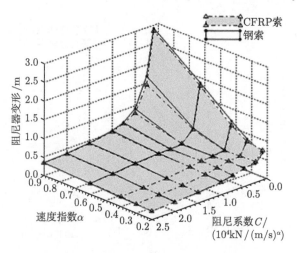

图 9-39　阻尼器变形与 $[\boldsymbol{C}_{di}, \boldsymbol{\alpha}_j]$ 关系图

综合分析图 9-34~图 9-39 可知，总体来看，对 CFRP 索长大跨斜拉桥和钢索长大跨斜拉桥，在配置相同的阻尼器参数矩阵 $[C_{di}, \alpha_j]$ 的情况下，CFRP 索长大跨斜拉桥上述目标函数的地震响应值小，即在目标函数值相同的情况下，CFRP 索长大跨斜拉桥对阻尼器参数矩阵 $[C_{di}, \alpha_j]$ 的要求低于同跨度的钢索斜拉桥。

采用非线性黏滞阻尼器进行长大跨斜拉桥梁端位移、跨中竖向位移、塔底弯矩及塔顶位移减震控制时，综合上述分析可知，一个合理的阻尼器参数为：CFRP 索长大跨斜拉桥 $[C_{di}, \alpha_j] = [10000\text{kN}/(\text{m/s})^{0.3}, 0.3]$；钢索长大跨斜拉桥 $[C_{di}, \alpha_j] = [15000\text{kN}/(\text{m/s})^{0.4}, 0.4]$。

4) 不同控制结果分析与比较

在 CFRP 索与钢索长大跨斜拉桥上设置弹性装置及非线性黏滞阻尼器的减震效果对比情况见表 9-17。

表 9-17 设置弹性及非线性黏滞阻尼器时 CFRP 索及钢索斜拉桥减震效果对比

控制目标	弹性装置k /(10^5kN/m)			非线性黏滞阻尼器 $\alpha, C/(10^4\text{kN}/(\text{m/s})^\alpha)$	
	钢索 (k=1.0)	CFRP 索 (k=1.0)	CFRP 索 (k=0.75)	钢索 ($\alpha = 0.4, C = 1.5$)	CFRP索 ($\alpha = 0.3, C = 1.0$)
梁端纵向位移/m	0.504	0.472	0.530	0.493	0.470
主梁跨中竖向位移/m	0.843	0.582	0.578	0.864	0.615
塔顶纵桥向位移/m	0.846	0.625	0.689	0.825	0.615
塔底弯矩/(10^6kN·m)	6.559	6.913	6.896	6.026	6.692
减震装置内力/10^4kN	2.452	2.500	2.047	1.800	1.469
减震装置变形/m	0.245	0.250	0.273	0.330	0.390

由表 9-17 的第二列和第三列可知，在同一地震作用下，不同索斜拉桥采用相同的弹性装置参数 (k=100000kN/m) 时，相比于钢索斜拉桥，CFRP 索斜拉桥梁端纵向位移、主梁跨中竖向位移及塔顶纵桥向位移控制效果相对较优；但 CFRP 索斜拉桥的塔底弯矩要大于钢索斜拉桥的塔底弯矩；在减震装置内力和变形指标上，则相差不大。

由表 9-17 的第三列和第四列可知，对 CFRP 索斜拉桥，弹性装置刚度系数 k 越大，结构的梁端纵向位移值、主梁跨中竖向位移值及塔顶纵桥向位移值及减震装置变形值越小；但塔底弯矩值及减震装置内力值越大。

综合分析表 9-17 的第二列和第四列可知，相比于钢索斜拉桥，相同参数的弹性装置对 CFRP 索斜拉桥的减震控制效果更优，在相同控制指标的前提下，CFRP 索斜拉桥对弹性装置参数的要求要低于 CFRP 索斜拉桥对弹性装置参数的要求。通过内插法可得，当 CFRP 索长大跨斜拉桥的弹性连接刚度取 85000kN/m 时，对应钢索斜拉桥的 k 可取为 100000kN/m。

由表 9-17 的第五列和第六列可知，在同样的减震条件下，设计参数为 (α=0.3，C = 1.0×10^4kN/(m/s)$^{0.3}$) 的非线性黏滞阻尼器对 CFRP 索斜拉桥的减震控制结果比设计参数为 α=0.4、$C = 1.5 \times 10^4$kN/(m/s)$^{0.4}$ 的非线性黏滞阻尼器对同跨度的钢索斜拉桥的减震控制结果在多数控制目标上更优；在同样的控制目标下，CFRP 索长大跨斜拉桥对非线性黏滞阻尼器设计参数的要求低。

综合表 9-17 可知，在控制目标值一定的情况下，理论上设置弹性装置和非线性黏滞阻尼器均能实现对 CFRP 索斜拉桥的变形减震控制，设置非线性黏滞阻尼器对 CFRP 索斜拉桥的减震控制效果要优于设置弹性装置；同参数的减震装置对 CFRP 索斜拉桥的减震控制效果要优于同跨度的钢索斜拉桥。

9.4.3　主要结论

结合试验结果及 CFRP 索长大跨斜拉桥结构的地震响应分析结果，在被动减震控制理论分析的基础上，探讨了 CFRP 索长大跨斜拉桥结构弹性及非线性减震装置布置形式对其抗震性能的影响，并对弹性及非线性减震装置的设计参数进行了研究。结论如下。

(1) 设置弹性及非线性黏滞阻尼器装置能够实现对千米级 CFRP 索长大跨斜拉桥结构减震控制。

(2) 若阻尼指数 α 不变，阻尼系数 C 越大，CFRP 索长大跨斜拉桥在相应地震作用下的塔顶位移、塔底弯矩、梁端位移及阻尼器位移越小，但结构中部竖向位移和阻尼器阻尼力越大。若阻尼系数 C 不变，阻尼指数 α 越大，则 CFRP 索长大跨斜拉桥在相应地震作用下的梁端位移、塔顶位移、塔底弯矩和阻尼器位移越大，但结构中部竖向位移和阻尼力越小。

(3) 设置非线性减震阻尼器比设置弹性装置能取得更好的效果，尤其是能降低结构设计控制截面的内力。

(4) 在减震装置参数选择上，对主跨 1000m 左右的 CFRP 索长大跨斜拉桥，弹性装置的刚度系数为 85000kN/m 时，减震效果较优；但对于同跨度的钢索斜拉桥，刚度系数为 100000kN/m。采用非线性黏滞阻尼器时，对于 CFRP 索长大跨斜拉桥，相应的较优参数为 α=0.3，$C = 10000$kN/(m/s)$^{0.3}$；对于同跨度的钢索斜拉桥，相应的较优参数为 α=0.4，$C = 15000$kN/(m/s)$^{0.4}$。

(5) 无论采用弹性减震装置还是非线性黏滞阻尼器，CFRP 索长大跨斜拉桥对减震器参数的要求都低于同跨度的钢索斜拉桥；在同样的减震装置设计参数下，减震装置对 CFRP 索斜拉桥的控制效果优于同跨度钢索斜拉桥的控制效果。

9.5 本 章 小 结

本章建立了主跨千米级的 CFRP 索斜拉桥和钢索斜拉桥有限元动力学分析模型，对比分析了 CFRP 索及钢索长大跨斜拉桥的动力学特性，利用时程分析法对比分析两种拉索斜拉桥诸多项目的地震响应时程和关键截面的响应峰值；通过对比分析，对 CFRP 索长大跨斜拉桥的抗震性能进行了探索。采用弹性连接装置和黏滞阻尼器两种减震装置，选取目标函数 (主梁端纵桥向位移、主梁跨中竖向位移、桥塔顶纵桥向位移、桥塔底弯矩以及减震装置的内力和变形)，通过参数敏感性分析，考虑各目标函数值，确定了 CFRP 索长大跨斜拉桥结构合理的弹性刚度 k、阻尼系数 C 和速度指数 α，并对比分析了两种减震措施对 CFRP 索及钢索长大跨斜拉桥的减震效果。

CFRP 索及其长大跨斜拉桥结构的非线性动力学性能相比传统钢索及其长大跨斜拉桥结构在基本动力学特性上存在较大差异，尤其是扭转基频与规范中的计算结果差异较大；斜拉桥采用塔梁固结体系时，扭转振型出现的可能性更小；CFRP 索斜拉桥的自振频率较钢索斜拉桥高，CFRP 索试验桥的地震响应曲线峰值小于斜拉桥，抗震性能优于传统钢索斜拉桥结构。在满足同样的减震要求时，CFRP 索长大跨斜拉桥对减震装置设计参数的要求较低；在相同的阻尼器参数下，CFRP 索长大跨斜拉桥减震效果优于传统钢索斜拉桥结构。本章的主要内容可为 CFRP 材料更好更快地应用于长大跨 (桥梁、房屋) 结构提供一定参考。

参 考 文 献

[1] 项海帆, 陈艾荣. 《公路桥梁抗风设计规范》概要及大跨桥梁的抗风对策 [C]//中国土木工程学会桥梁及结构工程学会第十四届年会论文集, 2005.

[2] 穆祥纯. 城市大跨径桥梁将设世纪回顾与展望 [C]//中国土木工程学会桥梁及结构工程学会第十四届年会论文集, 2005.

[3] 周念先. 桥梁方案比选 [M]. 上海: 同济大学出版社, 1997.

[4] 周念先. 对特大跨径索桥若干问题的商榷 [J]. 江苏交通工程, 1993, 3: 1-5.

[5] 顾安邦. 桥梁工程 (下册)[M]. 北京: 人民交通出版社, 2004.

[6] 范立础. 桥梁工程 (下册)[M]. 北京: 人民交通出版社, 1990.

[7] 王伯惠. 斜拉桥结构发展和中国经验 (上册)[M]. 北京: 人民交通出版社, 2003.

[8] 刘士林. 斜拉桥设计 [M]. 北京: 人民交通大学出版社, 2006.

[9] 严国敏. 现代斜拉桥 [M]. 四川: 西南交通大学出版社, 2000.

[10] 邬晓光. 斜拉桥极限跨度分析 [J]. 重庆交通学院学报, 1996, 15(3):36-38.

[11] 杨允表, 石洞. 复合材料在桥梁工程中的应用 [J]. 桥梁建设, 1997, 4:1-4.

[12] 曾宪桃, 车惠民. 复合材料 FRP 在桥梁工程中的应用及其前景 [J]. 桥梁建设, 2000, 2: 66-70.

[13] 孙杰, 孙峙华, 胡荣根. 碳纤维复合材料在桥梁工程中应用及其前景 [J]. 公路交通技术, 2004, 1:46-60.

[14] 张锡祥, 顾安邦. 复合材料用于大跨斜拉桥发展展望 [J]. 重庆交通学院学报, 1995, 1:14-19.

[15] 高丹盈, 李趁趁, 朱海堂. 纤维增强塑料筋的性能与发展 [J]. 纤维复合材料, 2002, 4: 37-40.

[16] 张元凯, 肖汝诚. FRP 材料在大跨度桥梁结构中的应用展望 [J]. 公路交通科技, 2004, 4: 59-62.

[17] 臧华, 刘钊, 吕志涛, 等. CFRP 筋用作斜拉桥拉索的研究与应用进展 [J]. 公路交通科技, 2006, 10: 70-74.

[18] 李晓莉. CFRP 材料在超大跨度斜拉桥拉索中的应用研究 [J]. 武汉理工大学学报, 2006, 2: 30-33.

[19] 梅葵花, 吕志涛. CFRP 在超大跨悬索桥和斜拉桥中的应用前景 [J]. 桥梁建设, 2002, 2: 75-77.

[20] Cheng S H. Structural and aerodynamic stability analysis of long-span cable-stayed bridges [D]. Ottawa: Carleton University, 1999.

[21] Kremmidas S C. Improving bridge stay cable performance under static and dynamic loads [D]. San Diego Loads: University of Caledonia, 2004.

[22] 张新军, 应磊东. 超大跨 CFRP 索斜拉桥的力学性能分析 [J]. 公路交通科技. 2008, 25(10): 74-78.

[23] 张新军, 应磊东. 应用碳纤维缆索的大跨度悬索桥抗风稳定性研究 [J]. 土木工程学报, 2006, 39(12): 79-82.

[24] 谢旭, 高金盛, 苟昌焕, 等. 应用碳纤维索的大跨度斜拉桥结构振动特性 [J]. 浙江大学学报, 2005, 39(5): 728-733.

[25] 苟昌焕, 谢旭, 高金盛, 等. 应用碳纤维索的大跨度斜拉桥静力学特性分析 [J]. 浙江大学学报, 2005, 39(1): 137-142.

[26] 张志成, 谢旭. 大跨度斜拉桥拉索设计方法及碳纤维索的应用 [J]. 浙江大学学报, 2007, 41(9): 39-46.

[27] 谢旭, 朱越峰, 申永刚. 大跨度钢索和 CFRP 索斜拉桥车桥耦合振动研究 [J]. 工程力学, 2007, 24(s1): 53-61.

[28] 梅葵花, 吕志涛, 孙胜江. CFRP 拉索的非线性参数振动特性 [J]. 中国公路学报, 2007, 20(1): 52-57.

[29] 梅葵花. CFRP 拉索斜拉桥的研究 [D]. 南京: 东南大学, 2005.

[30] 李正仁. 关于在直布罗陀海峡最窄处建造碳纤维强化复合材料桥的建议 [J]. 国外桥梁, 1990, 4: 45-50.

[31] 方志, 郭棋武, 刘光栋, 等. 碳纤维复合材料 (CFRP) 斜拉索的应用 [J]. 中国公路学会桥梁与结构工程学会 2001 年桥梁学术讨论会论文集. 北京: 人民交通出版社, 2001.

[32] 刘云, 钱振东. 润扬大桥北汊斜拉桥的动力分析模型和动力特性的研究 [J]. 交通运输工程与信息学报, 2006, 4(1):99-103.

[33] 龙晓鸿, 李黎, 唐家祥, 等. 澳凼第三大桥斜拉桥的动力特性及线性地震反应分析 [J]. 工程力学, 2004, 21(6): 166-171.

[34] 吕志涛, 梅葵花. 国内首座 CFRP 索斜拉桥的研究 [J]. 土木工程学报, 2007, 40(1):54-59.

[35] 刘荣桂, 李成绩, 蒋峰, 等. 碳纤维斜拉索的静力参数特性分析 [J]. 哈尔滨工业大学学报, 2008, 40(4): 615-619.

[36] 刘荣桂, 李成绩, 龚向华, 等. 碳纤维斜拉索的动力参数特性分析 [J]. 哈尔滨工业大学学报, 2008, 40(8): 1284-1288.

[37] 谢旭, 朱越峰. CFRP 拉索设计对大跨度斜拉桥力学特性的影响 [J]. 工程力学, 2007, 24(11): 113-120.

[38] Bruno D, Greco F, Lonetti P. Dynamic impact analysis of long span cable-stayed bridges under moving loads [J]. Engineering Structures, 2008, 30(4):1160-1177.

[39] 姜增国, 付涛. 斜拉桥减震控制研究 [J]. 公路, 2007, 11: 7-11.

[40] 徐秀丽, 刘伟庆, 王滋军, 等. 大跨斜拉桥结构消能减震设计方法研究 [J]. 桥梁建设, 2005, 4: 9-12.

[41] 韩万水, 黄平明, 兰燕. 斜拉桥纵向设置黏滞阻尼器参数分析 [J]. 地震工程与工程振动, 2005, 25(6): 146-151.

[42] 亓兴军, 李小军. 大跨飘浮体系斜拉桥减震控制研究 [J]. 振动与冲击, 2007, 26(3): 79-82.

[43] Jens C, Elgaard H J, Lars H, et al. Innovative cable-stayed bridge[J]. Concrete (London), 1998, 32(7): 32-34.

[44] Grace N F, Navarre F C. Design construction of bridge street bridge—first CFRP bridge in the United States [J]. PCI Journal, 2002, 47(5): 20-36.

[45] Ginsing N J. Anchored and partially stayed bridges[C]// Proceeding of the International Symposium on Suspension Bridges. Lisbon, 1966.

[46] 肖汝城. 桥梁结构分析及程序系统 [M]. 北京: 人民交通出版社, 2002.

[47] 陈德伟, 范立础, 项海帆. 确定预应力混凝土斜拉桥恒载初始索力的方法 [J]. 同济大学学报 (自然科学版), 1997, 25(1): 23-28.

[48] 汪树玉, 杨德锉, 刘国华. 优化原理、方法与工程应用 [M]. 杭州: 浙江大学出版社, 1991.

[49] 杜国华, 姜林. 斜拉桥合理索力及其施工张拉力 [J]. 桥梁建设, 1989(3):11-17.

[50] 肖汝城, 项海帆. 斜拉桥索力优化及其工程应用 [J]. 计算力学学报, 1998, 1: 118-126.

[51] 肖汝诚, 项海帆. 斜拉桥索力优化的影响矩阵法 [J]. 同济大学学报, 1998, 26(3): 235-240.

[52] 汪劲丰, 施笃铮, 徐兴. 确定斜拉桥最优恒载索力方法的探索 [J]. 浙江大学学报 (工学版), 2002, 36(2): 152-155.

[53] 彭力军, 颜东煌. 混凝土斜拉桥索力调整的最优化 [J]. 国外公路, 1997, 17(4): 25-32.

[54] 席少霖, 赵凤治. 最优化计算方法 [M]. 上海: 上海科学技术出版社, 1983.

[55] 梅葵花, 吕志涛. CFRP 拉索斜拉桥的静力特性分析 [J]. 工业建筑, 2004, 34(z1): 302-306.

[56] 贾丽君, 郭瑞, 张雪松, 等. 第十七届全国桥梁学术会议论文集 (下册), 2006.

[57] 邱新林. 大跨斜拉桥空间非线性地震反应分析 [J]. 华东公路, 2001, 6(3): 8-12.

[58] 许飞. CFRP 索斜拉桥的静动力性能研究 [D]. 镇江: 江苏大学, 2009.

[59] 杜丽姝. 徐州和平大桥动力特性分析 [D]. 成都: 西南交通大学, 2007.

[60] 刘钊. 系杆拱桥的结构优化设计及抗震性能研究 [D]. 南京: 东南大学, 2001.

[61] 李国豪. 桥梁结构稳定与振动 [M]. 北京: 中国铁道出版社, 1996.

[62] 克拉夫 R, 彭津 J. 结构动力学 [M]. 2 版. 王光远, 等译. 北京: 高等教育出版社, 2006.

[63] 张喜刚. 苏通大桥总体设计 [J]. 公路, 2004, 7(7): 1-11.

[64] 项海帆. 现代桥梁抗风理论与实践 [M]. 北京: 人民交通出版社, 2005.
[65] 龚仁明. 超大跨度斜拉桥方案设计 [J]. 同济大学学报, 1999, 27(2):229-233.
[66] 谢旭. 桥梁结构地震响应分析与抗震设计 [M]. 北京: 人民交通出版社, 2005.
[67] 范立础, 胡世德, 叶爱君. 大跨度桥梁抗震设计 [M]. 北京: 人民交通出版社, 2001.
[68] 钟万勰, 林家浩, 吴志刚, 等. 大跨度桥梁分析方法的一些进展 [J]. 大连理工大学学报, 2000, 40(2): 127-135.
[69] 叶爱君, 胡世德, 范立础. 大跨度桥梁抗震设计实用方法 [J]. 土木工程学报, 2001, 24(1): 1-5.
[70] 闫冬, 袁万城. 大跨度斜拉桥的抗震概念设计 [J]. 同济大学学报 (自然科学版), 2004, 32 (10):1344-1348.
[71] 龙晓鸿. 斜拉桥及连续梁桥空间地震响应分析 [D]. 武汉: 华中科技大学, 2004.
[72] 李忠献, 黄健, 丁阳, 等. 不同地震激励下大跨度斜拉桥的地震反应分析 [J]. 中国公路学报, 2005, 18(3): 48-53.
[73] 张翠红, 吕令毅. 大跨度斜拉桥在多点随机地震激励作用下的响应分析 [J]. 东南大学学报 (自然科学版), 2004, 34(2): 249-252.
[74] 秦权, 孙晓燕, 贺瑞, 等. 苏通桥对非一致地震地面运动的反应和人工波质量的讨论 [J]. 工程力学, 2006, 23(9): 71-83.
[75] 武芳文. 大跨度斜拉桥随机地震响应分析及其动力可靠度研究 [D]. 成都: 西南交通大学, 2004.
[76] 布占宇. 斜拉桥地震响应分析中的索桥耦合振动和阻尼特性研究 [D]. 杭州: 浙江大学, 2005.
[77] 史志利. 大跨度桥梁多点激励地震反应分析与 MR 阻尼器控制研究 [D]. 天津: 天津大学, 2003.
[78] 张治成, 谢旭, 张鹤. 应用碳纤维索的斜拉桥地震响应分析 [J]. 工程力学, 2008, 25(1): 158-165.
[79] 王克海. 桥梁抗震研究 [M]. 北京: 中国铁道出版社, 2007.
[80] 欧进萍. 结构振动控制: 主动、半主动和智能控制 [M]. 北京: 科学出版社, 2003.
[81] 周云. 黏滞阻尼减震结构设计 [M]. 武汉: 武汉理工大学出版社, 2006.
[82] 叶爱君, 胡世德, 范立础. 超大跨度斜拉桥的地震位移控制 [J]. 土木工程学报, 2004, 37 (12): 38-43.
[83] 刘荣桂, 许飞, 蔡东升, 等. CFRP 拉索斜拉桥静载试验分析 [J]. 中国公路学报, 2009, 22 (2): 48-52.
[84] 刘荣桂, 周士金, 许飞, 等. CFRP 拉索斜拉桥模态试验与分析 [J]. 桥梁建设, 2009, 3: 29-32.
[85] Anat R, Kazuhiko K. Seismic response control of a cable-stayed bridge by variable dampers [J]. Journal of Earthquake Engineering, 2006, 10(1): 153-166.
[86] Chang C M, Loh C H. Seismic response control of cable-stayed bridge using different control strategies [J]. Journal of Earthquake Engineering, 2006, 10 (4): 481-508.
[87] 梁智垚, 李建中. 大跨度公铁两用斜拉桥阻尼器参数研究 [J]. 同济大学学报 (自然科学版), 2007, 35(6): 728-733.

第10章 碳纤维混凝土材料及其结构的智能特性

自从 20 世纪 80 年代中期人们提出了智能材料的概念后，结构智能化一直是土木工程界的研究热点和追求目标[1]。智能材料要求材料体系集感知、驱动和信息处理于一体，并具备自感知、自诊断、自修复等功能。而传统的水泥基混凝土材料本身并不具备自感应功能，且存在抗拉强度低、脆性大、变形性能差等自身缺陷，十分有必要实现混凝土的智能化。例如，在普通混凝土中添加一定形状、尺寸和掺量的碳纤维后，不仅可显著提高混凝土的强度和韧性，而且其电学性能也有了明显改善，具备本征自感应、自调节功能[2]。此外，碳纤维可以作为传感器并以电信号输出的形式反映自身受力状况和内部的损伤程度，还可作为驱动器调节自身温度、应力及变形等。碳纤维混凝土 (CFRC) 的智能特性主要表现在它的压敏特性、温敏特性、电热特性和磁敏特性上。

现代预应力结构是土木工程中最具竞争力的结构形式之一，在结构工程，尤其在大跨、超大跨的桥梁建设中，其优势更加凸显。大型桥梁结构造价昂贵，投资规模大，运行或使用期长；在侵蚀环境、材料老化和荷载的长期效应、疲劳效应与突变效应等不利因素的耦合作用下，结构将不可避免地出现损伤积累和抗力衰减，在极端情况下极有可能引发灾难性的突发事故。因此，努力探索并研发出具有自诊断和自修复的智能桥梁结构 (如碳纤维预应力混凝土智能桥梁结构) 是今后的发展趋势，可为人类桥梁史的发展开辟新的途径。

10.1 碳纤维混凝土机敏特性

10.1.1 碳纤维混凝土的压敏特性

所谓碳纤维混凝土的压敏特性，是指碳纤维混凝土的电阻率在外力作用下产生有规律变化的现象。20 世纪 80 年代，美国学者 Chung 首先发现将一定形状、尺寸和掺量的短切碳纤维掺入混凝土材料中后，混凝土的电阻率会随应力状态的变化而变化。随后的试验研究结果表明，碳纤维混凝土在拉应力作用下，纤维拔出，电阻增大；在压应力作用下，纤维插入，电阻减小[3]；其压敏性的灵敏度很高，灵敏系数可达 700[4]，远高于一般的电阻应变片。利用该性质，通过在混凝土中掺入一定体积含量的短切碳纤维，可使混凝土具有感知应力、应变、疲劳损伤和断裂破坏等智能化功能。

20 世纪 90 年代以来，国内外学者对碳纤维混凝土的压敏特性进行了大量的研究。Chung 课题组[5,6] 通过试验研究发现碳纤维混凝土电阻率的变化与混凝土内部裂缝扩展和闭合、纤维与基体界面状态等因素有关。李卓球课题组[7,8]、吴科如课题组[9-11]、欧进萍课题组[12-14] 对碳纤维混凝土复合材料的压敏特性进行了系统的研究，并针对压电理论、导电模型、采集方法等进行了大量研究，研发了较为完善的数据采集系统，很大程度上提高了压敏特性数据测量的精度，为国内的碳纤维混凝土在健康监测中的应用提供了坚实的理论依据。

1. 静载受压状态下 CFRC 的压敏特性

李卓球课题组[7]、吴科如课题组[10] 先后对单向受压状态下 CFRC 的压敏特性进行了试验研究，结果如图 10-1 所示。从图中可以看出，单向加压作用下 CFRC 的电阻率变化可分为三个阶段，即可逆感应阶段、平衡阶段和剧增阶段[7]，分别反映了试块内原有裂纹的闭合张开、新裂纹的萌生和裂纹扩展破坏三个阶段。在第一阶段，即可逆感应阶段，压力较小 (压力比在 0.4 以内)，CFRC 电阻率随着压力 (比) 的增大而减小；这是因为在压力作用下混凝土内部变得密实，原有裂纹产生闭合，相邻纤维接触的概率变大，电阻率减小。在第二阶段，即平衡阶段，压力比在 0.4~0.7 区间内，CFRC 电阻率不随压力 (比) 的增大而明显变化；这是因为随着压力的增大，混凝土内部开始出现新裂纹，而原有的裂纹在压力作用下闭合，因此电阻率基本上没有变化，处于一种动态平衡状态中。在第三阶段，即剧增阶段，压力比超过 0.8 以后，CFRC 电阻率随压力的增大而急剧增大；这是因为当压力增大到一定程度后，混凝土内部的损伤加剧，新裂纹增多，且远超过了压力作用下发生闭合的裂纹，从而引起纤维间势垒的急剧增大，使得电阻率迅速增大。

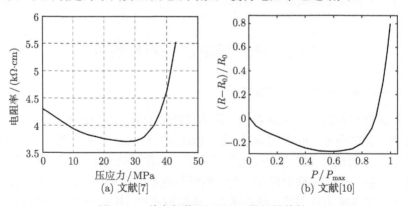

图 10-1　单向加载下 CFRC 的压敏特性

吴献等[15] 试验研究了三向受压碳纤维混凝土的力学、电学性能及力电关系，研究发现三向受压作用下 CFRC 的电阻变化率比单向受压混凝土的大，而且电阻幅值更为稳定；其中的原因主要是三向受压作用下试件内部裂缝闭合、纤维搭接概率比单向压力作用下效果更好。

2. 循环荷载作用下 CFRC 的压敏特性

除了静载作用下 CFRC 压敏特性的研究，一些学者还对循环荷载作用下 CFRC 的压敏特性进行了试验研究[7,10,16]。图 10-2 给出了不同加荷幅度下 CFRC 电阻率的相对变化与荷载循环的关系[10]。从图中可以看出，循环荷载的变化与电阻率的相对变化之间有很好的对应关系。在每个循环过程中，加载时，电阻率随荷载增大而近似于线性减小；而当卸载时，电阻率随荷载减小而呈线性增大。但是，对于不同的加荷幅度，其变化特性存在明显的差异。当加荷幅度取为破坏荷载的 30% 时 (低加荷幅度，见图 10-2(a))，经过第 1 次循环，卸载后电阻率出现了较大的不可逆减小 (峰值出现降低)，随着循环次数的增加，这种不可逆减小逐渐降低；到第 4 个循环时，电阻率的变化随荷载的变动完全可逆，但电阻率的相对变化仍未能回复到 0。当加荷幅度取为破坏荷载的 60% 时 (中高等加荷幅度，见图 10-2(b))，经过第 1 次循环，卸载后电阻率变化基本可逆，可回复到 0；随着循环次数增加，卸载后电阻率变化增大，且随循环过程的进展，这种增大幅度略有增大。

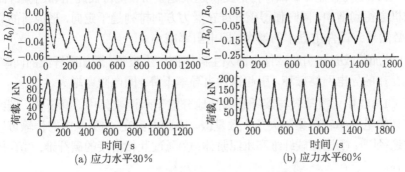

图 10-2 循环荷载下 CFRC 的压敏特性

在循环荷载作用下，CFRC 内部的导电网格变化同样存在以上 2 种过程[10]。在较低的加荷幅度下，导电网络的重组与形成处于主导地位，经过最初的 2 个循环后，试件内原有缺陷、孔隙和裂纹基本被压密实，试件发生了不可逆的变形，故而电阻率出现了不可逆的减小。在以后的加载和卸载过程中，由于应力较低，没有新的裂纹产生，试件处于一种弹性变形阶段，所以电阻率变化基本可逆。当加荷幅度达到最大荷载的 60% 时，在最初的加载和卸载过程中，导电网络的破坏和重组基本上处于一个动态平衡状态；随循环次数增加，试件内部损伤不断发生，导电网络的破坏逐渐占主导地位，致使卸载后电阻不能回复到原值，而是不断增加。

3. CFRC 的压敏特性与导电性

在水泥基复合材料中，水泥基体本身基本上是不导电的，而掺入的碳纤维是导电的。这些导电的碳纤维在水泥基体内通过定向排列和相互搭接，形成导电网络[10](图 10-3)。水泥基碳纤维复合材料的导电是由于导电性良好的碳纤维均匀分散在绝缘的水泥基体中，碳原子结构中的 π 电子可以在纤维的大 π 体系中离域，并且穿透被水泥基体隔开的非常邻近的 2 根纤维间的势垒，从某一根纤维跃迁至另一根纤维，形成隧道导电效应[17]。

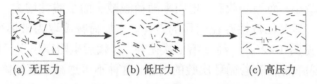

(a) 无压力　　　　　　(b) 低压力　　　　　　(c) 高压力

图 10-3　CFRC 试件内部导电网格结构随荷载作用的变化示意图

当试件受到外界荷载作用时，CFRC 的电阻率会发生变化 (压敏特性)，其内部将发生两个相互作用的过程[10]。

(1) 在外压力作用下，试件内部变得越来越紧密，使得彼此相邻的碳纤维相互搭接的机会得到增加，同时使得碳纤维在受力方向排列趋于定向，形成新的导电网络，其必然导致试件电导率的增大，即电阻率减小。

(2) 外加荷载必然引起试件内部发生破坏而产生裂纹，增加碳纤维的间隔势垒，使得已存在的导电网络破坏，引起试件电导率下降，即电阻率增大。

在 CFRC 中，粗骨料与碳纤维杂乱地分散于水泥浆体中。据研究，碳纤维和水泥浆体的电导率较粗集料大几个数量级，因此电流在 CFRC 中的传输可以认为按三种途径[18]：①通过碳纤维和水泥浆体；②通过互相搭接的碳纤维；③直接通过水泥浆体。

在碳纤维混凝土结构中，碳纤维的形状、尺寸、掺量、搅拌方式都会影响结构的导电性。由于单丝碳纤维是细长体，将其制成短切形体也为细长形态，当其掺入混凝土结构中，碳纤维之间存在间隙，其间隙部分由混凝土参与导电，其性能不及碳纤维，电阻率会变大。因此，当碳纤维混凝土结构为条形体 (如梁、柱构件) 时，为使其电阻均匀、易于导电，应尽量使碳纤维掺入时长细方向与构件长细方向一致。碳纤维被均匀掺入混凝土结构中形成导电网格，故其掺入量的多少会影响导电网格的覆盖层度及连通性。

碳纤维在混凝土中的分散并不完全互相孤立，依据渗流理论，分散相在分散体系中的浓度达到临界点时，互相接触的分散相构成了无限渗流集团。可见，在 CFRC 中，随碳纤维掺量增大，逐渐形成了纤维聚集团族，团族内纤维彼此连接，当碳纤维掺量大于临界值时，全部团簇形成渗流网络，使电导率急剧上升。文献 [19] 的研究表明，碳纤维在混凝土结构中的体积含量低于 0.5% 时，结构的导电性较差；当体积含量在 0.5%~1% 时，导电性与碳纤维含量呈线性增大关系；当体积含量超过 1% 后，导电性提高不大且基本稳定，如图 10-4 所示。

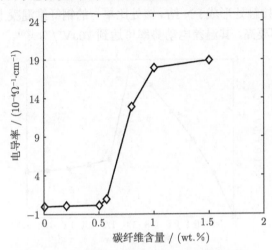

图 10-4 CFRC 电导率与碳纤维含量的关系

10.1.2 碳纤维混凝土的温敏特性

对碳纤维混凝土 (CFRC) 的温敏特性研究，主要包括以下三个方面：塞贝克 (Seebeck) 效应、电阻-温度特性和焦耳效应 (电热效应)。Seebeck 效应是热电温度计测温的基础，该效应是指导体 (或半导体) 材料内部由于温差使得电子 (空穴) 从高温端向低温端移动而形成电动势[20]。电阻-温度特性是指 CFRC 的电阻率会随着外界温度的变化而发生变化。焦耳效应 (电热效应) 是指对 CFRC 施加电场时，在混凝土中会产生热效应。

1. Seebeck 效应

李卓球课题组[21-23] 于 1998 年首次报道了 CFRC 具有 Seebeck 效应，也就是热电效应，即温差引起的电动势与温差呈线性关系。研究表明，在 CFRC 上下表面实现一定的温度差Δt，可测得一定的电动势值 E。在起始温度为 25℃、最大温差为 50℃ 的范围内，温差电动势 E 与温差 Δt 之间具有良好稳定的线性关系，其温差电动势率 TEP(Thermoelectric Power) 可达 18μV/℃ [23]，如图 10-5 所示。进一步大量对比实验表明：碳纤维掺量是影响 CFRC 热电效应的主要因素。

Chung 课题组对纤维混凝土的 Seebeck 效应也进行了大量的研究[24-26]。Wen 等[24] 对碳纤维掺杂处理提高温差电动势率进行了研究，通过在碳纤维中掺入溴元素, 使溴进入碳纤维的石墨层间, 接受电子, 提高空穴浓度, 进而提高温差电动势率。对沥青基碳纤维增强水泥, 掺溴后其温差电动势率从 0.8μV/℃提高到 17μV/℃。他们在研究钢纤维混凝土的 Seebeck 效应[25] 后, 发现钢纤维混凝土和碳纤维混凝土的 Seebeck 系数符号相反, 前者为正, 相当于电子型; 后者为负, 相当于空穴型。将两者接触, 则在接触处形成 PN 结, 该处比单一的钢纤维混凝土或碳纤维混凝土对温度的敏感性都要高, 其温差电动势率可达到 70μV /℃ [26]。

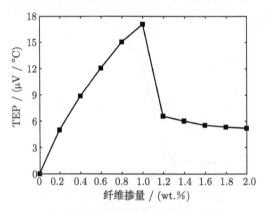

图 10-5　纤维掺量与电动势的关系曲线

　　对水泥基碳纤维复合材料的 Seebeck 效应研究, 使得混凝土本身作为温度传感器, 用于监测结构体系的温度分布特征, 满足结构自我安全监测的需要。

2. 电阻-温度特性

　　张跃等[27] 于 1992 年研究了碳纤维-无宏观缺陷 (MDF) 水泥基复合材料的电阻-温度特性, 他们发现材料在 100~275K 范围内电阻率随温度升高而下降, 呈现负温度系数 (Negative Temperature Coefficient, NTC) 效应, 275~300K 电阻率随温度升高而上升, 呈现正温度系数 (Positive Temperature Coefficient, PTC) 效应。Wen 等[28] 对掺加了 15%硅灰的水泥基碳纤维复合材料的电阻-温度特性进行了试验研究, 研究发现当温度从 0~45 ℃进行升降时, 该碳纤维混凝土的电阻率随温度升高而下降 (NTC 效应)、随温度降低而增大, 见图 10-6; 并给出了对数传导率 $\lg\rho$ 与热力学温度倒数 $1/T$ 之间的 Arrhenius 曲线 (图 10-7), 从图 10-7 中可以看出, 碳纤维硅灰水泥砂浆的 $\lg\rho$ 与 $1/T$ 之间呈现线性关系。唐祖全等 [29] 研究了 CFRC 路面材料的电阻率与温度之间的关系, 结果表明: CFRC 路面材料具有温敏性, 其电阻率在室温 30~50℃范围内随温度的升高而减小, 随温度的降低而增大, 如图 10-8 所示。曹震等[30] 的研究结果与张跃的一致: CFRC 随着温度的变化均出现了 NTC 效应和 PTC 效应。利用这一特性, 可用 CFRC 制作温度传感器，用于特殊混凝土路面结构的温度自诊断检测。

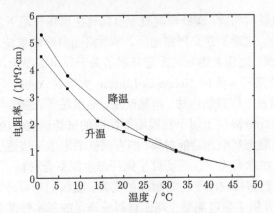

图 10-6　碳纤维硅灰水泥砂浆的电阻率随温度的变化曲线

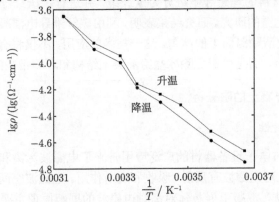

图 10-7　碳纤维硅灰水泥砂浆的 $\lg\rho$ 与 $\dfrac{1}{T}$ 的 Arrhenius 曲线

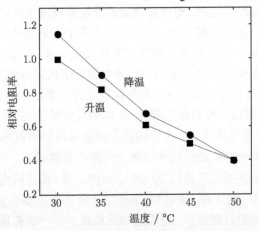

图 10-8　升降温时 CFRC 路面材料相对电阻率-温度 (ρ/ρ_0-T) 关系

3. 焦耳效应 (电热效应)

与所有的导电材料相同, 碳纤维混凝土也具有在电场作用下发热的特性, 即焦耳效应 (电热效应)。这对于建立严寒地区、冬季路面自除雪系统具有重要的意义。近年来, 美国、英国、加拿大等发达国家开展了关于导电混凝土及在桥梁路面除冰应用方面的实验研究[17]。美国 Nebraska-Lincoln 大学的 Yehia 等总结了各种方法 (如化学法、地热管法、灯照加热法、电热丝法、热水法等) 进行有关路面化冰的研究进展, 开展了钢纤维混凝土用于桥梁路面除冰的试验研究。1998 年英国费莱尔集团宣布研制出混凝土基电热功能材料, 能在很低的电压下快速变热, 但该公司未透露其技术细节。加拿大的 Xie 等研究了钢纤维水泥复合材料 (同时掺入钢屑) 的焦耳效应, 并在实验室将它用于化雪融冰的实验。我国的李卓球课题组[29,31] 综合国内外相关文献, 分析了导电混凝土路面材料应满足的基本性能要求, 提出了制备导电混凝土路面材料的理想导电组分为碳纤维, 并进行了碳纤维导电混凝土板实验室除冰和野外化雪的研究。研究结果表明, 利用碳纤维导电混凝土在通电后产生的热量, 可有效地清除路面上的冰雪。这一技术的应用, 不仅将有助于确保冬季道路畅通和行车安全, 而且可避免除冰盐给混凝土结构和环境带来的负面影响。

10.1.3　碳纤维混凝土的磁敏特性

1. 电磁屏蔽特性

无线电通信与电子设备器材的广泛应用带来了电磁波污染和电磁信号泄漏失密的危险。混凝土对电磁波有反射、吸收和透射作用。电磁波空间辐射耦合的防护主要靠屏蔽的方法, 混凝土屏蔽体对高频电磁波的屏蔽原理主要是反射和吸收作用。只有电磁波在空间传播的波阻抗和混凝土的波阻抗相差很大时, 电磁波到达空间和混凝土界面才会产生反射, 而电磁波能量吸收靠混凝土内部损耗。普通混凝土对高频电磁波具有一定的屏蔽功能, 主要是靠反射和吸收作用, 屏蔽效果不佳。只有给其添加电磁损耗物质后才具有较高的屏蔽功能。例如, 在 500Hz 的电磁屏蔽效应仅为 1dB, 掺入碳纤维体积率为 3% 的电磁屏蔽效能可达到 15dB[32]。CFRC 的防护原理如图 10-9 所示。其中 E_1 为入射电磁波的强度, E_2 为电磁波穿出屏蔽体的强度, R_1 为电磁波在碳纤维混凝土 A 面的反射场的强度, R_2 为电磁波在碳纤维混凝土 B 面的反射强度, T 为电磁波在屏蔽体内的透射强度。从图中可以看出, 电磁波能量的损耗主要是碳纤维混凝土内部的透射损失。

碳纤维电磁屏蔽混凝土已经广泛应用于防护工事, 防止核爆炸电磁杀伤、干扰和常规电磁武器 (如电磁炸弹、干扰机) 杀伤、干扰的电磁屏蔽防护; 军用、民用电磁信号泄漏失密的电磁屏蔽防护; 民用电磁污染限定在一定范围的电磁防护。日本为防止大楼会议室内的无线通信电话 LAN(2.45GHz) 的使用带来电磁信号泄漏的风险，用碳纤维混凝土预制板作为其屏蔽维护结构，测试结果为电磁屏蔽效能可达到 75dB[17]。

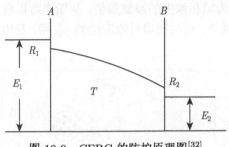

图 10-9 CFRC 的防护原理图[32]

2. 交通导航特性

在混凝土中掺入直径为 0.1μm 的碳纤维微丝可使混凝土具有反射电磁波的性能。碳纤维掺量为 0.5% 时，混凝土对 1GHz 电磁波的反射率高于透射率 29dB，而普通混凝土的反射率低于透射率 3~11dB[33]。采用这种混凝土作为车道两侧导航标记，汽车行驶将由电脑控制，可实现自动化高速公路的导航。汽车上的电磁波发射器向车道两侧的导航标记发射电磁波，经过反射，由汽车上的电磁波接收，再通过汽车上的电脑系统进行处理，即可判断并控制汽车的行驶路线、速度等参数。采用这种混凝土作为导航标记，成本低、可靠性高、准确度高。采用该种混凝土成本低、混凝土力学性能高、可靠性和准确度高、耐久性好。

10.2 碳纤维智能材料在混凝土结构中的驱动机理

10.2.1 碳纤维混凝土的导电机理

自从人们发现 CFRC 的温敏特性后，国内外大量学者对其导电机理进行了深入的研究[34]。一般而言，导电混凝土通常是由水泥胶凝材料、导电组分材料和水等按一定配合比组合而成的一种水泥基功能复合材料；其中导电组分作为分散相，具有良好的导电性能。在 CFRC 中，碳纤维材料作为导电组分材料分散在基体中形成电子网格，并通过一定的作用机理形成导电网格，从而使 CFRC 具有导电性。当前，能较好地解释 CFRC 导电机理的主要理论有渗滤理论、有效介质理论、隧道效应理论等。

1. 渗滤理论

渗滤理论主要是针对机敏混凝土中导电网络的形成程度而提出来的。Ruschau 等研究了复合材料的电导率与导电填料之间的关系，并指出复合材料的电导率会在导电填料浓度达到一定程度后发生突变，在此之前变化是不连续的[34]。Kimura 等[35] 研究了碳纤维复合材料的电阻率与碳纤维填料浓度之间的联系，其结果如图 10-10 所示；其中，V_0 为填料浓度的渗滤阀值。从图中可以看出，V_0 前后碳纤维复合材料的电阻率急剧减小，这说明填料浓度达到 V_0 后，导电离子在基体内部形成了较好的导电网络。

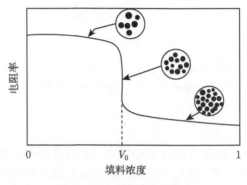

图 10-10　渗滤理论示意图

在渗滤阀值 V_0 附近，碳纤维复合材料电导率与导电填料浓度之间的关系为[35]

$$\sigma_m = \sigma_h \left(\varPhi - \varPhi_C \right)^t \tag{10-1}$$

式中，σ_m 为碳纤维复合材料的电阻率；σ_h 为导电填料的电导率；$\varPhi$ 为导电填料的体积分数；$\varPhi_C$ 为渗滤阀值；t 为体系关键系数，与填料的尺寸、形态和维度有关。

渗滤理论从宏观上阐述了碳纤维复合材料的导电机理，认为作为分散相的碳纤维导电材料在基体中的存在形式是影响复合材料导电性能的关键因素，并指出了导电网络形成与导电填料浓度之间的关系。但是该理论也存在许多不足，其一是将复合材料中的水泥胶凝材料基体作为绝缘体，碳纤维导电填料作为超导体，这在现实中难以实现；其二，该理论没有从微观角度说明导电网络形成的过程、导电填料与基体的接触情况，因此它并不涉及复合材料的导电本质。

2. 有效介质理论

为了研究多孔介质的性质，而假设一种单相介质，其性质与多相介质在宏观上平均相同，这种假设的单相介质就称为该多相介质的"有效介质"，相应的理论称为有效介质理论。有效介质理论认为，材料的导电行为不仅与导电填料有关，还与基体有关。该理论主要研究复合材料的导电行为与导电填料及基体的关系，导电粒子形态和分布等因素对复合材料性能的影响。

目前，比较有代表性的有效介质理论模型有 Maxwell-Wagner 模型 (MW 模型)、Hashin-Shtrikman 模型 (HS 模型)、Bruggeman 模型和 Brick-Layer 模型 (BL

模型) 等。用有效介质理论分析 CFRC 的导电机理时，可将该复合材料视为二元混合体系[36]；其中，碳纤维材料组成的分散相是高导电相 (电导率 σ_h)，混凝土或水泥基体相是低导电相 (电导率 σ_l)。

1) Maxwell-Wagner 有效介质模型

第一个有效介质模型来源于 Maxwell 的无限稀释理论。假设填料为球形且填料颗粒稀疏地分布于混凝土基体中 (填料颗粒的体积分数小于 0.1)，在极限情况下，即当 CFRC 复合材料在两相体系中，低导电相 (混凝土基体相) 的电导率 σ_l 为 0，即完全绝缘，则该复合材料的电导率 σ_m 及电阻率 ρ_m 的计算公式分别为

$$\sigma_m = \sigma_h \left(1 - 1.5\Phi\right) \tag{10-2}$$

$$\rho_m = \rho_l \left(1 - 3\varphi\right) \tag{10-3}$$

式中，σ_h 为碳纤维高导电相的电导率；ρ_l 为混凝土低导电相的电阻率；Φ 为碳纤维高导电相的体积分数；φ 为混凝土低导电相的体积分数。

当 σ_l 不为 0 时，对于填料颗粒为球形颗粒的情况，著名的 Maxwell-Wagner 方程为

$$\frac{\sigma_m - \sigma_h}{\sigma_m + 2\sigma_h} = \Phi \frac{\sigma_l - \sigma_h}{\sigma_l + 2\sigma_h} \tag{10-4}$$

或为

$$\frac{\sigma_m - \sigma_l}{\sigma_m + 2\sigma_l} = \varphi \frac{\sigma_h - \sigma_l}{\sigma_h + 2\sigma_l} \tag{10-5}$$

对于二元的各向同性体系的电导率的计算，MW 理论与 HS 理论是等效的。

2) Bruggeman 有效介质模型

Bruggeman 有效介质理论可以分为均匀的有效介质理论 (BS) 和非均匀的有效介质理论 (BA)。在 BS 理论中，复合材料中的所有空隙和空间都被填料颗粒所充满，且二元体系中的低导电相具有较高的绝缘性。该理论的电导率方程可以表示为

$$\frac{\varphi \left(\sigma_h - \sigma_m\right)}{\sigma_h + A\sigma_m} + \frac{(1 - \varphi) \left(\sigma_l - \sigma_m\right)}{\sigma_l + A\sigma_m} = 0 \tag{10-6}$$

式中，$A = (1 - L)/L$，L 是退磁系数，对于球形颗粒，$L = 1/3$。还有一种观点认为 $A = (1 - \Phi_c)/\Phi_c$，Φ_c 是填料颗粒的体积分数阈值，即刚开始形成通路时，导电相材料的体积分数。

在 BA 理论中，假设某一相总是被另一相完全包覆，其电导率的方程可以表示为

$$\frac{\left(\sigma_m - \sigma_d\right)^3}{\sigma_m} = \left(1 - V\right)^3 \frac{\left(\sigma_0 - \sigma_d\right)^3}{\sigma_0} \tag{10-7}$$

式中，σ_d 为填料颗粒的电导率；σ_0 为基体的电导率；V 为填料颗粒的体积分数。当填料颗粒为高导电相，基体为低导电相时，$\sigma_d=\sigma_h$，$\sigma_0=\sigma_l$，$V=\varphi$；反之，则 $\sigma_d=\sigma_l$，$\sigma_0=\sigma_h$，$V=\Phi$。

3) Brick-Layer 有效介质模型

在 Brick-Layer 有效介质模型中，假设二元体系由立方体石块和砂浆组成，且立方体石块之间是通过砂浆黏结在一起的。在这个体系中，砂浆层通常比较薄，且相对于立方体石块而言电导率比较低。为了得到更一般的情况，从电导率的观点出发，把体系的构件看成由砂浆构成的方形管道，以及被方形管道包裹的平行六面体。方形管道的电导率可以直接计算，但交替排列的立方体石块层和砂浆层的电导率计算则需要其他关系式。假设立方体石块的边长为 D，砂浆层的厚度为 d，且 $D+d=1$，则管道的电导率 G_{pipe} 为

$$G_{\text{pipe}} = \sigma_{\text{mor}}\left(1 - D^2\right) \tag{10-8}$$

平行六面体的电导率 G_{layer} 为

$$G_{\text{layer}} = \frac{\sigma_{\text{mor}}\sigma_{\text{bri}}D^2}{\sigma_{\text{bri}}d + \sigma_{\text{mor}}D} \tag{10-9}$$

最后，复合材料体系的电导率 σ_m 为

$$\sigma_m = G_{\text{pipe}} + G_{\text{layer}} = \sigma_{\text{mor}}\left(1 - D^2\right) + \frac{\sigma_{\text{mor}}\sigma_{\text{bri}}D^2}{\sigma_{\text{bri}}d + \sigma_{\text{mor}}D} \tag{10-10}$$

式中，σ_{mor}、σ_{bri} 分别为砂浆和立方体石块的电导率。

总之，有效介质理论应用范围较广，能有效解释二元相导电复合材料的电学性能。但是，上述有效介质理论模型都存在一定的适用条件。例如，在 Bruggeman 有效介质模型中，对于 BS 均匀有效介质理论，即使实际导电离子在基体中分散十分均匀，也难以填充基体内的任何空间；而对于 BA 非均匀介质理论的条件也难以满足，即使导电离子的粒径达到纳米级，也难以被另一介质均匀包裹，这在很大程度上影响了公式的精度，限制了有效介质理论更广泛的应用[34]。

3. 隧道效应理论

隧道效应是指在外加电场作用下，即使导体间相隔一定距离或者一定障碍，电子也会脱离自身导体而通过这个间隔跃迁到另一个导体上，这个间隔被称为势垒；针对势垒的大小，研究表明在外加电场诱发下，当导电填料间的间隔小于 10nm 时，将会产生隧道效应[37]。因此，宏观隧道效应理论在渗流理论基础上更深入地解释了复合材料的导电的机理。Medalia [38] 提出了针对低温条件下复合材料隧道电流密度 $J(\varepsilon)$ 的公式，如

$$J(\varepsilon) = j_0 \exp\left[-\pi XW/2\left(|\varepsilon|/\varepsilon_0 - 1\right)^2\right] \quad (|\varepsilon| < \varepsilon_0) \tag{10-11}$$

式中，ε 为导电粒子间隙间电场强度；j_0 为间隙当量的电导率；W 为间隙宽度；$X = (2mv_0/h^2)^{1/2}$，m 为一个电子的质量，h 为普朗克常量，v_0 为间隔的势垒；$\varepsilon_0 = 4v_0/eW$，e 为一个电子的电荷量。

式 (10-11) 给出了导电复合材料的电流密度 $J(\varepsilon)$ 与导电粒子之间距离 W 的关系。一般而言，导电粒子间的间隔与其掺量成反比关系，掺量过少，导电粒子间间距较大，不能完成隧道效应，复合材料电阻率较大；随着掺量增大，间距小的概率较大，从而降低复合材料的电阻率。因此，与渗滤理论类似，隧道效应理论也能很好地解释 CFRC 复合材料的导电机理，只是隧道效应从微观角度说明了基体内导电粒子之间、导电粒子与基体内其他导电体完成导电的过程，这对于研究机敏混凝土的压敏性提供了很好的理论基础。

10.2.2　碳纤维混凝土的电–热–力性能

在 10.1.2 节中，CFRC 的温敏特性已经做了详细的介绍。对于 CFRC 的电-热-力性能，国内外学者进行了大量的实验研究与分析，研究重点在于 CFRC 的电阻-温度特性和电热效应等方面。CFRC 的驱动功能主要是其电热效应，能使电能变为热能，从而使混凝土结构的温度升高，实现结构性能的智能控制。

CFRC 的电阻-温度特性主要表现在 CFRC 具有负温度系数 (NTC) 效应和正温度系数 (PTC) 效应，是掺加碳纤维的结果，其机理可由隧道效应理论来解释[17]。当纤维掺量较少时，纤维之间尚不能形成连通网络；此时，碳纤维水泥基材料的电导主要通过纤维间的电子跃迁。在电子跃迁过程中，温度的变化表现为以下两方面作用：一方面，温度升高导致电子热运动加剧，电子具有更大的能量，从而电子隧道的概率增加，纤维间电子跃迁更加频繁，其结果是隧道电流逐渐增大；另一方面，水泥基体随温升变得干燥，同时产生热膨胀，使纤维间距离逐渐增大，从而纤维间势垒高度和宽度均逐渐增大，导致隧道电流有减小的趋势。当低于某一温度时，前者的作用变得显著而大于后者，因而总电流随温升增大，电阻率随之减小，表现出NTC 效应。当高于这一温度时，后者的作用变得显著而大于前者，总电流随温升减小，电阻率随之增大，表现出 PTC 效应。利用碳纤维水泥基材料的温阻效应，可望开发出特殊的热敏元件和火灾预警器。

一般干燥状态下，普通混凝土的电阻率为 $10^7 \sim 10^9 \Omega \cdot m$；即使在完全潮湿状态下，混凝土的电阻率也只能降至 $10 \sim 10^3 \Omega \cdot m$；因此，直接利用普通混凝土的电热性能是非常困难的。碳纤维混凝土具有电热效应，当对碳纤维混凝土施加电场时，会在混凝土中产生热效应，引起所谓的电热效应。利用此效应做成的导电发热混凝土有着十分广泛的应用，主要有以下几个方面。

(1) 用于有除冰需求的混凝土道路。在寒冷的冬季，当水泥混凝土路面因降雪而积雪结冰，会给道路畅通和行车安全带来严重的影响，为了保障道路畅通和行车安全，必须采取措施对混凝土路面结构进行融雪化冰。目前除冰雪的方法主要有两种：机械除雪法和融雪法。机械除雪法是利用机械清除路面冰雪，该法效率高，适合于大面积机械化清除作业。但当温度低时，该法清除不彻底。同时，除雪机械受季节影响较强，使用频率低，经济效益较差，有时还会导致交通中断。融雪法包括热融雪法和化学融雪法。热融雪法采用加热的方法使冰雪融化，如地热管法、红外线灯照加热法等。热融雪法具有效率低、操作费用高或不能满足桥面强度需要等缺点。化学融雪法是通过在路面上撒布化学药剂使冰雪融化。目前世界各国主要通过撒盐 (NaCl、CaCl$_2$) 来融雪化冰。这一方法利用盐能降低水的冰点，使积雪融化。该法具有材料来源广泛、价格便宜、化冰雪效果好等特点，因而得到了普遍应用。但是，撒盐法也给混凝土路面结构和环境带来了许多负面效应，主要表现为钢筋锈蚀、路面剥蚀破坏和环境污染等问题。因此，研究碳纤维混凝土的电热效应及其在路面除冰方面的应用，具有十分重要的意义。

(2) 用于大体积混凝土的温度控制。在大体积混凝土施工过程中，由于水化反应，在混凝土内部会形成很大的温差，引起混凝土开裂；为了控制温差，通常需要预埋热电偶或温度传感器进行温度监测，这样提高了工程造价，更重要的是引起了结构的局部应力集中和降低了结构的耐久性。同样，利用碳纤维混凝土的电热效应，可降低大体积混凝土在施工过程中的内外温差，减缓混凝土的开裂程度，从而提高大体积混凝土的耐久性。

(3) 用于混凝土构件承载性能调节与控制。文献 [39] 认为通过对埋置于混凝土梁中的碳纤维水泥基材料通电加热，可以有效地调节混凝土梁的变形，从而起到给混凝土梁施加预应力的作用。并且随着碳纤维水泥基材料温度的升高，混凝土梁产生向上的弯曲变形增大，混凝土梁底部受到的预压应力增大，达到相同跨中挠度的混凝土梁承载能力得到提高。对于平整度要求极高的特殊钢筋混凝土桥梁 (如磁悬浮列车桥梁)，可通过碳纤维混凝土的电热和电力自调节功能调节由温度、自重所引起的变形图[40]。

10.3　碳纤维混凝土智能桥梁的控制与设计设想

结构智能化是近年来土木工程的研究热点之一。随着新材料、新技术的发展，研究者都期望寻求结构智能化控制的突破。目前，国内外许多研究者利用碳纤维混凝土的导电性和机敏特性等特点，将其应用于工业以及重大土木基础设施的内部应力和健康状况自诊断及监测等方面。但碳纤维混凝土功能不仅局限于此，经电热效应使超静定结构产生温度变化，从而使结构产生应力、应变，可以构建出一种能在通电条件下提升结构承载能力的碳纤维混凝土智能桥梁结构。

10.3.1 碳纤维混凝土智能桥梁的基本原理

由结构力学可知,对于超静定结构 (如超静定梁),温度变化引起的结构内力也很大。分析表明[41],当温度变化使超静定梁上下表面温差达到 20℃时,结构局部产生的温度应力可达到除去温度影响的设计组合荷载产生应力的 60%~70%。因此,如果设法对温度应力进行有效利用,则可以有效提升超静定结构自身的承载能力。

对于图 10-11 所示的超静定梁,当混凝土梁的下层掺入一定体积含量的短切碳纤维并使其满足导电性能时,在其两端埋入碳纤维布作为电极;对碳纤维混凝土层通电后,由于其自身的电热效应能在混凝土内部产生热量,所以引起梁结构底部温度上升,并不断向结构上部传递热量,最终形成结构内部温度场。当梁结构电热升温使其存在上下表面温差为 $\Delta t(\Delta t < 0)$ 时,梁内产生温度内力,对应的温度弯矩 M_T 为

$$M_T = \frac{EI_0 \alpha \Delta t}{h} \tag{10-12}$$

式中, α 为材料线膨胀系数; EI_0 为梁截面抗弯刚度; h 为梁截面高度。

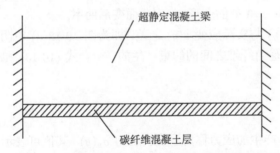

图 10-11　底部设置短切碳纤维混凝土层的超静定梁

由于 $\Delta t < 0$,所以梁的弯矩图和挠度将出现于低温面一侧,即梁的上表面;此时,梁下缘将产生压应力,上缘产生拉应力。在梁跨中,由该温度效应产生的弯矩和挠度与外荷载 (主要考虑竖向荷载) 作用产生的弯矩和挠度方向正好相反,从而可以抵消部分外荷载作用产生的不利结构应力和变形,达到提升或优化结构承载性能的效果,最终实现结构承载性能控制的智能化转变。

同样地,上述智能桥梁的控制方法也可应用于连续梁等超静定结构中。例如,一座多跨刚构连续梁桥,对于其中间跨,其温度应力使结构在升温面受压,产生的温度弯矩出现在低温面。这样就能有效抵消部分外荷载作用,提升结构承载能力。

对于图 10-12(a) 所示的结构某一部分梁段,当梁底碳纤维混凝土层通电时,能使梁上下表面温度产生温差 $\Delta t(\Delta t < 0)$ 。设温度梯度沿梁高按任意曲线 $t(y)$ 分布,取单位梁长 $l(s)=1$ 的微分段,当纵向纤维之间不受约束且自由伸缩时(图 10-12(b)),

沿梁高 y 处的自由应变 $\varepsilon_f(y)$ 为[42]

$$\varepsilon_f(y) = \alpha \cdot t(y) \tag{10-13}$$

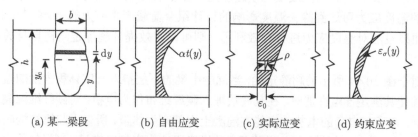

(a) 某一梁段   (b) 自由应变   (c) 实际应变   (d) 约束应变

图 10-12   温度梯度沿梁高按任意曲线 $t(y)$ 分布

由于纵向纤维之间存在相互约束, 梁截面上的最终变形为直线分布。因而沿梁高 y 处的实际应变 $\varepsilon(y)$(图 10-12(c)) 为

$$\varepsilon(y) = \varepsilon_0 + \rho y \tag{10-14}$$

式中, ε_0 为沿梁高 $y=0$ 处的变形; ρ 为截面变形曲率。

自由应变 $\varepsilon_f(y)$ 与实际应变 $\varepsilon(y)$ 之差, 即为图 10-12(d) 中阴影部分对应的应变 $\varepsilon_\sigma(y)$。该应变是由纤维之间的约束产生的, 结合式 (10-13) 和式 (10-14), 该应变大小可表示为

$$\varepsilon_\sigma(y) = \varepsilon_f(y) - \varepsilon(y) = \alpha \cdot t(y) - (\varepsilon_0 + \rho y) \tag{10-15}$$

由应变 $\varepsilon_\sigma(y)$ 产生的应力称为温度自应力 $\sigma_s(y)$, 其值可表示为

$$\sigma_s(y) = E \cdot \varepsilon_\sigma(y) = E[\alpha t(y) - (\varepsilon_0 + \rho y)] \tag{10-16}$$

自应力是平衡状态的应力, 因此可利用截面上应力总和的轴力 N 与对截面重心轴的力矩之和为 0 的条件求出 ε_0 与 ρ 值。具体表达式可见式 (10-17) 和式 (10-18)。

$$N = E \int_h [\varepsilon_\sigma(y) \cdot b(y)] \mathrm{d}y = E \left\{ \alpha \int_h [t(y) \cdot b(y)] \, \mathrm{d}y - \varepsilon_0 A - A y_c \rho \right\} \tag{10-17}$$

$$M = E \int_h [\varepsilon_\sigma(y) \cdot b(y) \cdot (y - y_c)] \mathrm{d}y = E \left\{ \alpha \int_h [t(y) \cdot b(y) \cdot (y - y_c)] \, \mathrm{d}y - \varepsilon_0 S - \rho I \right\} \tag{10-18}$$

式中, y_c 为构件换算截面重心至梁底面 ($y = 0$) 的距离; A 为梁截面面积,

$A = \int_h b(y) \mathrm{d}y$; $S = \int_h b(y) \cdot (y - y_c) \, \mathrm{d}y$; $I = \int_h [b(y) \cdot y \cdot (y - y_c)] \, \mathrm{d}y$。

由 $N=0$、$M=0$ 的条件，可求得梁高 $y=0$ 处的变形 ε_0 和截面变形曲率 ρ 的表达式 (10-19) 和式 (10-20)。将上述两式代入式 (10-16)，即可求得梁的温度应力 $\sigma_s(y)$ 值。

$$\varepsilon_0 = \frac{\alpha}{A} \int_h [t(y) \cdot b(y)]\mathrm{d}y - y_c\rho \tag{10-19}$$

$$\rho = \frac{\alpha}{I} \int_h [t(y) \cdot b(y) \cdot (y - y_c)]\mathrm{d}y \tag{10-20}$$

在超静定结构中，上述温度变形 ε_0 及曲率 ρ 将受到超静定赘余约束的制约，引起温度次内力 N_T、Q_T、M_T 及其次应力。因此，在超静定结构中，总的弯曲温度应力为

$$\sigma_t(y) = \frac{N_T}{A} + \frac{M_T}{I}(y - y_c) + E[\alpha t(y) - \varepsilon_0 - \rho y_c] \tag{10-21}$$

式中，M_T 为温度产生的温度弯矩，$M_T=EI\rho$。它与外荷载产生的弯矩方向相反，能有效抵消结构荷载弯矩，从而提升结构的承载能力。

10.3.2 CFRP 索预应力混凝土智能桥梁控制与设计设想

如前所述，碳纤维增强复合材料 (CFRP) 不仅具有轻质、高强、耐腐蚀等承载特性，还具有自感知、驱动功能等智能特性，利用这些特性研制具有自感知测试功能的预应力混凝土桥梁结构 (简称 PC 桥梁结构) 已成为该领域研究的热点问题之一。在国家自然科学基金 (项目编号：50178018、50678074、51078170 和 51478209) 的连续资助下，作者所在课题组对 CFRP 索的材料性能及其静动力特性、CFRP 索的锚固特性及其锚具开发、CFRP 索斜拉桥的非线性力学特性等方面进行了系统的研究。在此基础上，课题组选择以 CFRP 索 PC 桥梁结构为研究对象，利用 CFRP 材料的自感知、驱动等智能特性，尝试对 CFRP 索 PC 智能桥梁的控制与设计进行基础性研究。主要设想如下。

1. 研发以 CFRP 材料为主的新型自感知材料及相关传感器

CFRP 索预应力混凝土桥梁结构在荷载与环境侵蚀的共同作用下，结构强度、刚度、裂缝、耐久性能、预应力系统锚固性能、预应力损失、温度特性等各种性能 (以下简称性能) 指标会不同程度地发生变化。利用碳纤维材料的自感知特性，可以对结构性能劣化的过程、规律等进行实时监测。主要涉及的基于碳纤维自感知材料的传感器如下。

(1) 用于混凝土受压区 (包括受剪区) 性能测试的碳纤维水泥基传感器。

(2) 用于混凝土受拉区性能测试的碳纤维树脂基传感器。

(3) 用于测试 CFRP 索预应力锚固区锚固性能的碳纤维-光纤光栅互垂式 (径向与轴向) 组合传感器。

(4) 用于测试 CFRP 索 (筋) 承载性能或混凝土受拉区性能的分布式光纤-碳纤维复合传感器等。

2. 研究 CFRP 自感知材料与被测 PC 桥梁结构相互作用机制及模式识别方法

(1) 研究自感知材料与被测结构相互作用机制。土木工程结构形体较大、载荷较重、结构材料比较粗糙, 因此, 智能材料-结构系统在土木工程中的应用方式有别于其他结构, 可采用以碳纤维为主 (部分与光纤光栅组合) 的机敏材料, 研发具有混凝土裂缝测试、碳纤维索损伤检测、应力状态诊断、结构 (包括 CFRP 索锚具) 变形与损伤监测等功能的机敏 PC 结构。

(2) 研究结构损伤模式识别理论与方法。针对某种特定尺寸的 CFRP 索 PC 桥梁结构, 通过设置多种传感器后使其成为机敏 PC 结构, 对多个相同机敏结构进行破坏性试验, 从而获取各种结构损伤模式下的传感器数据。将数据按不同类型损伤模式进行分类, 对同一类型损伤模式下的各次试验中的传感器数据进行处理和分析, 提取出具有代表性的各类传感器数值域, 用于表征该类型损伤模式所对应的典型传感器数据。基于传感器数据分布形式, 在给定置信区间内按照概率生成大量传感器模拟数据, 作为数据样本提供给神经网络等模型进行训练, 得到该损伤模式下的神经网络等损伤模式识别模型及匹配算法。

3. 研究 CFRP 索 PC 桥梁结构自感知 (测试) 系统及其应用

(1) 自感知系统的研发。设计研发的基于碳纤维材料的 PC 桥梁结构自感知 (测试) 系统为若干不同特性组元的集成, 它们由一系列分布在结构中的具有不同功能的传感器及其相关匹配系统组成 (简称集成式测试系统)。集成式测试系统主要包含感知组元、传感组元、信号处理组元等三大部分组成, 另外还有一个系统的管理组元。

感知组元的设计要研究碳纤维自感知复合材料的制备工艺、选配相关参数, 如灵敏度、空间分辨率、频带宽、线性度、迟滞特性、温度敏感特性等; 传感组元的研发要考虑本构关系变换原理、最大量程 (如应变等)、精度、重复性等指标及其鲁棒性、实时在线性等特征; 信号处理组元的布置要考虑被测结构损伤模式识别方法、计算结构与算法、控制策略选择 (如局部控制、全局控制、智能控制等) 及相关计算机辅助技术等。

整个系统的研发在操作层面, 要思考许多具体问题。例如, 要研究自感知元件选择及其网络在受控结构中的布置方式、先进的信号处理技术和基于人工神经网络的模式识别方法、受控结构损伤位置、程度和类型的最佳判据、用于结构自感知功能的各种实用化的软硬件配置方案的选择等。处理好传感器及其自感知系统与被测结构本体材料界面关系, 使之不因运动、变形、响应等产生系统失真等问题,如传感器等的埋入或布置方式 (最大限度保持受控结构的完整性)，如何使布设的传感器等发挥自身的最大功能，并且能具有最大的生存能力与维护能力，传感器等如何分布才能获得最大的效益和可靠性。

（2）自感知测试系统的应用研究。拟考虑利用 CFRP 材料承载特性研究阶段的成果，设计一组 CFRP 索 PC 桥梁结构模型，在梁中安排若干基于碳纤维自感知材料的传感器，以此构建 CFRP 索 PC 桥梁结构的自感知测试系统。在对梁的制作、加载 (包括侵蚀环境作用) 过程中，探测、识别混凝土成型的水化反应程度 (温度测试)，研究混凝土结构裂缝特性与破坏模式，CFRP 预应力筋损伤 (包括断裂)程度与位置，CFRP 索锚具裂纹出现、扩展、破坏模式等，并在实际工程中进行试验性应用。

上述研究设想为 CFRP 索 PC 智能桥梁的设计提供了一种思路，通过相关试验研究与理论分析等尝试性工作，为 CFRP 自感知复合材料的研发及相关 PC 结构测试系统的应用奠定了一定的基础，为智能 CFRP 索预应力大跨桥梁结构开发设计提供了理论与技术支撑。

参 考 文 献

[1] 杨大智. 智能材料与智能结构 [M]. 天津: 天津大学出版社, 2000.

[2] 李惠, 欧进萍. 智能混凝土与结构 [J]. 工程力学, 2007, 24 (增刊 II): 45-61.

[3] Chung D D L. Strain sensors based on the electrical resistance change accompanying the reversible pull-out of conducting short fibers in a less conducting matrix [J]. Smart Material Structure, 1995,14(4) :59-61.

[4] Chung D D L. Self-monitoring structural materials [J]. Materials Science and Engineering, 1998, 22(1) :57-78.

[5] Chen P W, Chung D D L. Carbon-fiber-reinforced concrete as an intrinsically smart concrete for damage assessment during dynamic loading [J]. Journal of the American Ceramic Society, 1995, 78(3): 816-818.

[6] Fu X L, Chuang D D L. Self-monitoring of fatigue damage in carbon fiber reinforced cement [J]. Cement and Concrete Research, 1996, 26(1): 15-20.

[7] 毛起瘤, 赵斌元, 沈大荣, 等. 水泥基碳纤维复合材料压敏性的研究 [J]. 复合材料学报, 1996, 13(4): 8-11.

[8] 郑立霞, 李卓球, 宋显辉. 碳纤维增强混凝土电阻测量时的暂态效应研究 [J]. 武汉理工大学学报, 2010, 32(7): 28-30.

[9] 吴科如, 陈兵, 姚武. 碳纤维机敏水泥基材料性能研究 [J]. 同济大学学报 (自然科学版), 2002, 30(4): 456-463.

[10] 陈兵, 姚武, 吴科如. 受压荷载下碳纤维水泥基复合材料机敏性研究 [J]. 建筑材料学报, 2002, 5(2): 108-113.

[11] 姚武, 陈兵, 吴科如. 碳纤维水泥基材料的机敏特性研究 [J]. 复合材料学报, 2002, 19(2): 49-53.

[12] 关新春, 欧进萍, 韩宝国, 等. 碳纤维机敏混凝土材料的研究与进展 [J]. 哈尔滨建筑大学学报, 2002, 35(6): 55-59.

[13] 韩宝国, 喻言, 关新春, 等. 碳纤维水泥基压敏传感器数据采集系统的设计 [J]. 仪表技术与传感器, 2005, 10(7): 56-58.

[14] 韩宝国, 关新春, 欧进萍. 碳纤维水泥基材料导电性与压敏性的试验研究 [J]. 材料科学与工艺, 2006, 14(1): 1-4.

[15] 吴献, 王丽娜, 回国臣. 碳纤维混凝土三向受压力电性能试验研究 [J]. 工程力学, 2012, 29(7): 194-200.

[16] 吴献, 周志强, 王丽娜. 碳纤维水泥基复合材料在循环荷载作用下的压敏性 [J]. 沈阳建筑大学学报 (自然科学版), 2009, 25(2): 290-293.

[17] 王守德, 黄世峰, 陈文, 等. 碳纤维水泥基机敏复合材料研究进展 [J]. 硅酸盐通报, 2005, 4: 75-84.

[18] 佘乐卿. 碳纤维混凝土智能桥梁控制方法 [D]. 武汉: 武汉理工大学, 2007.

[19] 唐祖全, 李卓球, 侯作富, 等. 导电混凝土路面材料的性能分析及导电组分选择 [J]. 混凝土, 2002, 10(4): 28-31.

[20] 叶良修. 半导体物理学 (下册) [M]. 北京: 高等教育出版社, 2009.

[21] 孙明清, 李卓球, 沈大荣. 炭纤维水泥基复合材料的 Seebeck 效应 [J]. 材料研究学报, 1998, 12, 1: 111-112.

[22] Sun M Q, Li Z Q, Mao Q Z, et al. Study on the hole conduction phenomenon in carbon fiber-reinforced concrete [J]. Cement and Concrete Research, 1998, 28(4): 549-554.

[23] Sun M Q, Li Z Q, Mao Q Z, et al. Thermoelectric percolation phenomena of carbon fiber reinforced concrete [J]. Cement and Concrete Research, 1998, 28(12):1707-1712.

[24] Wen S H, Chung D D L. Enhancing the Seebeck effect in carbon fiber reinforced cement by using intercalated carbon fibers [J]. Cement and Concrete Research, 2000, 30(8):1295-1298.

[25] Wen S H, Chung D D L. Seebeek effect in steel fiber reinforced cement [J]. Cement and Concrete Research, 2000, 30(4): 661-664.

[26] Wen S H, Chung D D L. Electrical behavior of cement-based junctions including the PN-junction [J]. Cement and Concrete Research, 2001, 31(2): 129-133.

[27] 张跃, 职任涛, 朱逢吾, 等. 碳纤维 (LCF)- 无宏观缺陷 (MDF) 水泥基复合材料电学性能的研究 [J]. 材料科学进展, 1992, 6(4): 357-362.

[28] Wen S, Wang S, Chung D D L. Carbon fiber structural composites as thermistors [J]. Sensors and Actuators, 1999, 78(2): 180-188.

[29] 唐祖全, 李卓球, 徐东亮. CFRC 路面材料的温敏性研究 [J]. 武汉理工大学学报, 2001, 23(3): 5-8.

[30] 曹震, 赵晓华, 谢慧才. 碳纤维水泥基复合材料的阻-温特性 [J]. 功能材料, 2003, 34: 466-467.

[31] 孙明清, 李卓球, 毛起瘤. CFRC 电热特性的研究 [J]. 武汉工业大学学报, 1997, 19 (2)：72-74.

[32] 简华丽. 多功能材料 CFRC 的性能及工程应用综述 [J]. 混凝土及水泥制品, 2003, 5: 40-42.

[33] 洪斌. 碳纤维混凝土智能特性的研究现状与展望 [J]. 基建优化, 2006, 27(2): 106-108.

[34] 姚斌. 环境因素对纳米碳纤维混凝土压敏特性的影响 [D]. 哈尔滨: 哈尔滨工业大学, 2013.

[35] Kimura T, Yoshimura N, Ogiso T, et al. Effect of elongation on electric resistance of carbon-polymer systems[J]. Polymer, 1999, 40(14): 4149-4152.

[36] 宋固全, 陈忠良, 陈煜国. 有效介质理论在复合型导电高分子材料研究中的应用 [J]. 化工新型材料, 2013, 41(11): 152-154.

[37] Sheng P, Sichel E K, Gittleman J I. Fluctuation-induced tunneling conduction in carbon-polyvinylchloride composites [J]. Physical Review Letters, 1978, 40(18): 1197-1200.

[38] Medalia A I. Electrical conduction in carbon black composites [J]. Rubber Chemistry and Technology, 1986, 59(3): 432-454.

[39] 刘小艳, 姚武, 伍建平, 等. 内埋碳纤维砂浆调节混凝土梁承载能力的试验研究 [J]. 玻璃钢/复合材料, 2005, 4: 6-8.

[40] 朱四荣, 李卓球, 宋显辉. 碳纤维混凝土梁电热效应驱动下的变形分析 [J]. 华中科技大学学报, 2002, 19(3): 4-9.

[41] 佘乐卿. 碳纤维混凝土智能桥梁控制方法 [D]. 武汉: 武汉理工大学, 2007.

[42] 徐家云, 佘乐卿, 许建军. 碳纤维混凝土智能桥梁研究 [J]. 武汉理工大学学报, 2008, 30 (10): 81-84.